北方寒冷缺水型村镇环境综合整治和资源化利用技术集成与示范

席北斗 赵 颖 李 瑞 王德全 王艳芹 姜 玉 等 编著

科学出版社

北京

内 容 简 介

本书主要介绍我国北方寒冷缺水型村镇的特征、环境污染现状、国家战略需求和相关政策；北方寒冷缺水型村镇环境问题诊断与评估体系；北方寒冷缺水型村镇生活污水处理技术；北方寒冷缺水型村镇固体废物处置和资源化利用技术；北方寒冷缺水型村镇环境综合整治与资源化利用技术工程示范；北方寒冷缺水型村镇环境综合整治技术模式与产业化推广机制等内容。

本书语言通俗易懂、理论联系实际，适合农村基层管理人员及从事"三农"环境问题的专家、学者和相关专业的学生学习使用。

图书在版编目（CIP）数据

北方寒冷缺水型村镇环境综合整治和资源化利用技术集成与示范/席北斗等编著.—北京：科学出版社，2016.6

ISBN 978-7-03-047533-6

Ⅰ.①北… Ⅱ.①席… Ⅲ.①农业环境−环境管理−研究−中国 ②农业环境−资源利用−研究−中国 Ⅳ.①X322.2

中国版本图书馆 CIP 数据核字（2016）第 044361 号

责任编辑：张 震 孟莹莹/责任校对：张小霞
责任印制：张 倩/封面设计：无极书装

科学出版社 出版

北京东黄城根北街 16 号
邮政编码：100717
http://www.sciencep.com

三河市骏杰印刷有限公司 印刷

科学出版社发行 各地新华书店经销

*

2016 年 6 月第 一 版 开本：720×1000 1/16
2016 年 6 月第一次印刷 印张：19 1/4
字数：380 000

定价：116.00 元

（如有印装质量问题，我社负责调换）

作者名单

席北斗　赵　颖　李　瑞　王德全　王艳芹　姜　玉
王丽君　王夏晖　左新彦　付龙云　刘　娟　刘晓宇
刘富军　孙海军　杜连华　李志涛　李鸣晓　李晓光
李联国　杨天学　连志军　连秀丽　何小松　宋赛虎
张　洪　张天瑞　张列宇　张居平　孟瑞静　胡林山
胡定国　钟艳霞　姚　利　袁长波　夏训峰　高彦鑫
龚　斌　彭　星　董景荣　谭家玉

前　　言

　　近年来，由于村镇环保设施建设和技术研究滞后于城镇化的发展速度，在传统的村镇环境问题没有解决的情况下，城镇化所带来的新的环境问题与原有环境问题形成了叠加，污染物及污染类型等呈现多元化和复合性，共同对大气、水体、土壤、生物和人体等产生了复合性污染和威胁。

　　本书旨在针对北方村镇水资源短缺、生活污染量大、脏乱差等问题，研究村镇环境多介质多污染物交互作用，构建环境问题科学诊断、评估体系；结合共性技术和装备研发，进行北方村镇庭院混合物料协同处理技术集成与示范、生活污水再生回用技术集成与示范、寒冷型村镇有机废物资源化与生态绿色农业生产集成与示范、村镇污水生物生态处理一体化技术集成与示范；建立北方村镇集聚区村镇分质回用、高效低耗、易操作维护的集成技术、装备综合示范区；研发北方寒冷区村镇低温适用型、寒区生态型、资源回用率高的综合整治技术及技术模式，构建产业化推广平台。

　　本书在国家科技支撑课题"北方寒冷缺水型村镇环境综合整治和资源化利用技术集成与示范"的基础上完成。本书系统地介绍了北方寒冷缺水型村镇环境问题诊断与评估体系、村镇生活污水处理技术、村镇固体废物处理和资源化利用技术、村镇环境综合整治与资源化利用技术工程示范、村镇环境综合整治技术模式与产业化推广机制等内容。作者在编写本书过程中参考了许多学者的研究成果，书后附有参考文献，并在此致以深深的谢意。

　　由于水平有限，书中的观点和内容尚不完善，不足和疏漏之处在所难免，敬请专家、同行和广大读者批评、指正。

作　者

2016 年 1 月

目　　录

第1章 绪 论

1.1 北方寒冷缺水型村镇的定义与特征

村镇是指一定区域内由不同层次的村庄与村庄、村庄与集镇之间相互影响、相互作用和彼此联系而构成的相对完整的系统。村镇体系一般由基层村、中心村、乡镇三个层次组成，基层村又叫自然村，是一个或几个村民小组的聚居点，是从事农业和家庭副业的最基本单位，没有或设有简单的生活服务设施；中心村一般是村民委员会所在地，设有为本村和附近基层村服务的基本生活或服务设施；乡镇是县辖的一个基层政权组织（乡或镇）所辖地域的经济、文化和服务中心，分为一般集镇和中心镇。

1.1.1 北方寒冷缺水型村镇的定义

1.1.1.1 北方地区的界定

根据气候、地形的差异，可将我国分为四大地理区域：北方地区、西北地区、南方地区、青藏地区。其中，北方地区是指中国东部季风区的北部，主要是大兴安岭地区、青藏高原以东、内蒙古高原以南、秦岭—淮河一线以北，东临渤海和黄海，面积约占全国的20%，人口约占全国的40%。地形特点以平原、高原地形为主，西高东低，主要地形单元有平原（东北平原、华北平原）、高原（黄土高原）、丘陵（山东丘陵、辽东丘陵）、山地（大小兴安岭、长白山、太行山），传统意义上的北方地区还包括西北地区。本书所指北方地区如图1-1所示，可划分为华北地区、东北地区和西北地区。

1.1.1.2 寒冷地区的界定

我国北方地区主要是温带季风气候，局部地区是高原气候。温带季风气候的特征是夏季高温多雨，冬季寒冷干燥（贺欣欣，2012），冬季平均气温均低于0℃。寒冷地区和严寒地区划分的主要指标为最冷月平均温度在0～-10℃的为寒冷地区，最冷月平均温度≤-10℃的为严寒地区，最冷月平均温度大于0℃的划为非寒冷地区。采用中国统计年鉴（2012年）中2011年主要城市1月平均气温的数据，对中国进行地区划分,结果如图 1-2 所示。华北地区最冷月平均温度为−3.3℃,处于寒冷地区。东北和西北地区最冷月平均温度分别为−19.3℃和−10.6℃,处于严寒地区。

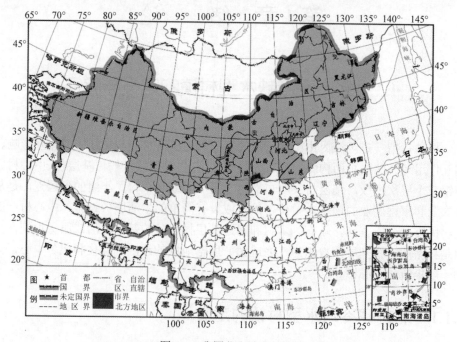

图 1-1　我国北方地区划分

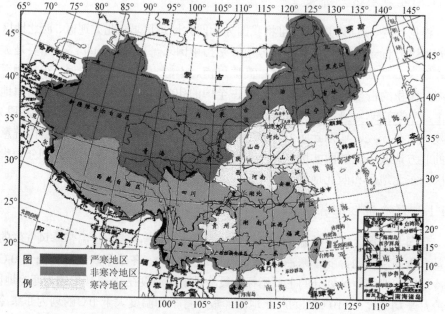

图 1-2　中国严寒地区、寒冷地区和非寒冷地区分布(2011 年 1 月平均温度)

1.1.1.3 缺水地区的界定

水是维系生命与健康的基本需求。全球淡水资源极其有限，人类真正能够利用的淡水资源仅占地球总水量的 0.26%，而且分布极不均匀。世界上超过 10 亿人无法获取足量而且安全的水来维持他们的基本需求，其中约有 1/5 生活在我国（王建青，2002）。采用中国统计年鉴（2012 年）中 2011 年人均水资源占有量的数据，对中国进行地区划分，结果如图 1-3 所示。国际公认的缺水标准分为四个等级：①人均水资源低于 3000m³，为轻度缺水；②人均水资源低于 2000m³，为中度缺水；③人均水资源低于 1000m³，为重度缺水；④人均水资源低于 500m³，为极度缺水。

由图 1-3 可见，我国的轻度以上缺水地区，已占全国陆地总面积的 2/3 以上，涵盖了大多数中东部地区。华北地区为极度缺水地区，人均水资源占有量不足 500m³；黑龙江省人均水资源占有量为 1642.0m³，吉林省人均水资源占有量为 1149.5m³，均属于中度缺水地区；辽宁省人均水资源占有量为 673.2m³，属于重度缺水地区；宁夏回族自治区人均水资源占有量为 137.7m³，属于极度缺水地区。

北方地区水资源短缺的原因主要是降水量少，河流径流量少，降水季节分布不均，年季变化量大（王杰青，2012），同时北方地区工农业发达，人口众多，需水量大，水污染和水资源浪费现象严重。华北地区尽管降水量、径流量比西北地区大，但由于其经济发达、工农业用水量大、人口稠密、生活用水量大，华北地区比西北地区的缺水更严重（王彬，2004），水资源的供需矛盾更为突出。

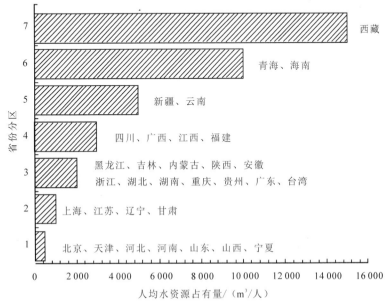

图 1-3 中国各地区人均水资源占有量分布

北方寒冷缺水型村镇是指最冷月平均温度在 0℃以下、人均水资源占有量低于 $2000m^3$ 的华北地区、东北地区和西北地区的村镇。其中，华北地区村镇属于寒冷极度缺水地区，东北地区村镇属于严寒中度缺水地区，西北地区村镇属于严寒极度缺水地区。

1.1.2 北方寒冷缺水型村镇的特征

1.1.2.1 区域特征

依据北方地区的气候特点、降雨差异及经济发展水平可将北方地区进一步划分为华北地区、东北地区和西北地区。

华北地区，是指包括黄土高原、南起秦岭—淮河、北至长城—燕山；行政区划包括北京市、天津市、河北省、山西省及内蒙古自治区中部。华北地区的土壤皆为河流冲积黄色旱作类型，是我国小麦的主产区；该区域基本为平原和高原地形，气候以干旱、多风、冬季寒冷为主要特征。区域内各地经济发展水平不同，目前大部分农村还没有开展农村污水治理工作。华北地区属极度缺水地区，污水处理应与资源化利用结合（柴文佳，2012）。

东北地区，是中国东北方向国土的统称，包括黑龙江省、吉林省、辽宁省和内蒙古自治区大部分。在该区域内，既有大兴安岭、长白山等山地，也有东北平原等平原地形；重点流域有辽河和松花江。该区域自然地理单元完整、自然资源丰富、多民族深度融合、经济联系密切、经济实力雄厚，在全国经济发展中占有重要地位。大部分地区气候以干旱、多风，冬季较长而寒冷为主要特征。该区域的农村村落规模通常较小，村落间的距离较远。由于地区差异，各地经济发展水平不同，目前大部分农村尚没有污水处理设施（李志军，2011）。

西北地区，大体位于大兴安岭以西，昆仑山—阿尔金山、祁连山以北，大致包括内蒙古中西部、新疆大部、宁夏北部、甘肃中西部以及和这些地方接壤的山西、陕西、河北、辽宁、吉林等地。该地区年平均降雨量少，从东部的 400mm 左右、往西减少到 200mm 甚至 50mm 以下；除陕西省外，其他各省区的年降雨量均低于全国平均水平。该地区土地总面积约占全国陆地总面积的 32%，而人口不到全国人口的 8%，其中 70%以上人口居住在农村。各省区生产总值和财政收入处于全国下游水平。该地区大多数农村经济欠发达，污水处理配套设施和处理能力较落后（卢其福，2008）。

1.1.2.2 农村人口分布

由于乡村人口数量直接影响农村生活污染源的排放，分析我国乡村人口分布情况可以为准确识别农村水环境污染源一级区提供参考。2011 年，全国总人口为 13.3 亿，其中乡村人口为 9.86 亿，占全国总人口的 74.31%。

我国农村人口较多，且分布较为集中。河北省的农村总人口超过 700 万，因为这些地区地势较为平坦，水资源较为丰富（盖东海，2012），农业开发历史悠久，农业人口分布较为集中。

东北平原地势平坦，农村人口主要分布于平原，平原辽阔，土地肥沃适合农业生产。宁夏面积虽较为广阔，但农村人口分布较少。宁夏区域辽阔，多高山、高原和荒漠，自然条件差，农业经济基础较弱（李俊岭，2009），农村人口分布较少。

1.1.2.3 农业气候特征和水资源地域分布

农业气候特征和水资源地域分布差异较大，是导致农村水污染源分布差异的重要影响因素之一（王春燕，2014）。

华北地区属暖温带半湿润大陆性气候，四季分明，光照充足；冬季寒冷干燥且较长，夏季高温降水相对较多，春秋季较短。热量资源较丰富，可供多种类型一年两熟作物种植。$\geq 0℃$积温为 4100～5400℃，$\geq 10℃$积温为 3700～4700℃，华北平原的热量和雨水明显多于黄土高原。华北的土壤皆为河流冲积黄色旱作类型，是我国小麦的主产区。降水量不够充沛，但集中于生长旺季，地区、季节、年际差异大。年降水量为 500～900mm。黄河以南地区降水量为 700～900mm，基本上能满足两熟作物的需要（夏权，2014）。该区旱涝灾害频繁，限制资源优势发挥。该区灾害以旱涝为主，其中旱灾最为突出，又以春旱、初夏旱、秋旱频率最高。夏涝主要在低洼易渍地，危害重。

东北地区气候温暖湿润、土壤肥沃、物产丰富，是我国主要的农业区。其主要的农业气候特点为：季风活跃、气候湿润多雨，为农业生产提供了丰富的水、热、光资源，冬季受大陆气候的影响，盛行西北风，气候干燥寒冷。年日照时数为 1200～2800h，光资源可以充分满足作物高产的需要。$\geq 0℃$积温在 2000～10 000℃，由北向南逐渐增多，有利于各种类型的作物和品种或不同熟制的生产（张旭光，2007）。年降水量在 400～2000mm，南方多，北方少，有利于发展各种水、旱作和多熟种植，水热同季，农业气候类型多样。

西北地区属干旱农业气候大区，该区主要的气候特点为：太阳辐射强，日照时间长；降水少，变率大，季节分配不均；积温有效性高；风能资源丰富，沙化严重等（李曦，2003）。太阳辐射量一般达 5400～6300MJ/($m^2 \cdot d$)、全年日照一般达 2500～3000h；植物光合生产潜力较高，有利于对太阳能的利用。昼夜温差大，热量资源独特。$\geq 10℃$期间积温为 4000～4500℃，无霜期在 200～220d，农作物可以一年两熟，并可种植长绒棉，盛产瓜果。其他地区$\geq 10℃$积温为 1700～3500℃，无霜期为 100～200d，主要农作物为春麦、糜、谷、土豆、胡麻等（王润元，2010），一年一熟。

水资源极端缺乏：年降水量一般在 400mm 以下，并从东向西减少，苏尼特左旗—百灵庙—鄂托克旗—盐池一线以东年降水量为 300～400mm，属半干旱地区，可勉强进行旱作农业，但十年九旱，产量很不稳定，并易形成严重的沙漠化问题；该线与贺兰山一线之间，年降水量为 200～300mm，天然植被为荒漠草原（李智佩，2006），农业必须灌溉；贺兰山以西的广大荒漠地区年降水量不足 200mm，干燥度大于 2.0，种植业主要在河滩地。

1.1.2.4 环境特征

我国不同区域农村环境保护的重点与模式要和当地农村环境特点相结合，需要结合不同区域气候特征、生产方式和经济模式，结合各地农村环境保护工作实践，总结提炼出适合不同区域城乡统筹农村环境保护模式。我国不同区域农村生产发展和环境问题特征见表 1-1。

表 1-1　我国不同区域农村生产发展和环境问题特征

行政分区	气候特征	发展特征	农村环境问题特征
东北地区	温带湿润、半湿润大陆性季风气候	1.城镇化程度较低 2.农业以粮食作物为主 3.人居分散	1.农业面源污染形势严峻 2.畜禽粪便污染呈加剧趋势 3.农村环保投入严重不足,农村环保力量普遍薄弱
华北地区	典型的暖温带大陆性季风气候	1.城镇化程度较高 2.我国粮棉主要产区,农业较发达,生产效率较高 3.人居相对集中	1.村镇环境"脏、乱、差"集约化养殖场点源污染 2.农业面源污染,工业企业,乡镇企业的点源污染 3.城市生活污染向农村转移,工业污染向农村转移
西北地区	气候干旱降水稀少,冬冷夏热年温差和日温差均很大	1.城镇化程度较低 2.畜牧业较发达 3.人居相对分散	1.村镇环境"脏、乱、差"集约化养殖场点源污染 2.农村环保投入严重不足,农村环保力量普遍薄弱

1.2　北方寒冷缺水型村镇环境污染现状

1.2.1　典型村落选择方法

为了确定北方寒冷地区缺水型村镇的环境污染状况，分析社会经济结构、基础设施状况、土地利用状况、居民生活等村镇社会因素对水循环过程、废物处理等重要环境污染过程的影响，明确环境污染的现状及成因，对北方地区开展了村镇环境特征调查。村镇的选址方法为选择较为均匀地分布在各个省份的地级市范围内的村镇。

调查、研究对象：华北地区选择河北省（沧州市、邯郸市、衡水市、石家庄市、唐山市、张家口市 6 个地级市下属的镇区和村庄）；东北地区选择黑龙江省（哈尔滨市、鹤岗市及绥化市 3 个地级市下属的镇区和村庄）、吉林省（长春市、吉林市 2 个地级市下属的镇区和村庄）、辽宁省（鞍山市、朝阳市 2 个地级市下属的镇区和村庄）；西北地区选择陕西省（汉中市、商洛市、渭南市、西安市、咸阳市、延安市、榆林市 7 个地级市下属的镇区和村庄）。调查区域的位置分布如图 1-4 所示。

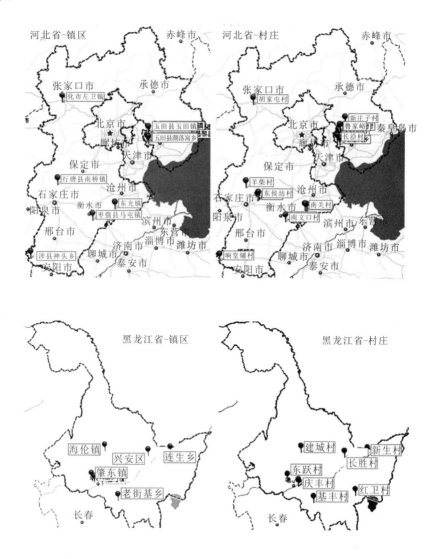

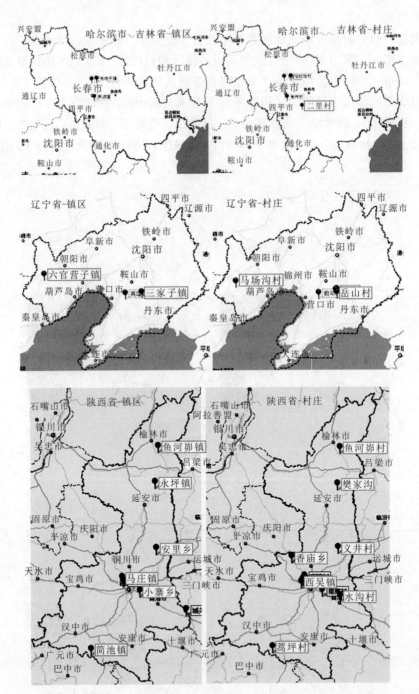

图1-4　华北地区（河北省）、东北地区（黑龙江省、吉林省、辽宁省）、西北地区（陕西省）

调查村镇分布图

1.2.2 调查内容与方法

调查内容主要包括：用水方式和下水系统状况调查、用水现状与排水现状调查。采用抽样入户调查和问卷调查的方式，对镇区和村庄的生活污水和固体废物进行调查。

1.2.3 村镇用水状况与生活污水现状

1.2.3.1 华北地区

1. 用水方式和下水系统状况

调查区域的镇区、村庄的用水方式与下水系统基本一致，如表 1-2 所示。调查各村镇以小户型为主，平均每户人口为 4 人左右，家庭经济状况一般。供水方式基本上都是自来水供应，镇区和村庄的夏季洗衣频率相差不大，大多为每天 2～3 次，洗衣方式机洗、手洗均有。镇区及村庄居民的夏季洗浴方式基本为在家且有淋浴，厕所类型大多为家用简易旱厕，少数有水冲厕所。镇区家庭一般都具备与公共下水道连接的下水系统或化粪池，而村庄家庭基本上无完善的下水道系统。

表 1-2 华北地区（河北省）镇区、村庄用水方式与下水系统概况

对象	市	县	每户人口	经济状况	人均面积/m²	供水方式	夏季洗衣方式	洗衣频率/（次/d）	夏季洗浴方式	厕所类型	下水系统
镇区	沧州市	东光县	2～4	一般	30～60	自来水	手洗为主	2～3	在家（有淋浴）	水冲厕所/旱厕	有与公共下水道连接的下水系统
	邯郸市	涉县	4～7	一般	14～28	自来水	机洗为主	1/3	在家（有淋浴）	家用简易旱厕	有与公共下水道连接的下水系统
	衡水市	枣强县	3～6	一般	12～45	自来水	手洗为主	2	有淋浴/无淋浴	家用简易旱厕	基本上没有完善的下水系统
	秦皇岛	昌黎县	2～4	一般	18～46	自来水	手洗为主	1～4	在家（有淋浴）	家用自来水水冲厕所	有与公共下水道连接的下水系统
	唐山市	玉田县	2～6	一般	15～35	自来水	手洗为主	1	在家（有淋浴）	水冲厕所/旱厕	有与公共下水道连接的下水系统或自备下水道和化粪池

续表

对象	市	县	每户人口	经济状况	人均面积/m²	供水方式	夏季洗衣方式	洗衣频率/（次/d）	夏季洗浴方式	厕所类型	下水系统
镇区	张家口市	怀安县	2～4	一般	20～35	自来水	机洗为主	2～5	有淋浴/无淋浴	家用简易旱厕	有与公共下水道连接的下水系统
	石家庄市	行唐县	2～8	一般	15～40	非自来水	手洗为主	1	在家（有淋浴）	家用简易旱厕	自备下水道和化粪池
村庄	沧州市	东光县	2～4	一般	21.5～50	自来水	手洗为主	2	在家（有淋浴）	家用简易旱厕	基本上没有完善的下水系统/有与公共下水道连接的下水系统
	邯郸市	涉县	3～5	一般	18～34	自来水	机洗为主	2	在家（有淋浴）	家用简易旱厕	有与公共下水道连接的下水系统
	衡水市	枣强县	2～7	一般	20～50	自来水	机洗/手洗	2	在家（有淋浴）	家用简易旱厕	基本上无完善的下水系统
	石家庄市	无极县	2～5	一般	20～75	自来水	手洗为主	1	在家（有淋浴）	家用简易旱厕	基本上无完善下水系统/自备下水道与化粪池
	唐山市	玉田县	2～5	一般	15～50	自来水	机洗/手洗	1	在家（有淋浴）	家用简易旱厕	基本上无完善下水系统/自备下水道与化粪池
	唐山市	遵化县	2～4	一般	15～50	自来水/非自来水	机洗/手洗	2～7	在家（有淋浴）	家用简易旱厕	基本上无完善下水系统
	张家口市	怀安县	2～4	一般	16～30	自来水	手洗为主	1～5	在家（无淋浴）	家用简易旱厕	基本上无完善下水系统
	石家庄市	行唐县	2～4	一般	20～40	非自来水	手洗为主	1	在家（有淋浴）	家用简易旱厕	基本上无完善下水系统

2. 用水现状与排水现状

对以上村镇的用水现状及排水状况统计的结果如表 1-3、表 1-4 所示。

表 1-3　华北地区（河北省）镇区、村庄用水现状

对象	市	县	调查人口总计/人	洗漱/%	烧煮饮用/%	厕所/%	炊事清洗/%	洗衣/%	洗浴/%	清扫/%	牲畜/%	其他/%	人均用水量/（L/d）
镇区	沧州市	东光县	17	17.6	23.1	14.6	13.9	6.7	14.4	3.5	6.2	0.0	33.1
	邯郸市	涉县	30	9.8	17.4	0.0	10.4	25.6	25.1	1.4	10.3	0.0	16.1
	衡水市	枣强县	25	13.7	11.9	0.0	8.0	25.2	30.4	5.3	5.5	0.0	8.0
	秦皇岛市	昌黎县	33	10.0	10.6	15.8	10.6	9.9	34.6	7.4	1.1	0.0	47.4
	唐山市	玉田县	54	10.5	7.0	3.8	7.9	24.8	32.7	7.5	5.8	0.0	52.7
	张家口市	怀安县	28	13.3	10.4	7.9	14.2	17.9	25.1	8.0	3.3	0.0	34.3
	石家庄市	行唐县	25	9.0	10.4	2.8	15.2	21.8	34.5	6.3	0.0	0.0	21.6
村庄	沧州市	东光县	19	19.0	24.4	0.0	16.8	9.1	23.9	2.5	4.3	0.0	30.9
	邯郸市	涉县	25	10.7	18.2	0.0	12.7	29.0	28.2	1.0	0.2	0.0	13.9
	衡水市	枣强县	23	11.0	11.3	17.4	14.0	17.6	23.6	0.8	2.9	1.4	6.3
	石家庄市	无极县	43	13.5	11.7	2.7	16.2	25.9	17.7	8.0	3.6	0.7	19.1
	唐山市	玉田县	50	8.4	6.4	0.0	8.0	24.2	33.0	13.3	4.0	2.7	51.2
	唐山市	遵化县	29	6.5	9.6	1.2	12.0	14.9	35.4	4.4	0.3	15.8	45.0
	张家口市	怀安县	17	12.5	14.2	0.0	9.5	10.2	6.9	6.0	40.0	0.7	34.6
	石家庄市	行唐县	20	10.4	11.5	0.0	10.2	19.1	18.3	5.1	25.4	0.0	27.3

　　河北省各调查区的入户调查的人口总数为 30～50，经济状况一般。对镇区而言，各项生活活动在用水总量中所占比例前三的依次为洗浴、洗衣和炊煮饮用，其平均比例分别为 28.1%、18.8% 和 13.0%；就村庄来看，这一情况与镇区基本一致，分别为洗浴占 23.4%、洗衣占 18.8% 和炊煮饮用占 13.4%。镇区这三者之和为 59.9%，略大于农村的 55.6%，这可能与镇区及农村两个地区的经济发展水平及生活习惯有关。

表 1-4　华北地区（河北省）镇区、村庄排水现状

对象	市	县	调查人口总计/人	洗漱外排/%	烧煮饮用外排/%	厕所外排/%	炊事清洗外排/%	洗衣外排/%	洗浴外排/%	清扫外排/%	牲畜外排/%	其他外排/%	人均排水量/（L/d）
镇区	沧州市	东光县	17	22.7	8.8	16.2	18.0	6.1	18.7	3.8	5.7	0.0	25.6
	邯郸市	涉县	30	6.6	15.9	0.0	11.0	27.4	26.8	1.2	11.1	0.0	15.1

续表

对象	市	县	调查人口总计/人	洗漱外排/%	烧煮饮用外排/%	厕所外排/%	炊事清洗外排/%	洗衣外排/%	洗浴外排/%	清扫外排/%	牲畜外排/%	其他外排/%	人均排水量/(L/d)
镇区	衡水市	枣强县	25	15.5	0.2	13.2	9.1	17.9	34.5	3.3	6.3	0.0	7.1
	秦皇岛市	昌黎县	33	10.3	0.0	19.8	11.6	10.1	39.4	8.0	0.8	0.0	38.2
	唐山市	玉田县	54	10.7	0.6	4.8	8.1	23.0	43.0	8.7	1.1	0.0	36.6
	张家口市	怀安县	28	8.0	0.6	11.7	17.1	21.1	31.8	6.8	2.9	0.0	23.4
	石家庄市	行唐县	25	9.0	10.4	2.8	15.2	21.8	34.5	6.3	0.0	0.0	19.9
村庄	沧州市	东光县	19	24.0	9.0	0.0	21.7	8.3	30.9	2.1	3.9	0.1	23.9
	邯郸市	涉县	25	8.7	18.7	0.0	13.0	29.8	28.9	0.9	0.0	0.0	13.5
	衡水市	枣强县	23	12.5	0.9	31L	15.9	7.9	26.8		3.0	1.4	5.5
	石家庄市	无极县	43	10.7	0.0	8.0	17.9	27.9	26.0	7.6	1.9	0.0	5.8
	唐山市	玉田县	50	8.0	0.1	7.5	7.5	23.3	44.6	12.6	0.9	3.0	34.3
	唐山市	遵化县	29	7.1	2.5	0.2	9.6	22.5	47.0	1.9	0.0	9.2	29.7
	张家口市	怀安县	17	19.0	0.0	0.0	39.2	3.3	12.9	14.2	10.2	1.2	5.6
	石家庄市	行唐县	20	16.5	0.0	0.0	16.2	30.3	29.0	8.0	0.0	0.0	17.2

对镇区而言，各项生活活动占排水总量比例前三的依次为洗浴外排、洗衣外排和清扫外排，其平均比例分别为33.1%、18.5%和13.1%；就村庄来看，这一情况与镇区基本一致，分别为洗浴外排（31.8%）、洗衣外排（19.2%）和清洗外排（17.6%）。镇区这三项之和为64.7%，与用水比例不同的是，这一值略小于农村的68.6%。

对河北省各调查区域的镇区和村庄的人均用水量、人均排水量进行比较，如图1-5所示。昌黎县、玉田县最大，其人均用水量和排水量均超过了30L/d；枣强县的最小，人均用水量及排水量均低于5L/d。同一地区的镇区的人均用水量及人均排水量和村庄相应的平均值相比差异性不是很明显。

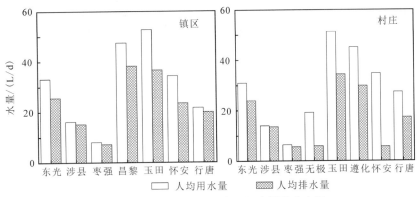

图 1-5 华北地区（河北省）调查村镇分布图

1.2.3.2 东北地区

黑龙江省调查区域镇区、村庄的用水方式与下水系统的差异性较大。调查各村镇以小户型为主，平均每户人口 4～5 人，家庭经济状况大多一般，少数地区生活条件较好。镇区的供水方式多为自来水供应，而村庄的供水方式主要是非自来水。洗衣方式上镇区和村庄基本以手洗为主，洗衣频率都相差不大，为 2～3 次/d。镇区的夏季淋浴方式主要是在家且有淋浴或有公共浴室，村庄的夏季淋浴方式为在家但无淋浴。而镇区居民的厕所类型以家用自来水冲厕所为主，少量的是家用简易旱厕，基本上有与公共下水道连接的下水系统；村庄则主要为家用简易旱厕，且基本上无完善的下水道系统。

吉林省调查区域镇区、村庄的用水方式与下水系统的基本一致。调查各村镇家庭经济状况大多一般，供水方式多为非自来水供应，洗衣方式以手洗为主，洗衣频率基本为 2～3 次/d。村镇的居民夏季均为在家且有淋浴，居民厕所类型以家用简易旱厕为主，少量有自来水冲厕，基本上无完善的下水道系统。

对辽宁省而言，镇区和农村则在某些方面表现出一定的差异性。调查的镇区居民家庭条件较好，用水方式以自来水供应为主，洗衣方式以手洗为主，洗衣频率为 2～3 次/d，夏季淋浴为在家且有淋浴或有公共浴室；厕所类型以家用简易旱厕为主，而排水方式比较多样化，与公共下水道连接的下水系统、基本上没有完善的下水系统及自备下水道与化粪池等均有一定的比例。对于农村地区而言，以非自来水为主要供水方式，洗衣方式以手洗为主，洗衣频率为 1～2 次/d，夏季淋浴为在家且有淋浴；厕所类型为家用简易旱厕，排水方式上表现为基本上无完善的下水道系统。

1. 用水方式和下水系统状况

对东北地区典型村镇的用水方式与下水系统概况作统计，如表 1-5 所示。

表1-5 东北地区（黑龙江省、吉林省及辽宁省）镇区、村庄用水方式与下水系统状况

对象	市	县	每户人口	经济状况	人均面积/m²	供水方式	夏季洗衣方式	洗衣频率/（次/d）	夏季洗浴方式	厕所类型	下水系统
镇区—黑龙江	哈尔滨市	团结镇	2~5	一般	13~20	自来水	手洗为主	1~7	公共浴室	家用自来水水冲厕所	有与公共下水道连接的下水系统
	哈尔滨市	尚志市	3~6	一般	20~116	自来水	手洗为主	3	在家（有淋浴）	家用简易旱厕	基本上无完善的下水系统
	哈尔滨市	民主乡	1~4	一般	25~120	自来水	机洗为主	1~7	在家（有淋浴）	旱厕/水冲厕所	有与公共下水道连接的下水系统自备下水道和化粪池
	鹤岗市	兴安区	2~3	一般	8.7~27	自来水	手洗为主	3~7	公共浴室	家用自来水水冲厕所	有与公共下水道连接的下水系统
	鹤岗市	绥滨县	2~3	一般	22~35	自来水	机洗为主	3~5	在家（有淋浴）	家用简易旱厕	基本上无完善的下水系统
	绥化市	海伦市	3	一般	14~36	自来水	手洗为主	1~5	公共浴室/在家淋浴	家用自来水水冲厕所	有与公共下水道连接的下水系统
	绥化市	肇东市	2~5	一般	15~30	非自来水	手洗为主	1	公共浴室	家用简易旱厕	基本上无完善的下水系统
镇区—吉林	长春市	南关区	3~6	一般	15~30	非自来水	机洗为主	1~2	在家（有淋浴）	家用简易旱厕	基本上无完善的下水系统
	长春市	农安县	1~3	一般	30~90	非自来水	手洗为主	3	在家	家用简易旱厕	基本上无完善的下水系统
	长春市	德惠县	3~4	一般	23~30	非自来水	手洗为主	3~4	在家	家用简易旱厕	基本上无完善的下水系统
镇区—辽宁	鞍山市	海城市	3~4	较好	23~40	自来水	手洗为主	1~2	在家（有淋浴）	家用自来水水冲厕所	有与公共下水道连接的下水系统

续表

对象	市	县	每户人口	经济状况	人均面积/m²	供水方式	夏季洗衣方式	洗衣频率/（次/d）	夏季洗浴方式	厕所类型	下水系统
镇区—辽宁	鞍山市	岫岩满族自治县	3~5	较好/一般	25~35	自来水	手洗为主	1~3	在家（有淋浴）	家用简易旱厕	基本上无完善的下水系统
	朝阳市	喀喇沁左翼蒙古族自治县	3~5	一般	20~60	自来水	手洗为主	3	公共浴室在家（有淋浴）	家用简易旱厕	自备下水道与化粪池
村庄—黑龙江	哈尔滨市	道外区东新村	3~5	一般	16.2~26	自来水	手洗为主	1~3	公共浴室	公共厕所	基本上无完善的下水系统
	哈尔滨市	东跃村	2~4	一般	15~30	非自来水	手洗为主	1	公共浴室	家用简易旱厕	基本上无完善下水系统
	哈尔滨市	尚志市	2~5	一般	13~50	自来水	手洗/机洗	1~5	在家（有淋浴）	家用简易旱厕	基本上无完善下水系统
	哈尔滨市	道外区庆丰村	2~5	较好	16~37.5	非自来水	机洗为主	1	在家（有淋浴）	家用简易旱厕	自备下水道与化粪池
	鹤岗市	兴安区	2~6	一般	11~45	非自来水	手洗为主	1~7	公共浴室	家用简易旱厕	基本上无完善下水系统
	鹤岗市	绥滨县	2~4	一般	20~25	非自来水	手洗/机洗	3	在家（无淋浴）	家用简易旱厕	基本上无完善下水系统
	鸡西市	城子河区	2~5	一般	15~30	自来水	手洗/机洗	4~6	公共浴室/在家淋浴	家用简易旱厕	基本上无完善下水系统
	绥化市	海伦市	2~3	一般	16~30	自来水	手洗为主	2	在家或公共浴室	家用简易旱厕	基本上无完善下水系统
村庄—吉林	长春市	南关区	3~5	一般	12~25	非自来水	手洗/机洗	1	在家（有淋浴）	家用简易旱厕	基本上无完善下水系统
	长春市	农安县	2~4	一般	20~45	非自来水	手洗为主	3	在家（无淋浴）	家用简易旱厕	基本上无完善下水系统

续表

对象	市	县	每户人口	经济状况	人均面积/m²	供水方式	夏季洗衣方式	洗衣频率/（次/d）	夏季洗浴方式	厕所类型	下水系统
村庄—吉林	长春市	德惠市	3～4	一般	20～26	非自来水	手洗为主	3	在家（有淋浴）	家用简易旱厕	基本上无完善下水系统
	吉林市	磐石市	3～5	一般	20.6～50	非自来水	手洗为主	3～7	在家（无淋浴）	家用简易旱厕	基本上无完善下水系统
村庄—辽宁	鞍山市	海城市	2～4	一般	10～5	非自来水/自来水	手洗为主	1～2	在家（无淋浴）	家用简易旱厕	基本上无完善下水系统
	鞍山市	岫岩满族自治县	2～5	一般	25～40	自来水	手洗为主	1	在家（有淋浴）	家用简易旱厕	基本上无完善下水系统
	朝阳市	喀喇沁左翼蒙古族自治县	3～4	一般	30～40	非自来水	手洗为主	1	在家（有淋浴）	家用简易旱厕	基本上无完善下水系统

2. 用水现状与排水现状

对东北地区典型村镇的用水方式与下水系统概况作统计，如表1-6所示。

表1-6　东北地区（黑龙江省、吉林省、辽宁省）镇区、村庄用水现状

对象	市	县	调查人口总计/人	洗漱/%	烧煮饮用/%	厕所/%	炊事清洗/%	洗衣/%	洗浴/%	清扫/%	牲畜/%	其他/%	人均用水量/（L/d）
镇区—黑龙江	哈尔滨市	团结镇	19	14.4	9.6	27.3	22.0	24.6	0.0	1.3	0.8	0.0	20.5
	哈尔滨市	尚志市	28	9.9	16.5	15.0	20.5	21.1	10.3	4.8	1.9	0.0	55.4
	哈尔滨市	民主乡	17	1.9	8.4	11.5	4.7	9.4	50.6	3.5	10.0	0.0	97.6
	鹤岗市	兴安区	15	14.4	21.0	21.4	16.4	19.6	0.0	7.2	0.0	0.0	14.0
	鹤岗市	绥滨县	16	28.8	10.2	0.0	22.7	14.2	18.2	5.8	0.1	0.0	81.2
	绥化市	海伦市	18	8.7	11.3	33.3	17.9	16.1	4.5	4.2	4.0	0.0	59.7
	绥化市	肇东市	19	16.3	22.5	0.0	12.5	22.6	10.4	11.3	4.4	0.0	50.8

续表

对象	市	县	调查人口总计/人	洗漱/%	烧煮饮用/%	厕所/%	炊事清洗/%	洗衣/%	洗浴/%	清扫/%	牲畜/%	其他/%	人均用水量/(L/d)
镇区—吉林	长春市	南关区	17	9.6	26.8	0.0	13.4	16.6	25.2	8.4	0.0	0.0	25.9
	长春市	农安县	12	10.8	41.8	0.0	14.8	12.6	15.0	5.0	0.0	0.0	51.8
	长春市	德惠市	19	9.1	6.9	0.0	38.3	19.4	12.0	12.8	1.5	0.0	32.9
镇区—辽宁	鞍山市	海城市	20	13.8	11.8	31.0	9.0	7.1	22.5	4.4	0.4	0.0	74.9
	鞍山市	岫岩满族自治县	23	18.8	14.6	0.0	12.2	19.8	20.1	7.7	6.8	0.0	27.0
	朝阳市	喀喇沁左翼蒙古族自治县	21	29.7	5.3	0.0	23.5	14.1	27.3	0.1	0.0	0.0	78.9
村庄—黑龙江	哈尔滨市	道外区东新村	24	26.5	0.7	0.0	33.1	12.6	0.0	3.6	0.3	23.2	30.3
	哈尔滨市	东跃村	18	12.4	17.0	0.0	8.6	20.5	4.6	7.1	29.8	0.0	61.7
	哈尔滨市	尚志市	21	6.9	15.7	0.0	12.3	21.9	20.6	8.3	0.0	14.3	31.8
	哈尔滨市	道外区庆丰村	20	0.9	7.5	0.0	6.2	7.9	8.9	3.4	4.6	60.6	115.2
	鹤岗市	兴安区	22	14.1	25.6	0.0	21.5	18.6	0.0	7.9	0.0	12.3	13.0
	鹤岗市	绥滨县	18	30.7	12.3	0.0	23.7	12.1	15.3	4.6	1.3	0.0	61.0
	鸡西市	城子河区	21	29.1	20.7	0.0	20.0	18.4	0.0	11.8	0.0	0.0	15.2
	绥化市	海伦市	16	14.7	21.4	0.0	15.7	14.2	10.7	7.0	3.8	12.5	25.6

续表

对象	市	县	调查人口总计/人	洗漱/%	烧煮饮用/%	厕所/%	炊事清洗/%	洗衣/%	洗浴/%	清扫/%	牲畜/%	其他/%	人均用水量/(L/d)
村庄—吉林	长春市	南关区	29	1.5	2.6	0.0	2.1	4.7	5.1	1.0	0.4	82.6	136.8
	长春市	农安县	17	8.9	23.9	0.0	10.7	11.6	11.3	3.9	0.0	29.7	70.6
	长春市	德惠市	20	10.6	6.2	0.0	36.6	18.4	12.5	12.9	2.8	0.0	32.5
	吉林市	磐石市	22	7.1	14.8	0.0	16.4	5.0	7.2	4.8	5.0	39.7	42.4
村庄—辽宁	鞍山市	海城市	16	20.8	14.9	0.0	13.9	13.5	17.6	6.8	1.3	11.2	65.8
	鞍山市	岫岩满族自治县	20	6.3	7.2	0.0	3.4	10.9	10.0	4.6	47.8	9.8	70.7
	朝阳市	喀喇沁左翼蒙古族自治县	22	14.2	4.0	0.0	15.7	23.8	27.4	1.0	0.0	13.9	94.7

黑龙江省各调查区的入户调查的人口总数在 15～20 人。对镇区而言，各项生活活动占用水总量比例排前三的依次为洗衣（18.2%）、炊事清洗（16.7%）和炊煮饮用（15.4%）；就村庄来看，这一情况与镇区不太一致，排在前三的依次为炊事清洗、洗漱和洗衣，其平均比例分别为 17.7%、16.9% 和 15.8%。镇区这三者之和为 50.3%，与农村（50.4%）基本保持一致。

就吉林省来看，对镇区而言，各项生活活动占用水总量比例排前三的依次为炊煮饮用（25.2%）、炊事清洗（22.2%）和洗浴（17.4%），这三者之和为 64.8%；而村庄以其他生产活动、炊事清洗和炊煮饮用为前列，其平均比例分别为 38.7%、16.4% 和 11.9%，这三者之和为 67%，略高于镇区。

就辽宁省的镇区而言，用水量排前三的依次为洗浴、洗漱和洗衣，其平均比例分别为 23.3%、20.8% 和 13.7%。就村庄来看，洗浴（18.3%）、牲畜（16.4%）和洗衣（16.0%）为主要的用水活动。镇区前三者之和为 57.8%，高于农村（50.7%）。

吉林省、辽宁省各调查区的镇区、村庄排水现状上均表现为一定的地区性差异，同一省份的不同地区或者是同一地区的镇区和农村均表现出较大的差异（表 1-7）。

就黑龙江省其镇区而言，各项生活活动占排水总量比例排前三的依次为洗衣外排、清洗外排和厕所外排，其平均比例分别为 19.7%、18.8% 和 16.6%；而对于村庄，分别为清洗外排（20.8%）、洗衣外排（16.3%）和洗浴外排（12.5%）为前三。镇区这三项之和为55.1%，这一值高于农村（49.6%）。

对于吉林省，其镇区排前三的排水活动依次为洗浴外排（30.0%）、洗衣外排（20.2%）和清洗外排（18.6%），三者之和为68.8%；而村庄的厕所外排、洗衣外排及清洗外排所占排水比例较大，其平均值依次为24.8%、20.8和14.3%，三者之和为59.9%，低于相应的镇区之和。

辽宁省的洗浴外排（19.7%）、洗漱外排（18.8%）和洗衣外排（16.6%）占有比例较大，而村庄的洗浴外排（31.4%）、洗衣外排（23.7%）和其他外排（14%）为前三项的排水活动。镇区前三项排水活动占有比例（55.1%）比村庄（69.1%）要小。

表1-7　东北地区（黑龙江省、吉林省、辽宁省）镇区、村庄排水现状

对象	市	县	调查人口总计/人	洗漱外排/%	烧煮饮用外排/%	厕所外排/%	炊事清洗外排/%	洗衣外排/%	洗浴外排/%	清扫外排/%	牲畜外排/%	其他外排/%	人均排水量/（L/d）
镇区—黑龙江	哈尔滨市	团结镇	19	15.9	0.0	30.2	24.3	27.3	0.0	1.5	0.8	0.0	18.5
	哈尔滨市	尚志市	28	7.8	1.8	8.8	28.5	24.2	23.7	4.8	0.4	0.0	16.2
	哈尔滨市	民主乡	17	11.3	16.0	3.1	6.2	15.2	0.0	5.4	42.8	0.0	7.6
	鹤岗市	兴安区	15	14.4	21.0	21.4	16.5	19.5	0.0	7.2	0.0	0.0	14.0
	鹤岗市	绥滨县	16	32.0	0.0	0.0	25.3	15.9	20.3	6.5	0.0	0.0	58.0
	绥化市	海伦市	18	7.5	0.0	52.5	18.4	13.5	4.4	2.5	1.2	0.0	50.9
	绥化市	肇东市	19	16.3	22.5	0.0	12.5	22.6	10.4	11.3	4.4	0.0	50.8
镇区—吉林	长春市	南关区	17	11.2	0.0	1.6	15.4	25.8	36.3	9.7	0.0	0.0	17.4
	长春市	农安县	12	13.8	13.3	0.0	21.8	14.6	23.8	12.7	0.0	0.0	32.5
	长春市	德惠市	19	—	—	—	—	—	—	—	—	—	—
镇区—辽宁	鞍山市	海城市	20	13.5	3.4	35.5	10.4	6.1	25.8	4.9	0.4	0.0	65.4
	鞍山市	岫岩满族自治县	23	22.6	0.0	0.0	20.9	23.0	18.6	9.4	5.5	0.0	15.6
	朝阳市	喀喇沁左翼蒙古族自治县	21	31.3	0.0	0.0	24.8	14.9	28.9	0.1	0.0	0.0	59.8
村庄—黑龙江	哈尔滨市	道外区东新村	24	27.1	0.0	0.0	33.9	11.3	0.0	3.7	0.4	23.6	29.5
	哈尔滨市	东跃村	18	12.4	16.7	0.0	8.7	20.6	4.6	7.1	29.9	0.0	61.4
	哈尔滨市	尚志市	21	5.7	8.5	0.0	15.0	21.8	24.6	7.0	0.0	17.4	26.2
	哈尔滨市	道外区庆丰村	20	0.9	24.6	0.0	11.2	9.8	29.0	6.1	11.8	6.6	35.0

续表

对象	市	县	调查人口总计/人	洗漱外排/%	烧煮饮用外排/%	厕所外排/%	炊事清洗外排/%	洗衣外排/%	洗浴外排/%	清扫外排/%	牲畜外排/%	其他外排/%	人均排水量/(L/d)
村庄—黑龙江	鹤岗市	兴安区	22	15.7	28.6	0.0	23.9	20.6	0.0	8.8	0.0	2.4	11.7
	鹤岗市	绥滨县	18	0.0	0.0	0.0	45.7	22.6	29.3	2.4	0.0	0.0	25.5
	鸡西市	城子河区	21	35.7	2.5	0.0	24.7	22.6	0.0	14.5	0.0	0.0	12.4
	绥化市	海伦市	16	2.8	0.0	92.4	3.4	1.4	0.0	0.0	0.0	0.0	17.1
村庄—吉林	长春市	南关区	29	0.0	0.0	0.0	0.0	51.9	6.4	21.3	4.2	16.2	2.1
	长春市	农安县	17	15.7	10.7	0.0	19.4	21.7	18.9	7.5	0.0	6.0	37.0
	长春市	德惠市	20	0.0	0.0	98.3	0.0	0.0	0.0	1.7	0.0	1.8
	吉林市	磐石市	22	15.7	0.0	0.0	37.8	9.5	17.0	9.5	10.5	0.0	17.7
村庄—辽宁	鞍山市	海城市	16	17.3	1.9	0.0	19.1	18.5	34.1	7.3	1.8	0.0	32.8
	鞍山市	岫岩满族自治县	20	13.0	0.0	0.0	7.3	23.9	26.8	1.5	2.4	25.1	24.6
	朝阳市	喀喇沁左翼蒙古族自治县	22	2.1	0.0	0.0	19.0	28.8	33.2	0.1	0.0	16.8	62.4

对人均用水量及排水量进行统计，以黑龙江省典型镇区及村庄为例进行分析，如图 1-6 所示。

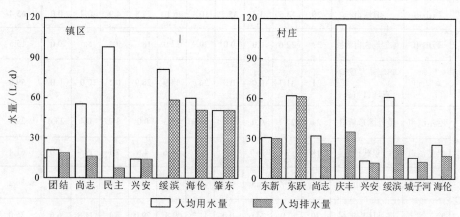

图 1-6　东北地区（黑龙江省）镇区和村庄人均用水量、人均排水量对比

不同地区的人均用水量、人均排水量差异性较大。镇区的平均人均用水量及排水量等基本都高于村庄，其中绥滨、海伦及肇东县市的镇区处于较高水平，超过 50L/d；而这些村庄人均用水量、排水量则处于相对较低水平，基本上低于 15L/d。处于镇区的民主乡和处于村庄的庆丰村的人均用水量接近 100L/d，处于极大值，这可能与统计时选取的样本的特殊性有关。

1.2.3.3 西北地区

1. 用水方式和下水系统状况

如表 1-8 所示，华北地区的典型镇区、村庄的用水方式与下水系统不具有同一性，地区性差别较大。调查各村镇家庭经济状况为较好或一般，而村庄的经济状况基本为一般。供水方式自来水供应、非自来水供应均占有一定比例，洗衣方式机洗、手洗兼有。镇区的厕所类型有公共厕所、家用自来水冲厕及少量旱厕，而村庄居民大多为家用简易旱厕。在下水系统上也较为多样，具备与公共下水道连接的下水系统、自备下水道与化粪池、基本上无完善的下水道系统等，随地区的不同而有一定性的差异。

表 1-8 华北地区（河北省）镇区、村庄用水方式与下水系统概况

对象	市	县	每户人口	经济状况	人均面积/m²	供水方式	夏季洗衣方式	洗衣频率/（次/d）	夏季洗浴方式	厕所类型	下水系统
镇区	汉中市	镇巴县	3	一般	12～100	自来水	手洗为主	2	在家（无淋浴）	公共厕所/水冲厕所	基本上无完善下水系统/自备下水道与化粪池
	商洛市	商南县	2～5	较好	25～100	非自来水	机洗为主	5	在家（无淋浴）	家用简易旱厕	基本上无完善下水系统
	渭南市	澄城县	4～8	一般	20～39	自来水	手洗为主	2	公共浴室/在家（无淋浴）	家用简易旱厕	基本上无完善下水系统
	西安市	蓝田县	3～5	较好	25～60	非自来水	手洗为主	1	在家	家用简易旱厕	自备下水道与化粪池
	咸阳市	秦都区	4～5	一般	22～40	自来水	手洗为主	1	在家（有淋浴）	旱厕/水冲厕所	有与公共下水道连接的下水系统/无完善下水系统
	延安市	延川县	1～5	一般	7.5～30	自来水	手洗为主	1～8	在家（有淋浴）	家用自来水水冲厕所	有与公共下水道连接的下水系统

续表

对象	市	县	每户人口	经济状况	人均面积/m²	供水方式	夏季洗衣方式	洗衣频率/(次/d)	夏季洗浴方式	厕所类型	下水系统
镇区	榆林市	榆阳区	3~5	一般	18~42	非自来水	机洗为主	2	公共浴室	公共厕所	有与公共下水道连接的下水系统
村庄	汉中市	镇巴县	3~4	一般	16~45	自来水	手洗/机洗	1~5	在家（无淋浴）	家用简易旱厕	基本上无完善下水道系统
	商洛市	商南县	1~3	一般	20~40	非自来水	手洗为主	5	在家（无淋浴）	家用简易旱厕	基本上无完善下水道系统
	渭南市	澄城县	2~4	一般	30~65	非自来水	手洗为主	2	在家（无淋浴）	家用简易旱厕	基本上无完善下水道系统
	西安市	蓝田县	3~6	一般	24~100	自来水	手洗为主	1~3	在家	家用简易旱厕	自备下水道与化粪池
	咸阳市	秦都区	4~5	一般	30	自来水	手洗为主	3	在家	家用简易旱厕	自备下水道与化粪池
	咸阳市	兴平市	3~6	一般	15~25	自来水	手洗为主	2	在家	家用简易旱厕	基本上无完善下水道系统
	咸阳市	彬县	2~6	一般	8~36	自来水	手洗为主	1~7	在家（无淋浴）	家用简易旱厕	自备下水道与化粪池
	咸阳市	秦都区	2~6	一般	24~60	自来水	机洗为主	1~3	在家（有淋浴）	家用简易旱厕	基本上无完善下水道系统
	延安市	延川县	4~6	略差	6~10	非自来水	手洗为主	7	在家（无淋浴）	家用简易旱厕	基本上无完善下水道系统
	榆林市	榆阳区	3~4	一般	23~36	非自来水	手洗为主	3	公共浴室	家用简易旱厕	基本上无完善下水道系统

2. 用水现状与排水现状

对西北地区典型村镇的用水现状及排水状况统计的结果如表 1-9、表 1-10 所示。

陕西省的镇区，各项生活活动占用水总量比例排前三的依次为炊煮饮用（16.9%）、洗浴（16.6%）和洗漱（14.9%），这三项之和为 48.4%；就村庄来看，排在前三的依次为洗衣、炊煮和洗浴，其平均比例分别为 16.4%、16.2% 和 15.5%，三者之和为 48.1%。

对于排水现状，其镇区各项生活活动在排水总量中所占比例前三的依次为清洗外排、洗浴外排和洗衣外排，其平均比例分别为 16.4%、16.0% 和 15.9%；而对于村庄，洗浴外排（21.5%）、洗衣外排（20.1%）和清洗外排（18.4%）是主要的生活活动排水。

表 1-9 西北地区（陕西省）镇区、村庄用水现状

对象	市	县	调查人口总计/人	洗漱/%	烧煮饮用/%	厕所/%	炊事清洗/%	洗衣/%	洗浴/%	清扫/%	牲畜/%	其他/%	人均用水量/（L/d）
镇区	汉中市	镇巴县	18	14.1	4.5	5.3	19.4	15.4	26	10.1	5.2	0	50.2
	商洛市	商南县	22	15.2	23.3	5.4	12.5	12.3	30.7	0.6	0	0	50
	渭南市	澄城县	30	15.1	21.2	0.2	15.1	8.1	6.2	3.5	30.6	0	26.8
	西安市	蓝田县	25	11.4	18.3	0	18	10.9	12.4	7.4	21.6	0	19.8
	咸阳市	秦都区	54	13	12.5	7.7	11.3	9.9	29.7	5.7	10.2	0	68.3
	延安市	延川县	30	16	13.7	17	15.7	11.9	11.1	9.7	4.9	0	37.5
	榆林市	榆阳区	20	19.7	25.1	0	11.4	26.7	0	9.7	7.4	0	29.4
村庄	汉中市	镇巴县	20	13.6	7.2	0	17.7	20.9	21	0.1	5.9	13.6	31.6
	商洛市	商南县	12	6	4.8	0	5.3	37.8	31.5	1.9	0	12.7	74.9
	渭南市	澄城县	19	11.8	17	0	11.1	7.9	3.5	0	0.1	44.6	20.3
	西安市	蓝田县	27	24.1	21.7	3.7	23.8	19.3	2.2	4.1	0.4	0.7	13.4
	咸阳市	秦都区	28	11	16.4	0	18.8	19.8	22.6	11.4	0	0	69.5
	咸阳市	兴平市	38	17.6	12.9	4.3	19.2	22.3	23.7	0	0	0	51.8
	咸阳市	彬县	55	13.1	14.9	0	11.4	13.5	21	0.5	18.6	7	28.2
	咸阳市	秦都区	27	4.3	25.4	0.6	11.5	12.6	24.8	2.9	0	17.9	26.4
	延安市	延川县	22	24.3	31	0	19.3	2.5	4.5	11.7	5.7	1	18.3
	榆林市	榆阳区	23	9.7	11.1	0	4.6	7	0	4.3	59.3	4.0	68.1

表 1-10 西北地区（陕西省）镇区、村庄排水现状

对象	市	县	调查人口总计/人	洗漱外排/%	烧煮饮用外排/%	厕所外排/%	炊事清洗外排/%	洗衣外排/%	洗浴外排/%	清扫外排/%	牲畜外排/%	其他外排/%	人均排水量/（L/d）
镇区	汉中市	镇巴县	18	14.1	0	11.3	19.4	15.4	26	8.6	5.2	0	50.2
	商洛市	商南县	22	—	—	—	—	—	—	—	—	—	33.1
	渭南市	澄城县	30	8.5	12.1	2.7	17.9	8.1	9.1	3.6	38.1	0	22.9

续表

对象	市	县	调查人口总计/人	洗漱外排/%	烧煮饮用外排/%	厕所外排/%	炊事清洗外排/%	洗衣外排/%	洗浴外排/%	清扫外排/%	牲畜外排/%	其他外排/%	人均排水量/(L/d)
镇区	西安市	蓝田县	25	9.5	0.7	18.6	17.9	11	13.3	6.5	22.5	0	18.6
	咸阳市	秦都区	54	12.9	8	8.2	9.1	11.5	34.5	5.1	10.7	0	48.1
	延安市	延川县	30	13.6	0	23.2	18.7	14.2	13.2	11.6	5.5	0	31.6
	榆林市	榆阳区	20	26.4	0		15.2	35.7		13	9.7	0	22
村庄	汉中市	镇巴县	20	9.2	0	33.9	9	21	21	0.1	5.8		31.5
	商洛市	商南县	12	—	—	—	—	—	—	—	—	—	52.4
	渭南市	澄城县	19	2.3	0.8	2.2	9.1	2.3	9	3.9	70.4	0	13.5
	西安市	蓝田县	27	22.4	0	26.6	24.8	18.2	4	3.4	0.2	0.4	12.8
	咸阳市	秦都区	28	12.4	18.5	0	21.2	22.4	25.5	0	0	0	12.3
	咸阳市	兴平市	38	18.4	0.4	5	22.4	26.1	27.7	0	0	0	44.3
	咸阳市	彬 县	55	20	0	0	17.1	20.4	32.2	0.9	8.8	0.6	18.4
	咸阳市	秦都区	27	0	0	1.5	0	33.3	65.2	0	0	0	10
	延安市	延川县	22	17.8	0	0	41.4	5.3	8.5	13.3	11.7	2.0	8.6
	榆林市	榆阳区	23	45.9	0	0	21.4	31.5	0	0.6	0.6	0	12.4

对人均用水量及排水量进行统计,以黑龙江省典型镇区及村庄为例进行分析。

如图 1-7 所示,陕西省镇区的平均人均用水量及排水量等基本都高于村庄,其中秦都区处于较高水平,超过 60L/d;村庄人均用水量、排水量则处于相对较低水平,基本上低于 20L/d。

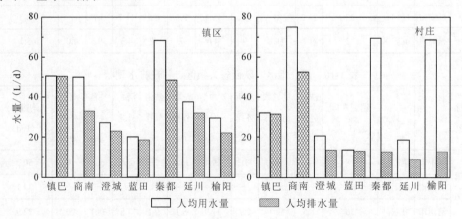

图 1-7　西北地区(陕西省)镇区和村庄人均用水量、人均排水量对比

1.2.3.4 调查结果小结

1. 用水方式和下水系统概况

对上述北方地区典型村镇的用水方式和下水系统概况进行统计,如表 1-11 所示。

表 1-11 北方地区典型村庄用水方式与排水概况统计与比较

区域	省	村镇类别	供水方式	夏季洗衣方式	平均洗衣频率/(次/d)	主要夏季洗浴方式	厕所类型	下水系统
华北地区	河北省	镇区	自来水	手洗、机洗均有	2~3	在家(有淋浴)	家用简易旱厕	有与公共下水道连接的下水系统
		村庄	自来水	手洗、机洗均有	2~3	在家(有淋浴)	家用简易旱厕	基本上无完善下水系统
东北地区	黑龙江省	镇区	自来水	手洗为主	2~3	在家(有淋浴)或有公共浴室	家用简易旱厕	有与公共下水道连接的下水系统
		村庄	非自来水	手洗为主	2~3	在家(无淋浴)为主	家用简易旱厕	基本上无完善下水系统
	吉林省	镇区	非自来水	手洗为主	2~3	在家(有淋浴)	家用简易旱厕	基本上无完善下水系统
		村庄	非自来水	手洗为主	2~3	在家(无淋浴)	家用简易旱厕	基本上无完善下水系统
	辽宁省	镇区	自来水	手洗为主	2~3	在家(有淋浴)或公共浴室	家用简易旱厕	与公共下水道连接的下水系统、无完善的下水系统及自备下水道与化粪池等均有一定的比例
		村庄	非自来水	手洗、机洗均有	1~2	在家(无淋浴)	家用简易旱厕	基本上无完善下水系统
西北地区	陕西省	镇区	自来水/非自来水	手洗、机洗均有	2~3	在家(有淋浴)	家用简易旱厕、公厕或自来水冲厕	具备与公共下水道连接的下水系统、自备下水道与化粪池、基本上无完善的下水系统等都有
		村庄	自来水/非自来水	手洗、机洗均有	1~2	在家(有淋浴)	家用简易旱厕	具备与公共下水道连接的下水系统、自备下水道与化粪池、基本上无完善的下水系统等都有

如上表所示，同一省的镇区与村庄之间，不同省之间的在用水方式与下水系统上的差异性较为明显。

对于供水方式，由于经济发展水平的差异，镇区的供水方式多以自来水供应为主，而村庄地区则以非自来水为主要供水方式。三个区域的 5 个省的典型村镇的夏季洗衣方式多以手洗为主，小部分地区有机洗。调查的北方地区的平均洗衣频率较为接近，基本为 2～3 次/d，辽宁省村庄和陕西省村庄可能略为偏小。各地区的主要洗浴方式也与经济水平相关，一般镇区家庭洗浴方式主要为在家且有淋浴或公共浴室，而对于村庄家庭而言，主要的洗浴方式为在家但无淋浴。使用的厕所类型各地区的差异性较大，家用简易旱厕是各地区尤其是村庄地区的主要厕所类型，但像调查的黑龙江省的镇区及陕西省的镇区则有自来水冲厕或公厕。通过分析得知水冲厕所的拥有率与家庭收入相关，当家庭经济状况较好时居民有很强的使用自来水冲厕的意愿。对于下水系统而言，镇区与村庄的差异性较为明显，镇区基本上有与公共下水道连接的下水系统或自备下水道与化粪池；而村庄基本上无完善的下水系统。辽宁省镇区及陕西省的镇区和农村，具有与公共下水道连接的下水系统、自备下水道与化粪池、基本上无完善的下水道系统等不同的下水系统方式在当地均占有一定的比例，与调查区域当地居民的经济发展水平相关。

2. 用水现状和排水现状统计

对北方地区典型村镇的用水现状及排水状况统计的结果如表 1-12 所示。

表 1-12　北方地区典型村庄用水现状与排水现状统计与比较　　单位：%

区域	省	村镇类型	用水					排水			
			排序	1	2	3	总和	1	2	3	总和
华北地区	河北省	镇区	方式	洗浴	洗衣	烧煮饮用	—	洗浴外排	洗衣外排	清洗外排	—
			均值	28.1	18.8	13	59.9	33.1	18.5	13.1	64.7
		村庄	方式	洗浴	洗衣	烧煮饮用	—	洗浴外排	洗衣外排	清洗外排	—
			均值	23.4	18.8	13.4	55.6	30.8	19.2	17.6	67.6
东北地区	黑龙江省	镇区	方式	洗衣	炊事清洗	烧煮饮用	—	洗衣外排	清洗外排	厕所外排	—
			均值	18.2	16.7	15.4	50.3	19.7	18.8	16.6	55.1
		村庄	方式	炊事清洗	洗漱	洗衣	—	清洗外排	洗衣外排	洗浴外排	—
			均值	17.7	16.9	15.8	50.4	20.8	16.3	12.5	49.6

续表

区域	省	村镇类型	排序	用水				排水			
				1	2	3	总和	1	2	3	总和
东北地区	吉林省	镇区	方式	烧煮饮用	炊事清洗	洗浴	—	洗浴外排	洗衣外排	清洗外排	—
			均值	25.2	22.2	17.4	64.8	30	20.2	18.6	68.8
		村庄	方式	其他	炊事清洗	烧煮饮用	—	厕所外排	洗衣外排	清洗外排	—
			均值	38.7	16.4	11.9	67	24.8	20.8	14.3	59.9
	辽宁省	镇区	方式	洗浴	洗漱	洗衣	—	洗浴外排	洗漱外排	洗衣外排	—
			均值	23.3	20.8	13.7	57.8	19.7	18.8	16.6	55.1
		村庄	方式	洗浴	牲畜	洗衣	—	洗浴外排	洗衣外排	其他外排	—
			均值	18.3	16.4	16	50.7	31.4	23.7	14	69.1
	东北地区平均	镇区	方式	炊事清洗	洗衣	洗浴	—	清洗外排	洗衣外排	洗漱外排	—
			均值	17.5	16.7	16.6	50.8	18.8	18.5	16.5	53.8
		村庄	方式	炊事清洗	洗衣	洗漱	—	清洗外排	洗衣外排	洗漱外排	—
			均值	16	14.3	13.6	43.9	17.9	19	11	47.9
西北地区	陕西省	镇区	方式	烧煮饮用	洗浴	洗漱	—	清洗外排	洗浴外排	洗衣外排	—
			均值	16.9	16.6	14.9	48.4	16.4	16	15.9	48.3
		村庄	方式	洗衣	烧煮饮用	洗浴	—	洗浴外排	洗衣外排	清洗外排	—
			均值	16.4	16.2	15.5	48.1	21.5	20.1	18.4	60

如上表所示,不同地区的用水及排水占当地用水及排水总量的比例有一定的差异性。

对华北地区河北省而言,无论是镇区还是村庄,其主要用水活动为洗浴、洗衣和烧煮饮用,两者各项比例较为接近;主要的排水来自洗浴外排、洗衣外排和清洗外排,各项比例也较为接近。无论是用水还是排水,前三项的比例总和基本在 60%,即这些活动的用水或排水是主要的居民生活用水与排水方式。

东北地区的三个省份之间的差异性较大,但整体而言,无论是镇区还是村庄，炊事清洗、洗衣及洗漱为这一区域的主要用水方式；清洗外排、洗衣外排及洗漱外排为主要的排水方式。无论是用水还是排水，前三项的比例总和基本在50%~60%。

对于西北地区陕西省而言，烧煮饮用、洗浴及洗衣是镇区及村庄主要的用水方式，而清洗外排、洗浴外排及洗衣外排为最主要的排水方式，这前三项的比例总和基本低于50%，较华北地区和东北地区稍小。

综上所述，对于北方地区而言，主要的用水方式为洗浴、洗衣和烧煮饮用，而清洗外排、洗浴外排及洗衣外排为最主要的排水方式。

对北方地区典型镇区的人均用水量及人均排水量的进行统计，如图1-8。

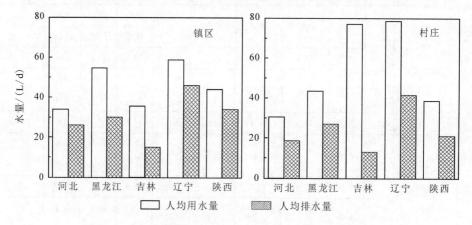

图1-8　北方地区镇区和村庄人均用水量、人均排水量对比

同时考虑人均用水量和人均排水量，河北省、黑龙江省及陕西省的镇区与村庄之间的差别不大，而吉林省及辽宁省的村庄人均用水量及排水量要远大于镇区居民。就绝对数量来看，镇区居民的用水量基本在30~60L/d，辽宁省和黑龙江省两个地区的人均用水量最大；镇的排水量基本低于40L/d，但辽宁省镇区居民的人均排水量最大，达到45L/d。对于村庄而言，吉林省和辽宁省两个地区的村庄人均用水量最大，接近80L/d，其他几个地区村庄的居民人均用水量均低于40L/d；人均排水量辽宁省最大，其他几个地区村庄的人均排水量基本低于20L/d。

3. 水体污染原因及治理意愿调查

在调查过程中，问卷设计了部分关于村镇水体污染及治理意愿的主观问题，旨在获得当地居民对农村水环境污染及治理的一些看法和建议。

调查中，村民对造成环境不良的原因的认知是不同的。约30%的人认为是村民素质不高造成了污染，其余绝大部分认为是他人原因，其中多数认为是村级行政单位的相关教育宣传工作没有做好。关于治理方法，超过80%的居民认为应该由政府出钱对现有的污染进行治理；其他意见中，多数人认为应由外地入驻企业和排污单位负责。

通过对这些典型村镇调查发现存在如下的主要问题。

（1）各地长期以来的政策主要偏向于城市，农村地区的基础设施相对落后，一些环境方面的统计数据缺失情况严重，这些状况对农村污水分散处理的研究工作造成了很大的障碍。

（2）仅通过调查问卷和入户调查的形式得到居民用水量和排水量数据的精度还不够。一些相对落后的村民家中没有装水表，用水没有限制；水冲厕所基本不用水箱，而是阀门式；太阳能淋浴器多为自制，体积不一且很难确定。要获得精确的用水量数据必须同时开始相关基础工作的研究。

（3）部分村镇的一些卫生环境状况有明显的改善，但仍存在较严重的污染问题，特别是水体污染。在污染源中，点源并没有得到明显的控制，如化工厂、电子厂、皮革厂等重污染企业沿河而建，产生的污染物未处理达标或者直接排放。要治理面源污染首先必须要控制点源污染，否则没有意义。

（4）污染治理方面，普通居民付费来促使环境改善的意愿非常弱，这一方面是因为居民并未意识到各自的责任，同时也是因为调查对象的居民收入较低，只能保证基本的生活支出，对更多的支出较难承受。如果将来在这些地区建立污水处理设施，污水收费制度短期内可能难以实行，这会成为农村生活污水处理设施建设的障碍之一。

1.2.4　村镇生活垃圾污染现状

此次调查的主题为"北方村镇生活垃圾调查"，包括家庭基本情况调查，采用调查问卷和入户调查两种方式，获取第一手资料。调查对象选取中国北方（华北的河北省；东北的黑龙江省、吉林省、辽宁省；西北的陕西省）典型农村地区，由各调查员完成相关调查任务的调研工作。

1.2.4.1　华北地区

华北地区农村生活垃圾的调查结果列于表 1-13。从表 1-13 中可知，河北省的典型村庄的粪便处理方式大部分还是自己用于自家农田施肥，调查各村镇以小户型为主，平均每户 4 人左右，家庭经济状况一般。公厕的管理由村委会负责，进行实时维护和保养，体积比较大的畜禽粪便由村委会组织管理收集到大的化粪池或大的堆肥坑内，然后用作农田肥料。厕所类型大多为家用简易旱厕，少数有水冲厕所，一般都具备与公共下水道连接的下水系统或化粪池。

表 1-13 华北地区（河北省）村庄粪便产生及处理概况

市	保定	秦皇岛	沧州	邢台	衡水	唐山	廊坊	石家庄
村庄	赵庄	二台	西丁	闫里	北石	麻湾坨	韩村	永乐
户数	598	278	245	1016	136	611	649	356
人均收入/元	3562	4896	2500	3430	5798	6070	5095	5050
公厕类型、粪便去处及维护方式	—	三格化粪池、适期维护	修建在马路边上的公厕，做肥料	—	公厕为水冲式、粪便通过管道排至村外大坑	蓄粪池式厕所、粪便用作农肥、由村委会负责维护	—	—
将粪便用于自家农田施肥的户数	9	200	110	900	61	430	195	356
占总户数的比例/%	0	70	55	90	42	70	30	100
粪便由他人收集最终用于农田施肥户数	0	10	135	80	40	181	454	0
占总户数比例/%	0	10	—	8	29	30	—	0
将粪便当废水排走或当作废物抛弃的户数	539	68	5	20	35		—	0

具体村庄生活垃圾的组成列于表 1-14。从表 1-14 中可知，华北地区农村家庭的垃圾成分以生活垃圾为主，主要垃圾产生源是当地居民，由于特殊单位相对较少，因此各单位产生的垃圾占总垃圾量较小。由于当地仅有少量种植的土地，因此农药和杀虫剂的使用较少，危险废物主要是电池。

表 1-14 河北省村庄生活垃圾分类调查　　　　单位：%

行政村	赵庄	二台	闫里	北石	麻湾坨	永乐
厨余	41	70	40	40	10	30
果皮	6	5	8	7	10	5
植物残余	19	4	4	5	9	20

续表

行政村	赵庄	二台	闫里	北石	麻湾坨	永乐
渣土	10	3	12	0	10	10
灰土	5	2	8	3	10	14
纸类	11	1	16	10	5	5
塑料	5	1	3	8	5	5
玻璃	3	2	5	6	10	1
橡胶、皮革	0	2	1	8	5	0
纤维	0	3	2	3	7	5
竹木	0	1	1	0	15	5
金属	0	3	0	2	2	0
有害垃圾	0	3	0	8	2	0

1.2.4.2 东北地区

东北地区农村生活垃圾的调查结果如图 1-9 所示。东北地区农村家庭的垃圾成分以生活垃圾为主，主要垃圾产生源是当地居民。东北地区农业发达，收割后产生的大量植物残余是生活垃圾的主要贡献者，同时由于东北地区冬季寒冷较长，取暖做饭产生的煤灰也是生活垃圾的主要成分。

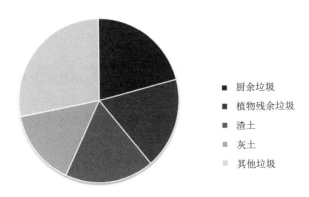

图 1-9　四站村生活垃圾成分分析

1.2.4.3 西北地区

西北地区农村生活垃圾的调查结果列于表 1-15。通过表 1-15 中数据可以看出，西北地区较东北和华北地区人均产生生活垃圾量要小很多，这与西北的经济条件也有一定的关系，同时受到自然条件的限制，黄土高原地区拥有千沟万壑独特的地形地貌，塬坡度很大，地质结构不稳定，水土流失比较严重，不易选定合适的垃圾处理场址（刘利年，2004）。除镇区、新农村外，新农村建设还未涉及的村庄，农户居住相对分散，垃圾集中收集有一定的困难。为实现垃圾的减量化，应通过提高居民环保意识以及对其进行垃圾分类知识的培训，加之可回收垃圾带来的经济效益，促使居民养成分类收集的习惯，降低集中收集的难度。

表 1-15　西北地区陕西省农村生活垃圾产生现状

省	行政村	村日均垃圾产生量/kg	人均日产生量/kg
陕西	中合	1140	0.5
	水沟	500	0.37
	朝阳	3765.1	2.96
	五爱	2356	1.2
	上皇楼	410	0.5
	秋林	200	0.2
	消池	263	1
	校场坝	2000	1.5

1.3　国家战略需求与相关政策

1.3.1　国家战略需求

近几年，随着经济的不断发展和农民收入的不断增加，农村生活设施、居住环境和消费方式也发生了较大的变化，自来水管网、卫生淋浴等设备逐渐进入百姓家庭，生活污水排放量急剧增加，生活垃圾产生量也逐年增加。长期以来，由于受经济、技术、环保意识等因素的影响，大多数农村没有污水、垃圾收集及处理系统，绝大部分生活污水排入屋边沟渠或排出室外空地后渗入地下，生活垃圾随意丢在村边地头、沟渠塘边，严重污染了水、大气和土壤环境。

农村公共服务水平不断提高、农民生产生活条件不断改善，农村面貌发生了很大的变化。但依然存在农村公共服务资源配置效率低、管理水平不高、城乡区域差别大等突出问题（周美岑，2010）。农村作为社会最基层的单元，与城镇相比，整体存在经济发展较为落后、社会管理与公共服务基础薄弱、农民受教育少等劣势。

由于村镇环保设施建设和技术研究滞后于城镇化的发展速度，在传统的村镇环境问题没有解决的情况下，城镇化所带来的新的环境问题与原有环境问题形成了叠加，污染物及污染类型等呈现多元化和复合性，共同对大气、水体、土壤、生物和人体等产生了复合性污染和威胁（刘德军，2008）。

农村环境保护面临的科学和技术问题十分严峻。随着农村经济的快速发展，农业产业化、城乡一体化进程的不断加快，农村环境问题日益突出（王凤文，2009）。第一次全国污染源普查结果显示，农业源化学需氧量、总氮、总磷年排放量分别达到 1324.09 万 t、270.46 万 t、28.47 万 t，分别占全国总排放量的 43.7%、57.2% 和 67.3%。"十二五"以来，随着农村环境保护工作的深入发展，农村环境保护项目实施过程中的技术问题日益凸显，主要存在以下问题。

（1）农村饮用水问题突出。

部分饮用水水源地存在环境安全隐患。全国大部分河湖水体遭受不同程度污染（苏嫚丽，2009），而这些水体主要分布在农村地区。根据近几年来在全国部分村庄开展的环境质量监测的结果，村庄周边地表水总体为中度污染，主要污染指标为粪大肠菌群、氨氮、高锰酸盐指数。目前，全国仍有约 3 亿农村人口还存在饮水不安全问题，一些农村饮用水水源地甚至检测出有毒有害物质，对群众身体健康构成严重威胁。

（2）农村生活污水和垃圾随意排放。

多数村镇环境"脏、乱、差"，农村环保投入欠账较多，环境设施建设严重滞后。全国约 4 万个乡镇，大多数没有健全的环保基础设施；60 多万个建制村中，大部分污染治理还处于空白。据测算，全国农村每年产生生活污水约 90 亿 t，生活垃圾约 2.8 亿 t，其中大部分未经处理随意排放，导致村镇环境质量下降（孙铮，2014）。

（3）畜禽养殖污染问题突出。

近年来，我国畜禽养殖业发展迅速，但畜禽养殖废物综合利用和污染防治水平还相对较低（李建华，2004）。根据第一次全国污染源普查结果，我国畜禽养殖业的化学需氧量、总氮、总磷的年排放量分别占农业源排放总量的 96%、38%、56%，占全国排放总量的 42%、22%、38%，畜禽养殖污染已成为农业污染源之首。

（4）农村地区工矿污染较为普遍。

农村工矿企业规模小，布局分散，工艺落后，缺乏有效的污染治理设施，对周边环境污染严重（何春萌，2015）。随着城市环境保护力度的加大，重污染行业向农村地区转移增加，成为农村新的污染源。部分农村地区还存在历史遗留工矿企业造成的农田、水源等污染问题，对当地居民健康构成严重威胁。

（5）农业面源污染加重。

我国化肥和农药年施用量分别达 5400 万 t 和 170 万 t，而有效利用率不到 35%，流失的化肥和农药造成了水体和土壤污染，破坏农村地区生物多样性（魏欣，2014）。初步估算，我国每年产生各类农作物秸秆约 8 亿 t，其中 30% 以上未被有效利用，秸秆随处堆放或就地焚烧，污染农村环境。

村镇是一个多因素影响的复合生态系统，内部及外部环境间存在水—土—气—生态物流和能流的交互作用，并随着社会的发展及自然的演变发生着动态变化；由于经济实力、技术性能等因素的限制，适合北方村镇特点的因地制宜的环境综合整治科技工程建设严重滞后，特别是缺乏针对北方缺水型村镇的源头控制、优化集成技术、规模化示范工程、村镇一体化管理和配套技术经济政策优化组合体系，村镇环境综合整治投入和长效稳定运行保障机制不完善，更缺乏可以向区域推广应用的综合示范经验。因此，应当结合北方寒冷缺水型村镇特点，以村镇环保综合示范工程为切入点，进一步开展典型北方村镇环境污染治理、资源循环利用和生态综合整治技术集成和小型实用设备研发与产业化推广；优化组合适合不同分区分类村镇环境综合整治成套技术、实用装备和运行管理机制，从而形成源头减量、过程控制、资源化循环利用技术集成与成套装备，并对村镇环境综合整治形成示范带动作用。

（1）改善农村人居环境。

农村人居环境落后，是城乡发展差距在生存环境和生活质量上的集中体现，把发展经济与改善农村人居环境结合起来，提高农民生活质量，是今后社会主义新农村建设的主题。本书紧紧围绕影响和制约农村人居环境质量的生活污染问题，从技术环节入手，以保护农村自然环境、提高人居环境质量、发展循环经济、加强农村环境保护基础设施建设、完善农村公共服务为目标，通过对示范点生活垃圾产生量、产生规律、收运模式、无害化处理处置技术方法的研究，对生活污水排放量、排放规律、处理工艺、处理效果对照等技术环节的观测研究，对各类处理技术的集成应用示范和研究，提出保护和改善农民人居环境的技术方法、工程措施以及管理运行机制，这对实现社会主义新农村的建设目标至关重要。

（2）促进农村环境管理机制形成。

为确保农村环境综合整治项目和工程能够发挥预期效益，必须建立起符合实际的管理运行机制。在示范区探索农村环境综合整治项目管理运行机制，为北方村镇环境综合整治提供经验。在工程建设示范的同时，提出符合自身实际的农村环境污染防治设施长效管理和运行机制。本书在这方面的重要意义在于，提出了在环保设施运行维护上积极拓宽资金渠道，除地方财政部门投入外，鼓励社会资金投入和农民投工投劳，充分运用市场经济手段以及适当探索物业收费等方式来解决运行维护经费问题。

（3）推动农村环境综合整治技术模式形成。

村镇生活垃圾污染呈现面源污染特征，针对不同类型村庄及其人居环境特点，研究探索低投资成本、低运行费用、低操作技术要求、高处理效率的"三低一高"技术模式，对于北方村镇环境设施投资不足、经济欠发达、技术基础薄弱的实际情况，通过工程和项目示范，探索并形成适合于北方农村的生活垃圾整治技术模式，为今后北方干旱寒冷缺水型村镇生活垃圾整治提供技术依据。

北方寒冷缺水型村镇生活污水处理呈现量少、污染物浓度高、水资源需回用、水处理设施冬季处理效率低、运行经费困难等特征，针对北方灌区、山区、丘陵干旱区、荒漠草原区等不同类型村庄及人居环境特点，通过实施生活污水处理工程，探索适合于不同人居布局条件、不同气候和自然生态环境以及不同社会经济条件下的生活污水处理技术模式，形成因地制宜的农村生活污水技术体系，为今后北方干旱寒冷地区村镇生活污水处理提供可靠的技术依据。

（4）提出技术标准和规范。

农村环境综合整治事业方兴未艾，在环境综合整治工程和项目设计方面，各设计院基本按照城市标准、规范、指南和技术手册进行设计，针对农村环境综合整治的设计规范在实施农村环境综合整治初期，基本上处于空白，农村环境综合整治实践，急需针对村镇具体实际的标准、规范、指南、手册的制定。通过研究和示范，为北方寒冷缺水型村镇农村环境综合整治工程提供具体可行、符合实际的设计方法和依据，促进农村环境综合整治工程设计工作的科学、规范。

1.3.2　国家相关政策

"十二五"以来，党中央、国务院和社会各界日益关注农村环保工作，各地区、各部门不断加大农村环境保护力度，部分农村地区环境质量有所改善，为开展农村环境综合整治奠定了良好基础。农村环境保护日益受到重视，农村环境综合整治稳步推进，农村环保体制机制初步建立，"以奖促治"的制度化建设逐步加强，农村环保投入机制不断健全，农村环境监管能力有所提高，农村环保科技支撑得到加强。

"十二五"规划强调，要加强农村饮用水水源地保护和水污染综合治理，并提出相应的工作目标。《"十二五"全国城镇污水处理及再生利用设施建设规划》要求，到 2015 年县城污水处理率平均要达到 70%，建制镇污水处理率平均达到 30%。《全国农村饮水安全工程"十二五"规划》提出，"十二五"期间要使全国农村集中式供水人口比例提高到 80% 左右。

十八届三中全会后，环保部首批发布了《农村生活污水处理项目建设与投资指南》等四项环保政策文件（下称《文件》）。在此之前，我国农村污水排放标准主要沿用《城镇污水处理厂污染物排放标准》（GB18918—2002）的一级标准，这对于技术和经济都相对薄弱的农村来讲是一个相当大的挑战和难题。《文件》根据农村的经济、社会、环境特征及污水的去向，制定了合适农村的污水排放标准，将引导农村污水处理技术的健康发展。

2012 年 11 月 8 日，党的十八大召开，首次提出了"把生态文明建设放在突出地位，融入经济建设、政治建设、文化建设、社会建设各方面和全过程，努力建设'美丽中国'的任务和目标"。美丽中国的建设重点和难点在于农村。2013 年"中央一号文件"提出要推进农村生态文明建设，努力建设美丽乡村。开展美丽乡村建设，是贯彻落实十八大精神、实现全面建成小康社会目标的需要；是推进生态文明建设、实现永续发展的需要；是强化农业基础、推进农业现代化的需要；是优化公共资源配置、推动城乡发展一体化的需要。财政部、国务院农村综合改革办公室、农业部等相关部委纷纷出台一些措施和政策来推动美丽乡村的建设。国务院农村综合改革工作小组于 2012 年发布了《关于开展农村综合改革示范试点工作的通知》（国农改〔2012〕12 号），开展了以美丽乡村建设等十项主要改革重点的示范试点。2013 年 7 月，财政部发布了《关于发挥一事一议财政奖补作用，推动美丽乡村建设试点的通知》（财农改〔2013〕3 号），决定将美丽乡村建设作为一事一议财政奖补工作的主攻方向，启动美丽乡村建设试点。农业部办公厅也于 2013 年初发布了《关于开展"美丽乡村"创建活动的意见》（农办科〔2013〕10 号）。全国各地已全面拉开美丽乡村的建设。

2012 年，国务院农村综合改革工作小组《关于开展农村综合改革示范试点工作的通知》（国农改〔2012〕12 号）中明确指出应建立相关标准体系，做好建设、运行、维护、服务及评价等各环节的标准制定、实施与监督，实行分类指导。2013 年 11 月 5 日，国家标准化管理委员与财政部联合发布了《关于开展农村综合改革标准化试点工作的通知》，将浙江、安徽等 13 个省列为美丽乡村标准化试点，明确指出通过试点，要初步建立结构合理、层次分明、与当地经济社会发展水平相适应的标准体系，重要标准相对完善并得到有效实施，促进资源有效整合，形成以标准化支撑农村公共服务的长效机制，促进城乡公共服务均等化和城乡发展一体化。

第2章　北方寒冷缺水型村镇环境问题诊断与评估体系

2.1　北方寒冷缺水型村镇环境污染特征及存在的问题

2.1.1　生活污水的环境污染特征及存在问题

我国农村人口分散、数量多,大多没有任何生活污水的收集和处理设施,这使得农村生活污染源成为影响水环境的重要因素。据测算,全国农村每年产生生活污水 80 多亿立方米,严重污染了农村地区居住环境,农村大部分地区河、湖等水体普遍受到污染,饮用水水质安全受到严重威胁。另外,农业生产中对化肥过量使用,会造成硝酸盐污染破坏水资源。而农药的使用对水资源和饮用水安全造成很大威胁。监测资料表明,悬浮物和大部分氮磷来源于农田径流的面源污染(刘波,2010)。还有牲畜和人的粪便不经处理就排入水中,使水体有遭受寄生虫污染的危险。

迅猛发展的乡镇企业,在带动地方经济发展的同时,也将大量未经处理或处理不达标的废水排入附近的江、河、湖等水域,出现了地表水体富营养化、地下水质恶化趋势,这无疑加重了水资源污染(温宇,2008)。

随着城市人口的骤增、乡村的城镇化和人民生活水平的提高,人均需水量和总需水量不断增加,污水总排放量也随之相应逐渐增加。农村生活污水的主要特点是污染面广,难收集、来源多、成分复杂、悬浮物浓度较高、有机物浓度较低、水质一般呈弱碱性、污水中含有较高的人畜粪尿成分,氮、磷特别是磷含量较高,故处理时不仅要消减有机物还要进行脱氮除磷。现行的城市污水处理技术虽然可行,但投资高,运行费用大,管理要求高,因而在农村难以推广使用。

2.1.1.1　生活污水的环境污染特征

农村生活污水是指农村居民在日常活动中排放的污水,包括厨房污水、洗浴污水和厕所污水等。厨房污水是在指在洗菜、烧饭、刷锅和洗碗等过程中排放的污水。厨房污水中油和有机物含量较高。洗浴污水是指在洗澡、洗衣和洗涤等过程中排放的污水。洗浴污水含有洗涤剂。厕所污水及冲厕污水,包括粪便和尿液,除含有较高浓度的有机物、氮磷等外，还可能含有致病微生物和残余药物，给人体健康带来一定的风险。

生活污水按颜色可划分为灰水和黑水。灰水中有机物浓度较低，且大部分易于生物降解，如洗浴污水等；黑水中污染物浓度较高，如厕所污水等。灰水的净化相对比较容易，处理后的出水可作为多种用途回用，如冲厕、清洁、绿化和农田灌溉等。黑水中粪便有机物含量高，可将其转化为沼气；尿液含有大量的氮和磷等营养物，可用于生产肥料。处理黑水的过程中应加强对病原微生物的去除或灭活（刘俊新，2010）。

我国北方村镇的水循环利用方式较多，因此北方地区村镇生活污水水量小而浓度高。同时，由于水资源的匮乏及水体的严重污染导致可利用的水资源越来越少，并已经成为阻碍经济可持续发展的重要因素之一。总的来说，北方地区村镇生活污水的主要特征有：人口少，且分布较为分散（崔育倩，2013），管网收集系统不健全，粗放型排放，污水处理率低；用水量标准较低，污水流量小；污水成分复杂，但各种污染物的浓度较低，污水可生化性强；水质及水量随季节、昼夜变化较大，日变化系数大（3.5～5.0）。

1）总量巨大且逐年增加

由于我国农村人口占总人口的 70.1%，可以预见农村生活污水的排放量之大。并且，随着农民生活水平的提高以及生活方式的城镇化，如抽水马桶和洗衣机的普及，使农村生活污水的排放量进一步增加。据调查，2010 年我国农村污水排放量约 270 亿 m^3。

2）水质、水量波动大

农村生活污水水质、水量与经济发达程度、生活方式、生活习惯等因素有关。总体来说，农村生活污水水质不稳定，不同时段水质差别大，但可生化性好，一般不含重金属和有毒有害物质，但含有较多的合成洗涤剂以及细菌、病毒、寄生虫卵等。一般农村生活污水排放不均匀，水量变化明显。由于农村居民生活规律相近，农村污水的排放一般在上午、中午、下午分别有一个高峰时段，夜间排水量小，呈不连续特征（孙瑞敏，2010）。

3）面广且分散

由于农村面广且一般没有固定的污水排放口，生活污水排放比较分散，缺乏排水收集系统，收集难度大，生活污水的处理率低。

北方寒冷缺水型村镇污水除了具有分布较为分散、污水流量小，污水成分复杂，可生化性强，污水处理率低、水质及水量随季节、昼夜变化较大、日变化系数大等特点，还具有如下特殊水环境问题：①北方村镇寒冷、缺水性水环境问题。北方地区冬季气温偏低，增加了农村污水处理的难度，常用污水处理技术难以在低温条件下适用，缺乏污水处理的保温技术；北方地区水资源缺乏，而村镇用水量持续增加，排放的废水得不到有效处理和回收利用，使区域缺水性问题更为突出，水源性和水质性缺水并存。②结构性污染问题较为突出。北方地区是我国人口密度大、畜禽养殖业发达的区域，生活、畜禽养殖排污日益严重（武淑霞，2005）。人畜粪便和尿液排放使村镇污废水中氨氮与总氮浓度较高，是需要优先控制的水质指标。③污水处理基础设施不完善。北方地区农村局地环境复杂，排水系统不健全，污水处理技术相对落后，氨氮去除率低，需要有力而配套的技术支持。

2.1.1.2　生活污水的水质特征

弄清农村生活污水水质的基本情况，是研究解决农村生活污水问题的一个重要环节。我国地域广阔，人口分布不均匀，各地居民生活习惯不相同，这就导致了各地农村生活污水水质水量存在着差异。我国对农村生活污水水质水量大规模的调查研究较少，多数集中于我国南方地区，像太湖、滇池、巢湖、三峡等重要的流域周围，对北方农村生活污水水质的研究相对较少。因此，对北方地区村镇生活污水水质的研究是非常必要的。

根据已有的研究文献资料得出北方地区村镇生活污水水质参考值如表 2-1所示。

表 2-1　北方地区村镇生活污水水质参考值

区域	代表省市	pH	SS 浓度/ (mg/L)	COD 浓度/ (mg/L)	BOD_5 浓度/ (mg/L)	NH_4^+-N 浓度/ (mg/L)	TP 浓度/ (mg/L)
华北地区	北京、天津、河北等	6.5～8.0	100～200	200～450	200～300	20～90	2.0～6.5
东北地区	吉林、辽宁、黑龙江等	6.5～8.0	150～200	200～450	200～300	20～90	2.0～6.5
西北地区	陕西、宁夏、甘肃等	6.5～8.5	100～300	100～400	50～300	3～50	1～6

由上表可以看出，不同区域的北方农村地区生活污水水质参考值仍具有较大差异性。其中，华北地区和东北地区除 SS 略有差异外，其他水质指标范围比较接近。华北地区基本为平原和高原地形，气候以干旱、多风、冬季寒冷为主要特征；区域内各地经济发展水平不同，缺水现象较为严重。而东北地区既有大兴安岭、长白山等山地，也有东北平原等平原地形，大部分地区气候以干旱、多风，冬季较长而寒冷为主要特征；该区域的农村村落规模通常较小，村落间的距离较远，由于地区差异，各地经济发展水平不同。相对而言，西北地区农村生活污水的水质标准略有差异，SS 浓度范围较广，为 100～300mg/L，而 COD、氨氮和 TP 浓度的范围相对较小，分别为 100～400mg/L、3～50mg/L、1～6mg/L。西北地区属于内陆干旱半干旱区，年平均降雨量少，蒸发量大，除陕西省外，其他各省区的年降雨量均低于全国平均水平，较少的地表径流可能是导致其生活污水水质各污染物指标相对较小的一个原因。

总的来说，北方地区农村生活污水的水质污染相对于我国其他地区的农村生活污水要严重，同时，地区差异性非常的明显。总之，开展农村生活污水治理，应在充分调查不同农村地区生活污水污染特征的基础之上，结合当地的地理气候条件、经济社会发展情况等因素选择最适宜的污水治理方案。

2.1.1.3 生活污水处理存在的问题

农村污水已经是我国非点源污染的重要组成部分，我国北方农村地区经济发展水平不高，进入冬季后气温偏低，更加大了农村污水处理的难度。我国北方村镇污水处理除了我国村镇污水处理整体所具有的总体分散、局部集中、水量较小、处理资金有限但土地资源较为丰富等特点之外，还受北方冬季严寒气候的制约，为其处理带来了很大的难度。传统的城镇污水大规模收集集中处理的模式显然不能满足这方面的需求，因此，北方村镇污水处理急需一种小型化、低投入、低能耗、运行维护简单且能适应北方冬季严酷自然条件的处理技术。除此之外，村镇生活污水处理还存在其他问题。

1）农民环境意识有待进一步提高

部分乡镇、村一级干部重视程度不够，认识不到农村污水处理与资源化的重要性，知识水平上又有其局限性，因而对农村污水处理与资源化不够积极。特别是经济不发达地区，不少农民仍然只关心经济收入，环境保护意识还没有深入人心。另外，涉及征用污水治理设施建设用地时难度也很大。

2）资金短缺

生活污水治理设施的建设、运行、维护等费用高，对于广大农村是一笔不小的负担，靠政府下拨资金远远不够，农村居民也不太愿意出资。例如，在上海市新农村建设中，小型污水处理站的建设和运行费用主要是政府出资。调查表明：47.2%的居民不愿意缴纳小型污水处理站的建设以及运行费用，30.2%的居民视收费数目而定，而明确表示愿意缴纳费用的只占 22.6%。总体上说，多数农村居民不愿意缴纳小型污水处理的建设以及运行费用。可以说，资金问题已成为我国农村生活污水治理的首要问题。

3）处理技术与资源化模式适用性问题

目前，我国农村污水处理技术仍处于探索阶段，尚缺乏适合大范围推广的技术。大部分工艺都套用城市污水治理模式，未能结合农村污水的水质水量特点，寻找到适合处理农村污水的建设成本低、处理效果好、运行无费用或低费用、特别适宜全市推广的工艺模式。农村污水处理后，循环利用不多，资源化率低。此外，对工程的设计、施工、评价指标、验收也缺乏统一标准。

4）管理上的不足

农村的环境保护机构不健全,缺乏专业的环保人才。在农村环境治理过程中,有关环保方面的工作通常都由村领导代为管理，由于其重经济轻环保，而导致农村环境管理混乱，水污染问题突出。另外，从试点农村生活污水处理设施运行情况来看，仍然存在两方面问题：一是管理责任人不明确；二是后续运行、维护资金来源问题（姜睿哲，2012）。

2.1.2　生活垃圾的环境污染特征及存在问题

近年来，随着我国农村经济快速发展，农民的生活水平不断提高，使得农村生活垃圾数量也与日俱增，垃圾成分越来越复杂，治理难度增加。目前农村生活垃圾处理方式多为简单堆放，大大小小的垃圾堆不仅侵占了农村的大量土地，而且还会成为苍蝇、蚊虫等病原体滋生的场所。在雨季，有害成分随垃圾渗滤液进入环境，造成土壤和水休的污染。农村生活垃圾污染问题已成为影响农民生活生产、农村城镇化建设和可持续发展的重要因素，必须引起高度的重视。

2.1.2.1　生活垃圾的环境污染特征

农村生活垃圾的主要特点是产生量大、成分复杂、再利用率不高。近年来，随着农村经济的发展和农民生活水平的大幅度提高，农村生活垃圾的产生量和堆积量均在逐年增加。随着农村经济的发展和城镇化进程的加快，农村生活垃圾的成分发生了较大的变化。从农民日常的饮食结构看，生活垃圾中含有大量的厨余垃圾，即垃圾中含有大量的蔬菜、果品、肉食禽蛋等；从农民的燃煤结构看，由于北方大部分地区村镇没有铺设燃气管网，目前农民主要的燃料还是以秸秆和蜂窝煤炉为主，但是随着农村农田用地的不断减少，农村已经减少了秸秆作柴火的使用量，同时广泛使用太阳能热水器和蜂窝煤炉。

生活垃圾组成以有机物成分（厨余、果皮等）为主，玻璃、塑料、金属等可回收物质的比例相对不大，并且随着农村的发展和建设，垃圾组成会向城市垃圾成分变化，无机物含量尤其是灰渣含量大幅降低，而易堆腐垃圾和可回收废品含量则持续增长。当前农村生活垃圾处理方式以填埋为主，垃圾的收集方式为混合收集，一些有害物质如干电池、废油等未经分类直接进入垃圾，增加了无害化处理难度。另外，一些可回收资源利用物质也是直接填埋，造成了资源的浪费，也使得垃圾成分在处理时更加复杂化（邱才娣，2008）。

2.1.2.2　北方寒冷缺水型村镇生活垃圾污染存在的问题

目前，我国农村垃圾的处理主要采取单纯填埋、临时堆放焚烧、随意倾倒三种处理方式。农村采用的单纯填埋一般是利用现有的沙坑或者低洼地直接进行倾倒垃圾。随着时间的推移，混合垃圾腐烂、发臭以及发酵甚至发生反应，不仅会释放出危害人体健康的气体，而且垃圾的渗滤液还会污染水体和土壤，进而影响农产品的品质。另外，农村自来水普及率偏低，饮用水大多取自浅井，因此，垃圾中的一些有毒物质的渗漏，如重金属、废弃农药瓶内残留的农药等，随雨水的冲刷，迁移范围越来越广，最终通过食物链影响人们的身体健康。

农村垃圾一般由村内自行收集，大部分村子以敞开式垃圾池收集为主并配一定数量的垃圾桶；在调查中发现，各村不同程度地存在垃圾池的设置数量少、服务半径不合理、垃圾桶缺失或损坏严重、垃圾收集车数量少、效率低的现象，特别是有些村子，由于资金等诸多原因造成应建的收运设施及配套设备被搁浅等。有些村子不具备垃圾收集设施，村内垃圾全部堆放在村子周围的道路边和河道内。农村垃圾的运输多由镇政府负责，但由于农村实际情况比较复杂和经济条件限制，部分比较富裕的村子40%左右的生活垃圾由镇里运走，镇里未运走的那部分垃圾由村里进行传统的简易填埋，而那些未配备垃圾桶（池）村子的垃圾几乎全部由村里自行处理（姚步慧，2010）。另外，在生活垃圾的运输过程中，因为不是密闭运输，出现了垃圾散落现象，造成"二次污染"。

1）现有垃圾管理体制机制有待进一步理顺

目前农村各郊区县的市政行政管理部门设有综合执法机构负责本区县的执法工作。但在实际工作中市及区县市政行政管理部门的执法范围更多地或是完全集中在市区、卫星城和中心镇，在农村生活垃圾的执法管理方面处于一种近乎空白的状态。

2）垃圾治理缺乏资金

由于资金问题，农村地区的保洁人员和设施配置等参差不齐，一些好的做法难以为继。在不断要求农村生活垃圾处理程度提高的同时，政府财政的支持力度不能同步，加大了农村生活垃圾集中规范处理的难度，尤其对财力薄弱的乡镇和行政村无疑是难上加难。

3）相关的法律法规不健全

我国专门针对农村这一特殊环境和区域的生活垃圾治理的相关法律法规很少甚至基本没有，给依法管理带来了困难，需要进一步建立健全农村环境卫生的法律法规体系。

4）农民卫生意识不高

当前农民由于经济的因素还不能形成良好的环境保护意识，对垃圾乱堆乱放的现象还没有一定程度的认识，需要各级政府不断进行环境教育，加大宣传力度。

5）缺少农村垃圾处理处置的整体规划

对垃圾的收集、运输和处理上没有形成一个在区县、乡镇域或属地范围内的整体规划。按照属地管理的原则，各乡镇、行政村负责自己辖区内的生活垃圾的清理，在不同程度上形成了各自为"政"，在乡镇和村村结合部地带容易出现垃圾"三不管"的死角。

2.2　北方寒冷缺水型村镇环境污染控制技术模式需求分析

2.2.1　村镇生活污水处理技术与模式需求分析

2.2.1.1　村镇生活污水处理技术需求分析

　　村镇生活污水污染面广、难收集、成分复杂、悬浮物浓度较高、有机物浓度较低、污水中含有较高的人畜粪尿成分，氮、磷特别是磷含量较高，故处理时不仅要消减有机物还要进行脱氮除磷。现行的城市污水处理技术虽然可行，但投资高，运行费用大，管理要求高，因而在村镇难以推广使用。基于以上村镇生活污水处理存在的问题，特提出村镇生活污水处理技术需求分析，如图 2-1 所示。

　　首先对村镇生活污水的特点及成因，对村镇生活污水处理技术目前存在的问题进行综合诊断，可以发现，村镇生活污水总量大、水质水量波动大、成分复杂、氮磷含量较高等特点，直接导致了一般城镇污水处理技术在村镇地区应用的局限性，进而要对村镇生活污水处理技术进行技术现状调研和适用需求性分析。

　　要筛选出适合于村镇生活污水处理适用性技术必须要从三个方面着手：首先，以污水处理技术指标（包括 COD、BOD、氮磷等污染物去除率、技术稳定性、对水质水量变化适应性等）达标和相应所规定的地表水水环境质量标准进行衔接，开展技术需求分析。分析以上标准/要求是否一致，如若一致，则进入该处理技术的运行成本合理性研究；如果不一致，就要针对技术层面相关指标进行进一步论证和完善，直到符合要求再次进入运行成本合理性研究。然后，对于经济指标的运行成本的研究，考虑村镇地区一般经济相对落后，经济指标（包括基建投资、运行成本等）是衡量生活污水处理技术的一个重要指标，应依据当地经济发展状况在一些技术达标符合的情况下筛选一些低成本运行技术。对于经济指标不合理的，提出低成本处理技术适用性研究。最后，管理层面指标是接下来要考虑的指标，村镇地区由于经济发展落后，一些高自动化的技术也不能在这里应用，因此，对处理技术同时要进行管理适用性（包括管理运行、突发事件应对、改建扩建等）研究，符合这一要求，则可集成"三低一易"型村镇生活污水处理技术；若与当地要求不一致，则调研是否有现成的相关技术，若技术已有研发，则分析技术适用性，对于尚处于空白的技术，则提出处理技术研发需求。

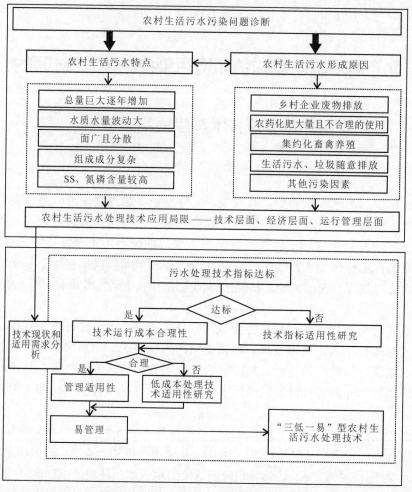

图 2-1　村镇生活污水处理技术需求分析

　　基于目前村镇生活污水存在的问题，对照相应地区水环境质量标准，提出村镇生活污水处理几大重点技术发展方向：村镇地区的区域污染源控制技术、村镇污水适应处理技术、村镇生活污水处理管理运行技术等。并在此基础上进行技术需求分析，为村镇地区的污染源排放达标、水环境质量达标、水环境治理需求等提供科技支撑。

　　1. 村镇生活污水处理技术指标适用技术

　　现有的村镇生活污水处理技术按照其原理可以划分为物化处理技术、生物处理技术和生态处理技术等。而村镇生活污水成分复杂，悬浮物浓度较高，氮、磷特别是磷含量较高。现有污水处理技术与村镇地区环境治理需求存有差距，且缺乏相应技术标准，急需从水体水生态功能出发，强调受纳水体水质改善等相关治理。结合村镇地区人口稀少，同时其土地价格及人工费用较低，因此要重点研发的污水处理技术以去除污水中有机物、氮磷等营养物质等污染物指标为主技术，包括人工湿地、土地渗滤法、稳定塘、亚表层渗滤等分散式污水处理技术以及"生物+生态组合处理技术"等。

2. 村镇生活污水低成本建设、运行技术

由于村镇地区地处偏僻、经济较为落后，现有的村镇生活污水处理技术与相应地区的水环境质量标准难以衔接。过去认为村镇地广人稀，有丰富的土地资源可用于消纳污水的观念与现实情况在某些村镇地区有很人出入。目前村镇地区土地分到户，公共用地很少，特别是经济发达地区土地利用率很高，没有剩余的土地资源进行污水无动力处理；而污水处理设施的占地面积大小会直接影响着污水处理技术投资费用。同时，由于区域经济差异，一些处理成本高的经济技术适用的范围较小。针对这一问题，村镇生活污水低成本投资建设、运行技术应重点关注区域的经济发展状况，根据村镇的现实情况选用适宜技术（尽量选择利用自然土地处理系统的无动力污水处理技术），使得其投资、建设成本适宜而同时获得相应的环境效益。

3. 村镇生活污水处理管理技术

由于国内缺乏针对村镇污水处理的技术标准，大部分的应用技术套用城镇污水处理技术模式。然而，城市污水处理中可行的工艺用水村镇污水处理则显示出运行操作复杂，需要专职技术人员管理等问题。由于没有相应的标准，村镇污水处理设施的长效运行管理、质量监督和人员培训等在实践中都没有很好地解决。针对这一问题，村镇生活污水处理管理技术应重点关注污水处理长期有效监督体系构建技术、水质目标管理技术、区域水污染防治综合管理技术等。

2.2.1.2 村镇生活污水处理工艺技术模式

目前农村生活污水的治理存在一个较大的难点，即基建投资以及运行费用较大，农村经济实力以及技术力量很难满足常规城市生活污水处理厂技术要求。因此，急需开发高效、低能耗、低成本的污水资源化技术，研发适合我国国情的先进农村生活污水处理模式是解决农村生活污水污染问题的关键。常见的农村生活污水处理模式分为集中处理模式和分散式处理模式两种（陈学农，2008）。

1. 集中处理模式

污水的集中处理模式属于传统污水处理模式，目前有着相对成熟的技术支撑。这种处理模式又分为两种：一种是小型集中处理模式；一种是大型统一集中处理模式。

1) 小型集中处理模式

该模式主要是指居民小区、农村集中居住点所有用户所产生的生活污水集中收集，通过简单的排水管道集中到小型污水处理设施后集中处理。该处理模式所采用的处理技术也相对比较成熟，目前在国内外已出现人工复合生态床处理技术、人工湿地技术、土壤渗滤技术、蚯蚓生态滤池技术、生物生态组合技术等。小型集中处理模式是一种生活污水的相对集中处理，该模式需要一定的基建费用以及日常维护，对于分散的单住户区域并不合适。

2) 大型统一集中处理模式

该模式主要是针对城市生活污水的处理，采用传统污水处理工艺如 A/O、A²/O、SBR、CASS、生物接触氧化等，大型统一集中处理模式所采用的处理工艺技术成熟而稳定，只要有完善的污水收集管网，便可以采用该模式。因此该模式在广大的农村以及城市郊区还是不适用的。

2. 分散式处理技术模式

在实现污水处理的诸多模式之中，集中式污水处理模式作为一种传统的污水处理模式，在进行大规模的污水处理时，具有运行费用低、管理维护方便的优点，但随着规模的日渐庞大，相对缺乏可持续性。所以分散式处理模式的优势即突现出来，其不仅符合当前的经济发展要求，同时将对环境的影响降到最低，因此，开发与当地环境相适宜的分散式污水处理模式有着重要意义。

1) 传统简易分散式处理模式

这种处理模式是目前生活污水，尤其是农村生活污水处理中广泛应用的处理方式，主要包括化粪池以及沼气池等。其基建费用低、运行管理方便（很多化粪池几乎无需运行维护）等，深受广大农村居民喜爱。但是大多数的农户化粪池结构简单、埋深浅以及缺乏防渗措施，使得生活污水不能达标排放并且通过渗漏污染土壤和地下水，产生了一系列的潜在环境污染问题。

2) 新型分散式处理模式

该模式在国外农村生活污水处理中应用较多，包括在线处理系统和群集处理系统两大模式。在线处理系统主要针对单住户家庭生活污水处理，而群集处理系统则是针对几个住户之间的污水处理。新型分散式处理模式在国外出现较早，如日本的小型净化槽技术、挪威的集成式小型污水净化装置 Uponor、BioTrap 和 Biovac 等、澳大利亚的"FILTER"(非尔脱)污水处理系统、韩国湿地污水处理系统。

近年来,我国在新型分散式处理模式方面也开始了相应的研究,如小型生活污水厌氧处理装置、高效自流式家庭生活污水净化槽、组合一体生物膜处理工艺等,这种新型分散式处理模式已经在实际应用中取得较好的效果,但也有其一定的局限性,如一体化处理工艺结构复杂,而生态处理技术的占地面积大,受环境影响大等,在土地资源紧张以及北方寒冷地区不宜采用。

2.2.2　村镇生活垃圾处理技术与模式需求分析

2.2.2.1　村镇生活垃圾处理技术需求分析

影响垃圾处理的因素较多,既有区域基础条件的因素,也有经济条件和技术方面的因素。我国区域经济发展不平衡,南北部差距较大,尤其是北方地区村镇,具有较大的地域差异。在北方村镇生活垃圾污染形势不断严峻以及生活垃圾处理技术众多约束条件存在的情况下,探讨适合北方村镇生活垃圾处理的关键技术与模式显得十分重要和迫切。

北方村镇人口相对于南方村镇或城市人口规模较小,分散的地域决定了生活垃圾产量规模较小,日均垃圾产量均在 6t 以内。垃圾产生量的制约使单一农村投资垃圾处理设施的单位成本变大,同时,由于垃圾产量过小,北方地区村镇经济承受能力较东部、南部农村有限,也不适合长距离运输至较大处理场进行处理。从整体上来看,在北方地区村镇生活垃圾产量总体规模较小的情况下,未来的处理技术应朝着小规模无害化、效果好、建设及运行费用低、运行管理简单的生活垃圾处理处置工艺与技术的方向发展。

东北、华北、西北三大区域经济水平较低,华北地区经济条件相对较好的近郊农村生活垃圾处理近几年才起步,因而对于经济发展相对落后,地方政府财政实力较弱的西北和东北地区开展生活垃圾处理难度会更大。经济承受能力是建成的生活垃圾处理设施正常运行的关键条件。北方农村普遍经济承受能力弱、资金匮乏、筹集困难,大部分的资金被用于农业生产性投入,而不是基础建设和环保设施投入,国家对于小规模的农村垃圾处理设施难以立项,因此很难有机遇争取投资。即使借助国债投资或其他渠道建设垃圾处理设施,建成之后运行资金完全靠当地政府,很多情况下会出现"建得起但用不起",最终成为一个集中污染源的尴尬局面。因此,从经济上来看,北方农村生活垃圾处理处置有两方面的技术需求:一方面急需建设资金,另一方面急需建设之后垃圾处理设施的维护运行费用。

北方农村地形、地貌复杂,水文地质、工程地质、气候、风向等诸多条件影响甚至制约现有垃圾处理技术有效应用。例如,某垃圾处理厂位于所服务镇的下风和水体的下游,但同时却是另一镇的上风和水体的上游。某一农村适合于甲镇建造垃圾填埋场,但其场址下方地下水源却通往乙镇饮用水源。诸如此类的问题,不仅制约着单一北方农村的生活垃圾处理设施建设,而且也可能会影响其邻近城镇以及城乡一体化的生态环境建设。因此,在选择生活垃圾处理技术时,需要因地制宜,既保障垃圾的去除效果,又不破坏自然环境条件。

北方村镇生活垃圾的组分和性质是垃圾处理技术选择的依据。首先,相比于城市、南方农村的生活水平、燃料消费、地理特征和传统的生活方式都有很大差异,导致北方农村与城市垃圾构成有着十分明显的差异。北方农村生活垃圾主要成分以灰土和煤渣等无机物为主,不可燃物比例较大,可回收物质较少,垃圾的含水率较高,垃圾的热值较低。同时,北方农村生活垃圾属于混装、混收,根据农村的实际情况、生活方式、居民素质、设施等,垃圾分类收集的实施难度将在很长一段时间持续这种状况,这对垃圾处理技术的选择有很大制约。其次,由于东北和华北多以农业为主,农忙时节与农闲时节所带来的农户对垃圾的产量与组分的季节变换性对垃圾处理技术的抗波动性也有一定要求;最后,由于大部分农村实力落后,专业技术人员配备数量不足,专业水平不高,管理能力较差,垃圾处理技术既要求技术可靠、成熟、综合性能好、二次污染物排放少,又要考虑工程运行的可操作性应符合中小城镇人力资源的实际情况。

总结以上分析,北方村镇生活垃圾处理的制约条件主要存在三方面:一是相对于城市,北方农村人口规模小,垃圾处理设施难以达到经济规模;二是北方农村区域普遍经济承受能力弱、资金不足、筹集困难,建设成本和运行成本都将带来很大负担,也制约生活垃圾处理关键技术的实施和推广;三是北方农村生活垃圾无机物含量高,不可燃物比例较大,可回收物质较少,垃圾的含水率较高,热值较低和垃圾的混装、混收对农村生活垃圾处理技术的选择带来很大限制,同时垃圾产量和成分的季节波动性以及专业管理和技术人员的缺乏对垃圾处理的技术的选择也有相当的制约。

因此,垃圾处理技术的总目标首先是处理效果好,使垃圾得到减量化、资源化和无害化;其二应采用“三低一少”的垃圾处理技术,即低建设费用、低运行费用、低操作管理要求、二次污染物排放少,并且技术成熟、可靠、安全,抗波动性强,使环境效益、社会效益和经济效益达到有效的统一,促进城镇的经济发展水平和社会文明程度和谐发展。

2.2.2.2 村镇生活垃圾处理技术

村镇生活垃圾的主要成分有炉灰、食品袋、废纸、建材、塑料制品、水果腐烂物等;可分解与不可分解、可回收与不可回收、有害物品与无害物品的垃圾混为一体。未经处理或处理不彻底的村镇生活垃圾任意堆放不但极易造成对土壤、水体和空气的污染，威胁着农民的身体健康，而且还影响村容村貌。村镇生活垃圾处理是指通过物理、化学、生物等加工过程，将村镇生活垃圾转变成适于运输、利用、储存或最终处置的过程。目前生活垃圾处理处置的方法基本上是卫生填埋、焚烧、堆肥、综合利用 4 种，此外还有一些新的工艺方法如蚯蚓堆肥法、太阳能生物集成技术、气化熔融处理技术等（管冬兴等，2009）。

村镇生活垃圾处理的常规技术如下（王俊起等，2004）。

（1）卫生填埋。卫生填埋是村镇生活垃圾的最终处置的主要方法。其原理是采取防渗、铺平、压实、覆盖等措施将垃圾埋入地下，经过长期的物理、化学和生物作用使其达到稳定状态，并对气体、渗滤液、蝇虫等进行治理，最终对填埋场封场覆盖，从而将垃圾产生的危害降到最低。

（2）焚烧。村镇生活垃圾中的废塑料等可燃成分较多，具有很高的热值，采用科学合理的焚烧方法是完全可行的。焚烧处理是一种深度氧化的化学过程，在高温火焰的作用下，焚烧设备内的生活垃圾经过烘干、引燃、焚烧 3 个阶段将其转化为残渣和气体（CO_2、SO_2 等），可经济有效地实现垃圾减量化（燃烧后垃圾的体积可减少 80%～95%）和无害化（垃圾中的有害物质在焚烧过程中因高温而被有效破坏）。经过焚烧后的灰渣可作为农家肥使用，同时可将产生的热量用于发电和供暖。

（3）堆肥。村镇生活垃圾中有机组分（厨余、瓜果皮、植物残体等）含量高，可采用堆肥法进行处理。堆肥技术是在一定的工艺条件下，利用自然界广泛分布的细菌、真菌等微生物对垃圾中的有机物进行发酵、降解使之变成稳定的有机质，并利用发酵过程产生的热量杀死有害微生物达到无害化处理的生物化学过程。按运动状态可分为静态堆肥、动态堆肥以及间歇式动态堆肥；按需氧情况分为好氧堆肥与厌氧堆肥两种。其中与厌氧堆肥相比，好氧堆肥周期短、发酵完全、产生二次污染小，但肥效损失大、运转费用高（李国学和张福锁，2000）。

（4）综合利用。综合利用是实现固体废物资源化、减量化、无害化的最重要手段之一。在生活垃圾进入环境之前对其进行回收利用，可大大减轻后续处理处置的负荷。综合利用的方法有多种，主要分为以下 4 种形式：再利用、原料再利用、化学再利用、热综合利用。在村镇生活垃圾处理过程中，应尽量采取措施进行综合利用，以达到垃圾减量化、保护环境、节约资源和能源的目的。根据村镇生活垃圾的特点，建议村镇垃圾应分类收集、分类处理。

2.2.2.3 村镇生活垃圾处理模式

我国村镇环境的特殊性以及各种制约因素，使得村镇的生活垃圾处理不能简单套用现有城市垃圾处理的方案，城市垃圾的处理方式更不适合村镇。一是成本高：农民居住比市民分散得多，显然，包括垃圾桶、中转站、压缩楼以及运输车辆的使用，都很难实现规模效益，从而加大垃圾收集和运输成本。二是不利于动植物生产的保护：农业生产的一个重要任务是防止动物、植物病虫害的传播。村镇生活垃圾集中处理，必然造成乡镇之间"垃圾大搬家"，这样，必然会对遏制养殖业和种植业病虫害的传播留下难以克服的隐患。三是不符合村镇的特点。城市的环境，没有任何办法消纳所有的垃圾，所以只能运到郊区去处理；村镇则不同。占村镇生活垃圾 50%以上的炉灰，经过严格分类、不含其他有害物质的，就可以不出村掩埋，填洼造地；占 40%左右的厨余垃圾，可以以村或乡镇为单位堆制有机肥，就近使用。这就需要从我国村镇的自身特点和限制条件出发，寻找适合村镇生活垃圾的处理技术和方案，从而达到社会、环境、经济的平衡。

目前，村镇生活垃圾处理的主要模式是"户分类、村收集、乡镇运、县处理"的村镇垃圾源头分类、资源化处理模式。

（1）户分类——源头分类。实现村镇垃圾的资源化。源头分类是关键，即从垃圾产生的家庭开始进行分类。不从源头上对生活垃圾进行分类，资源化利用就无从谈起。"户分类"，首先就是如何分类的问题，可以将村镇垃圾分为 5 类：厨余垃圾（适于堆肥处理）、灰土垃圾、可再生垃圾（回收利用）、生物质垃圾（回收利用）、有害垃圾（安全处置）。

（2）村收集——有偿收集。村里设专人分类收集。一是对厨余垃圾采取就地生态处理，经生态堆肥装置厌氧处理，3 个月后即可作为优质有机肥料利用；二是塑料、橡胶、废铜烂铁等可回收垃圾由村里实行有偿收集，卖给专门的加工厂作为原材料重新利用；三是碎砖、石块等灰土垃圾可用来生产砌块砖，还可以作为生产水泥的辅料以及堆置农家肥、填坑造地等；四是生物质垃圾既可以作为农民生物质燃料的组成部分，又可以送往垃圾发电厂进行焚烧发电，农作物秸秆还可以综合利用，制作沼气、农机肥、手编工艺品等；五是对一般的有害垃圾，如废旧电池、灯管灯泡、废漆桶、一次性输液器、过期药品等统一回收，由村里集中送到有分解、处理资质和能力的单位，或由镇里集中密闭封存。一般情况下，可再生垃圾的回收价格要略高于市场价格，利用经济利益来激发农民对垃圾源头分类的积极性，也可以实行垃圾小票"制度"：清洁员对每天分类合格的农民，出具一张小票，月底村民凭小票领取一些低价生活用品，如盐、酱油、醋、洗衣粉等生活必需品。

（3）"乡镇运"——公司化运作。由镇政府出资并派专门人员负责转运各村收集的垃圾，各镇将垃圾运送到统一地点进行处理。这些转运人员可以由政府委派，也可以委托运输公司进行垃圾转运。

（4）"县处理"——资源化、产业化处理。县处理这一环节的发展重点是变废为宝，走垃圾处理产业化道路。由县政府出资建立垃圾焚烧厂或者垃圾发电厂，进行集中无害化处置。除生态堆肥外，当前主要采用卫生填埋和焚烧发电两种。现在村镇垃圾可燃物含量明显增加，一般经过分类处理后的垃圾热值能满足垃圾焚烧的要求，垃圾集中焚烧发电虽然建设成本较高，但将是处置的重点发展方向。

2.2.3　村镇环境综合整治技术需求和空缺分析

通过农村环境综合整治技术现状调研，根据北方寒冷地区自然条件、资源禀赋和社会经济发展等南北差异较大的特点，同时结合文献调研，以下内容梳理了北方寒冷缺水型村镇环境综合整治技术存在的问题。

1. 生活污水处理技术存在的主要问题

生活污水处理技术在北方寒冷缺水型村镇地区推广应用必须考虑以下两方面问题。

（1）低温环境。北方农村地区冬季气温较低，生活污水处理技术的运行必须考虑冬季降温导致设施不能正常运行、污染物去除效果较差等问题，如冬季低温环境导致植物死亡和微生物失活，从而使人工湿地运行效率降低；冬季气温降低导致人工湿地系统活性降低对 N、P 有机物去除率降低；低温影响微生物新陈代谢和活性，从而使生态滤池或厌氧处理池运行效果变差。

（2）特征污染物去除效率。随着我国农村地区居民生活水平与生活方式的不断提高，生活污水成分趋于复杂化，一般包括综合悬浮颗粒、有机污染物、重金属等多种成分。采用模糊综合评价法筛选出适宜北方村镇生活污水不同处理技术，不同处理技术对特征污染物的去除效率不同，如人工湿地、生态滤池处理技术对有机污染物去除效果较好；厌氧池处理技术对水体富营养化过程中氮、磷去除效果明显。

2. 生活垃圾处理技术主要存在的问题

生活垃圾处理技术在北方寒冷缺水型村镇地区推广应用必须考虑以下 3 方面问题。

（1）低温环境。北方农村地区冬季气温较低，生活垃圾处理的过程必须考虑冬季降温导致污染物去除效果较差等问题，如堆肥不同阶段对温度要求比较严格，低温导致堆肥腐熟程度较差，垃圾无害化处理程度较低；沼气处理有机物含量较高的农村生活垃圾，低温影响发酵过程处理效果。

（2）运行设备保温。采用沼气池等设施处理农村生活垃圾，冬季低温环境易产生设施冻裂，尤其东北大部分农村，冬季最低温度可达-15～-20℃，极端的低温环境使得设施进、出管道，渠道以及阀门井等发生冻裂，管道阀门连接处发生结冰现象，影响设施正常运行。

（3）沼气池内料液保温。单独以有机物含量相对较高的农村生活垃圾为填料的沼气池处理设施，其运行效果较差。一方面，有机垃圾的产生量受季节影响明显，冬季有机生活垃圾以厨余和秸秆为主；另一方面，沼气池填料本身保温性能较差，直接影响设施运行能力与处理效果。

3. 畜禽养殖污染处理技术存在的主要问题

畜禽粪污处理技术在北方寒冷缺水型村镇地区推广应用必须考虑以下 4 方面问题。

（1）低温环境。发酵床温度在 40～55℃较为适宜垫料中微生物大量繁殖和生长，而这些微生物将畜禽粪污中丰富的有机物迅速分解，有效降低了排放到空气中的 NH_3 和 H_2S 等有害气体的浓度。畜禽粪污堆肥、沼气池处理对温度也有一定的要求，以达到利用微生物活性降解有机污染物。北方冬季低温环境一般处于零度以下，影响畜禽粪污处理效果。

（2）设施运行保温。畜禽粪污堆肥、沼气池处理设施冬季低温环境易造成冻裂现象，尤其在设施进、出管道，渠道以及阀门井、管路连接处等环节。沼气细菌属厌氧菌，细菌发酵温度一般不低于 10℃，最高不超过 55℃。北方寒冷地区冬季寒冷漫长，沼气的生产存在产气率低、使用率低、原料分解率低、沼气使用综合效益差等问题，甚至在冬季会出现冻裂沼气池。同时，填料内部温度较低影响处理效果，粪污无害化处理较差，沼渣或沼液中有害物质不能得到有效去除。

（3）资源化利用程度低。北方农村地区经济社会发展条件较差，目前，畜禽养殖粪污处理后的资源化利用程度较低，大部分废渣等处理后的废物直接填埋、还田或随意堆弃，易造成环境的二次污染，间接影响人体健康。

（4）畜禽污染治理技术单一。近年来，农村畜禽养殖规模化程度不断加大，但仍然存在畜禽污染治理措施、设施单一，无配套的技术与设备，治污不彻底的现象，尤其是农村小规模、散户畜禽养殖基本无相应的污染治理措施，同时缺乏适合小规模、散养户畜禽养殖粪污处理的运行机制。

2.3　村镇环境综合整治技术模式多指标综合决策体系

系统收集村镇环境综合整治现有技术，结合北方寒冷缺水型村镇环境综合整治和资源化利用技术集成示范方面的相关成果，建立农村生活污水处理、生活垃圾收集处理、畜禽养殖污染防治分类技术库；筛选村镇环境综合整治技术模式评价的主要指标，研究制定适宜性评价分级标准，从技术适用条件、工艺流程、建设成本、运行维护管理、环境效益等方面，建立村镇环境综合整治技术模式多指标综合决策体系，对列入技术库的整治技术进行评估；结合现有研究成果，开展技术模式适宜性评价结果检验与校正，调整优化评价指标体系。

2.3.1　农村生活污水处理技术评价指标体系

根据北方寒冷缺水型村镇环境综合整治工程宁夏示范区研究成果，"合并式净化槽"技术主要用于农村、小城镇、城市周边居民区等居住相对分散、不便于集中收集及不能纳入城市污水收集管网系统的区域，适用于一户或几户，不受地形限制，安装简便，操作便捷，收集简单，无需较长管网；为减少温度对其影响，尽量将净化槽填埋于冻土层以下；在出水区向上，污水处理后直接排放的，应安装于靠近有排水沟、渠及管道的位置，处理后需要回用的，应选择靠近绿化带及景观水体的位置。该技术不足之处为吨水处理的建设费用较高，进水水质和水量需稳定。

根据北方村镇（山东）环境综合整治与资源循环利用工程示范研究成果，地埋式高效微曝气生物膜 AO 污水净化技术对农村生活污水中有机物 COD、NH_4^+-N、TN 的去除效果都较好，出水能达到《城镇污水处理厂污染物排放标准》一级标准 A 标准。但对农村生活污水中有机物 TP 的去除效果稍差，出水能达到《城镇污水处理厂污染物排放标准》一级标准 B 标准。各处理技术指标见表 2-2。

表 2-2　北方村镇生活污水处理技术方案各项指标比较

序号	指标	技术类型				
		地埋式高效微曝气生物膜 AO 污水净化	厌氧池+梯式生态滤池	塔式蚯蚓生态滤池+人工湿地	复合滤池+水平潜流湿地	厌氧滤池+生态塘+生态渠
1	地表水污染	小 0.25	较小 0.5	较小 0.5	较小 0.5	较大 0.75
2	臭味	较大 0.75	大 1.0	小 0.25	较大 0.75	较小 0.5
3	固体废物	较小 0.5	较小 0.5	较大 0.75	小 0.25	小 0.25
4	地下水污染	较小 0.5	小 0.25	较小 0.5	较小 0.5	较大 0.75
5	占地面积/(m²/t)	3.5	1.5	5	3	8
6	病原微生物	较小 0.5	小 0.25	较小 0.5	较小 0.5	较大 0.75
7	潜在健康影响	小 0.25	较小 0.5	小 0.25	小 0.25	较大 0.75
8	建设费用/（元/m³）	3	2.5	5	4	2

续表

序号	指标	地埋式高效微曝气生物膜 AO 污水净化	厌氧池+梯式生态滤池	塔式蚯蚓生态滤池+人工湿地	复合滤池+水平潜流湿地	厌氧滤池+生态塘+生态渠
				技术类型		
9	运行费用/（元/m³）	3	1.5	3.5	3	1.5
10	出水水质合格率/%	93	90	93	95	98
11	污水处理能力/（t/m²）	6	4	3	5	10
12	抗水力冲击负荷	一般 0.5	较好 0.75	较差 0.25	一般 0.5	好 1.0
13	抗污染物冲击负荷	较差 0.25	好 1.0	一般 0.5	一般 0.5	较好 0.75
14	环境管理	较差 0.25	一般 0.5	好 1.0	一般 0.5	较好 0.75
15	工艺流程	一般 0.75	复杂 0.25	简单 1.0	一般 0.75	复杂 0.25
16	污泥处理与利用	一般 0.5	一般 0.5	好 1.0	一般 0.5	较好 0.75
17	运行稳定情况	较好 0.75	一般 0.5	较差 0.25	一般 0.5	好 1.0
18	操作管理难易程度	一般 0.75	较复杂 0.5	简单 1.0	一般 0.75	复杂 0.25
19	水温	较高 0.75	较高 0.75	低 0.5	较低 0.25	高 1.0
20	降水量	低 0.5	低 0.5	较高 0.75	较低 0.25	高 1.0
21	冬季低温环境	高 1.0	较高 0.75	低 0.5	较低 0.25	高 1.0

确定北方村镇生活污水处理技术方案各项指标取值，评价之前应将评价指标无量纲化处理，以便消除量纲和量纲单位不同所带来的不可比性，结果见表 2-3。

表 2-3　评价指标无量纲化结果

一级指标	序号	二级指标	地埋式高效微曝气生物膜 AO 污水净化	厌氧池+梯式生态滤池	塔式蚯蚓生态滤池+人工湿地	复合滤池+水平潜流湿地	厌氧滤池+生态塘+生态渠
					技术类型		
二次污染问题	1	地表水污染	1	0.5	0.5	0.5	0
	2	臭味	0.33	0	1	0.67	0.67
	3	固体废物	0.5	0.5	0	1	1
	4	地下水污染	0.5	1	0.5	0.5	0
资源	5	占地面积/（m²/t）	0.65	1	0.46	0.77	0
人体健康	6	病原微生物	0.5	1	0.5	0.5	0
	7	潜在健康影响	1	0.5	1	1	0

续表

一级指标	序号	二级指标	技术类型				
			地埋式高效微曝气生物膜 AO 污水净化	厌氧池+梯式生态滤池	塔式蚯蚓生态滤池+人工湿地	复合滤池+水平潜流湿地	厌氧滤池+生态塘+生态渠
运行成本	8	建设费用/（元/m³）	0.67	0.83	0	0.33	1
	9	运行费用/（元/m³）	0.25	1	0	0.25	1
工艺技术	10	出水水质合格率/（%）	0.63	1	0.63	0.38	0
	11	污水处理能力/（t/m²）	0.29	0.86	1	0.71	0
	12	抗水力冲击负荷	1	0.33	1	0.67	0
	13	抗污染物冲击负荷	0	0	0.67	0.67	0.33
	14	环境管理	0	0.67	0	0.67	0.33
	15	工艺流程	1	1	0	0.33	1
	16	污泥处理与利用	0	1	0	1	0.5
	17	运行稳定情况	0.67	0.67	1	0.67	0
	18	操作管理难易程度	0.33	0.67	0	0.33	1
气候因素	19	水温	0.33	0.33	0.67	1	0
	20	降水量	0.67	0.67	0.33	1	0
	21	冬季低温环境	0	0.33	0.67	1	0

采用熵值赋权法计算村镇生活污水处理技术各评价指标的权重（模糊测度），结果见表 2-4。

表 2-4　评价指标模糊测度（客观权重值）

一级指标	权重值	二级指标	权重值
二次污染问题	0.31	地表水污染	0.39
		臭味	0.24
		固体废物	0.17
		地下水污染	0.2
资源	0.04	占地面积/（m²/t）	2.73

一级指标	权重值	二级指标	权重值
人体健康	0.12	病原微生物	0.64
		潜在健康影响	0.36
运行成本	0.09	建设费用/（元/m³）	0.51
		运行费用/（元/m³）	0.49
工艺技术	0.32	出水水质合格率/%	0.11
		污水处理能力/（t/m²）	0.1
		抗水力冲击负荷	0.2
		抗污染物冲击负荷	0.11
		环境管理	0.1
		工艺流程	0.1
		污泥处理与利用	0.1
		运行稳定情况	0.03
		操作管理难易程度	0.15
气候因素	0.12	水温	0.33
		降水量	0.33
		冬季低温环境	0.34

依据模糊积分法的评判模型，对北方村镇生活污水处理技术评价体系评价值进行计算，得出各处理技术评价值，见表 2-5。

表 2-5　备选方案技术评价值

技术类型	地埋式高效微曝气生物膜 AO 污水净化	厌氧池+梯式生态滤池（V2）	塔式蚯蚓生态滤池+人工湿地（V3）	复合滤池+水平潜流湿地（V4）	厌氧滤池+生态塘+生态渠（V5）
评价值	4.8	4.52	3.29	4.03	2.5

经计算得到 V1 的综合评价值 $E=4.8$，V2 的综合评价值 $E=4.52$，V3 的综合评价值 $E=3.29$，V4 的综合评价值 $E=4.03$，V5 的综合评价值 $E=2.5$。

根据综合评价值，可得到 5 种生活污水处理技术方案的排序为：V1>V2>V4>V3>V5。即地埋式高效微曝气生物膜 AO 污水净化技术综合评价值最高，其次是厌氧池+梯式生态滤池、复合滤池+水平潜流湿地、塔式蚯蚓生态滤池+人工湿地技术，最后为厌氧滤池+生态塘+生态渠技术。

综上所述，北方寒冷缺水型村镇生活污水处理技术模式适宜采用地埋式高效微曝气生物膜 AO 污水净化技术，但一般不考虑厌氧滤池+生态塘+生态渠技术，主要是由于生态塘和生态滤池在北方冬季寒冷低温条件下，其运行效率很低、污染物处理效率较低，容易对设施周边水域、土壤环境造成二次污染，不适宜在北方农村地区使用。

2.3.2　农村生活垃圾处理技术评价指标体系

根据我国北方村镇生活垃圾分类收集、运输、处理处置的基本情况，本次评价指标的确定主要参考相关技术文献和标准，并参照定性指标的处理方法，可得出北方村镇生活垃圾处理技术备选方案各项因素的指标值，根据中国环境科学研究院北方寒冷缺水型村镇环境综合整治和资源化利用技术集成研究成果，高固体厌氧发酵技术可对村庄单独收集的有机垃圾进行处理，具有过程可控、易操作、降解快、过程全封闭、回收利用率高等特点，作物秸秆、杂草菜叶、有机污水等都可以作为沼气发酵原料。厌氧消化技术在消纳大量有机废物的同时，可获得高质量的沼气，可作为村镇新能源，实现生物质能的多层次循环利用。当气温较低时可采取保温措施以达到厌氧发酵温度要求。各处理技术指标见表 2-6。

表 2-6　北方村镇生活垃圾处理技术方案各项指标比较

序号	指标	技术类型			
		简易填埋处理技术	庭院堆肥（开放）好氧堆肥技术	密闭式好氧堆肥技术	厌氧发酵产沼气技术
1	垃圾分类收集	低 0.25	较高 0.75	较高 0.75	高 1.0
2	垃圾运输距离/km	3	0.25	0.25	0.25
3	工艺流程	简单 0.25	较复杂 0.5	较复杂 0.5	复杂 1.0
4	渗滤液	大 1.0	小 0.25	小 0.25	较大 0.5
5	运行费用/（元/t）	1	2	5	3
6	工程投资/（元/t）	30	50	70	10
7	冬季低温环境	较低 0.25	较高 0.75	低 0.5	高 1.0
8	减量化水平/%	20	30	35	70
9	资源化水平/%	10	95	100	85
10	无害化水平/%	80	90	100	93
11	臭味	大 1.0	较大 0.75	小 0.5	较小 0.25

确定北方村镇生活垃圾处理技术方案各项指标取值，评价之前应将评价指标无量纲化处理，以便消除量纲和量纲单位不同所带来的不可比性，结果见表 2-7。

表 2-7　评价指标无量纲化结果

一级指标	序号	二级指标	技术类型			
			简易填埋处理技术	庭院堆肥（开放）好氧堆肥技术	密闭式好氧堆肥技术	厌氧发酵产沼气技术
工艺技术	1	垃圾分类收集	0	0.67	0.67	1
	2	垃圾运输距离/km	0	1	1	1
	3	工艺流程	0	0.33	0.33	1
	4	二次污染问题（渗滤液）	0	1	1	0.67
运行成本	5	运行费用/（元/t）	1	0.75	0	0.5
	6	工程投资/（元/t）	0.67	0.33	0	1
气候因素	7	冬季低温环境	1	0.33	0.67	0
"三化"型因素	8	减量化水平/%	0	0.2	0.3	1
	9	资源化水平/%	0	0.94	1	0.83
	10	无害化水平/%	0	0.5	1	0.65
	11	二次污染问题（臭味）	0	0.33	0.67	1

采用熵值赋权法计算村镇生活垃圾处理技术各评价指标的权重，即为各指标的模糊测度，见表 2-8。

表 2-8　评价指标模糊测度（客观权重值）

一级指标	权重值	二级指标	权重值
工艺技术	0.26	垃圾分类收集	0.25
		垃圾运输距离/km	0.27
		工艺流程	0.24
		二次污染问题（渗滤液）	0.24
运行成本	0.13	运行费用/（元/t）	0.5
		工程投资/（元/t）	0.5
气候因素	0.17	冬季低温环境	1
"三化"型因素	0.3	减量化水平/%	0.32
		资源化水平/%	0.45
		无害化水平/%	0.23
人体健康	0.14	二次污染问题（臭味）	1

依据模糊积分法的评判模型，对北方村镇生活垃圾处理技术评价体系技术评价值进行计算，得出各处理技术的评价值，见表 2-9。

表 2-9　备选方案技术评价值

技术类型	简易填埋处理技术（V1）	庭院堆肥（开放）好氧堆肥技术（V2）	密闭式好氧堆肥技术（V3）	厌氧发酵产沼气技术（V4）
评价值	2.04	3.21	3.57	4.02

经计算得到 V1 的综合评价值 $E=2.04$，V2 的综合评价值 $E=3.21$，V3 的综合评价值 $E=3.57$，V4 的综合评价值 $E=4.02$。

根据综合评价值，可得到 4 种生活垃圾处理技术方案的排序为 V4>V3>V2>V1，即厌氧发酵产沼气技术的综合评价值最高，其次为密闭式好氧堆肥技术、庭院堆肥（开放）好氧堆肥技术，最后为简易填埋处理技术。

综上所述，北方寒冷缺水型村镇生活污水处理技术模式适宜采用厌氧发酵产沼气技术。一方面，厌氧发酵适用于农村有机生活垃圾，处理效果明显；另一方面，该技术产生的沼气可资源化利用，比较适合农村地区推广使用。生活垃圾简易填埋技术由于其运行成本较高、容易产生渗滤液，对周边土壤和生态环境造成二次污染，不适宜在农村地区推广。

2.3.3　畜禽养殖污染治理技术评价指标体系

根据我国北方村镇畜禽养殖污染及治理现状，本次评价指标的确定，主要参考相关技术文献和标准，并参照定性指标的处理方法，可得出北方村镇畜禽养殖污染处理技术备选方案各项因素的指标值，依据北方寒冷缺水型村镇环境综合整治工程宁夏示范区研究成果，沼液商品有机肥技术工艺设备生产过程不产生"三废"污染问题，且形成"种植-养殖-沼气-肥料"的良性循环，在创造经济效益的同时，避免了沼渣沼液的二次污染问题，削弱了由过量使用化肥而带来的环境污染及农产品质量问题，形成我国北方村镇沼气工程综合治理典型技术模式。相对应技术指标见表 2-10。

表 2-10　北方村镇畜禽养殖污染处理技术方案各项指标比较

序号	指标	技术类型			
		干清粪+自然堆肥/机械堆肥	生物发酵床+有机肥资源化利用	太阳能中温厌氧发酵	干清粪+厌氧发酵+沼液/沼渣资源化利用
1	技术需求程度	较小 0.25	大 1.0	小 0.5	较大 0.75
2	工艺流程	复杂 0.25	简单 1.0	较复杂 0.5	一般 0.75
3	固体粪便处理	较差 0.25	好 1.0	一般 0.5	较好 0.75
4	畜禽废水处理	较差 0.25	好 1.0	较好 0.75	一般 0.5
5	畜禽粪便资源化率/%	60	100	85	90

续表

序号	指标	技术类型			
		干清粪+自然堆肥/机械堆肥	生物发酵床+有机肥资源化利用	太阳能中温厌氧发酵	干清粪+厌氧发酵+沼液/沼渣资源化利用
6	工程投资/万元	5	30	20	25
7	运行费用/（元/t）	10	50	20	40
8	资源化利用	低 0.25	高 1.00	一般 0.5	较高 0.75
9	空气污染	大 1.00	较小 0.5	较小 0.5	小 0.25
10	水体污染	大 1.00	小 0.25	较小 0.5	较大 0.75
11	土壤污染	大 1.00	小 0.25	较小 0.5	较大 0.75
12	冬季低温环境	高 1.0	一般 0.5	低 0.25	高 1.00
13	恶臭	大 1.00	较小 0.5	小 0.25	较小 0.5
14	生物污染	大 1.00	小 0.25	小 0.25	小 0.25
15	二次污染问题	大 1.0	较小 0.25	较小 0.25	较大 0.75

确定北方村镇畜禽养殖污染处理技术方案各项指标取值，评价之前应将评价指标无量纲化处理，以便消除量纲和量纲单位不同所带来的不可比性（表2-11）。

表 2-11　评价指标无量纲化结果

二级指标	技术类型			
	干清粪+自然堆肥/机械堆肥	生物发酵床+有机肥资源化利用	太阳能中温厌氧发酵	干清粪+厌氧发酵+沼液/沼渣资源化利用
技术需求程度	0	1	0.33	0.67
工艺流程	0	1	0.33	0.67
固体粪便处理	0	1	0.33	0.67
畜禽废水处理	0	1	0.67	0.33
畜禽粪便资源化率/%	0	1	0.63	0.75
工程投资/（万元/t）	1	0	0.4	0
运行费用/（万元/a）	1	0	0.51	0.25
资源化利用	0	1	0.33	0.67
空气污染	0	0.67		1
水体污染	0	1	0.33	0.33
土壤污染	0	1	0.33	0.33
冬季低温环境	0	0.67	0.75	0
恶臭	0	0.67	0.5	0.67
生物污染	0	1	0	1
废物二次污染	0	1	0.67	0.33

采用熵值赋权法计算村镇畜禽养殖污染处理技术各评价指标的权重，即为各指标的模糊测度（表 2-12）。

表 2-12　评价指标模糊测度（客观权重值）

	二级指标	总权重值	分权重值
第一类	技术需求程度	0.21	0.14
	工艺流程		0.11
	固体粪便处理		0.14
	畜禽废水处理		0.46
	畜禽粪便资源化率/%		0.15
第二类	工程投资/（万元/t）	0.24	0.32
	运行费用/（万元/a）		0.33
	资源化利用		0.35
第三类	空气污染	0.12	0.31
	水体污染		0.32
	土壤污染		0.37
第四类	冬季低温环境	0.3	1
第五类	恶臭	0.13	0.36
	生物污染		0.33
	废物二次污染		0.31

根据模糊积分法的评判模型，对北方村镇畜禽养殖污染处理技术评价体系评价值进行计算，得出各处理技术评价值（表 2-13）。

表 2-13　备选方案技术评价值

技术类型	干清粪+自然堆肥/机械堆肥（V1）	生物发酵床+有机肥资源化利用（V2）	太阳能中温厌氧发酵（V3）	干清粪+厌氧发酵+沼液/沼渣资源化利用（V4）
评价值	2.97	3.5	2.07	3.24

经计算得到 V1 的综合评价值 $E=2.97$，V2 的综合评价值 $E=3.5$，V3 的综合评价值 $E=2.07$，V4 的综合评价值 $E=3.24$。

根据综合评价值，可得到 4 种畜禽养殖污染处理技术方案的排序为 V2>V4>V1>V3，即生物发酵床+有机肥资源化利用技术的综合评价值最高，其次为干清粪+厌氧发酵+沼液/沼渣资源化利用技术、干清粪+自然堆肥/机械堆肥技术，最后为太阳能中温厌氧发酵技术。

综上所述，北方寒冷缺水型村镇畜禽养殖污染处理技术模式适宜采用生物发酵床+有机肥资源化利用技术，由于其资源化利用程度较高、对环境影响较小等特点，适宜在农村地区推广应用，不建议采用太阳能中温厌氧发酵技术，因为该技术运行和维护成本较高、对温度的要求苛刻，厌氧发酵过程易产生恶臭气体，对周边空气造成二次污染。不适宜在北方农村地区广泛推广应用。

2.4 我国北方地区典型类别村镇综合治理战略方案

村镇体系在我国社会经济结构中占有举足轻重的地位，我国 13.3 亿总人口中就有 9.86 亿分布在村镇。本书从形态模式的角度，根据居民聚集程度，把北方地区村镇划分为分散型村镇和集居型村镇；按照空间地理位置，还可把北方地区村镇进一步划分为城郊集中型、远郊集中型、远郊分散型。

城郊集中型村镇位于大中城市的边缘地带，与中心城区的距离较近，承担大中城市的部分功能和作用，因此又称卫星镇。其主要依托和接受大中城市的技术、产业、经济和社会各方面的辐射发展全镇经济。集中型村镇大多具有如下基本特点：人口规模和密度一般更大，居民的文化素质更高，异质性更强；区位条件一般更优越；经济结构一般以非农产业为经济支柱；社会组织更加多样，社区组织结构更复杂；居民住宅、生产设施、服务设施和基础设施更健全；社会功能更加齐全，聚集能力和辐射能力更强等。

在北方地区村镇环境治理工作中，治理的模式和治理技术的选择需要根据村镇的类型，综合考虑地理位置、集聚程度、地形、经济发展水平等方面，因地制宜，以实现村镇环境质量有效改善。

2.4.1 北方不同地区村镇综合治理模式

2.4.1.1 总结归纳村镇综合治理模式

1. 分散型农户庭院处理模式

适用范围：主要适用于人居较为分散（集中接管费用较高），远离城镇，城镇化水平不高的农村地区。处理模式见图 2-2。

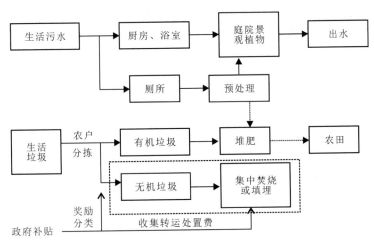

图 2-2 分散型农户庭院处理模式

2. 新农村集中型处理模式

适用范围：主要适用于人居较为集中、城镇化水平较高或建成新农村的农村地区。处理模式见图 2-3。

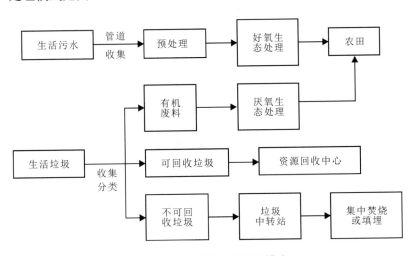

图 2-3 新农村集中型处理模式

3. 城乡一体化共处理模式

适用范围：主要适用于人居较为集中，距离中心城镇（集中处理设施）较近，城镇化水平较高的农村地区。处理模式见图 2-4。

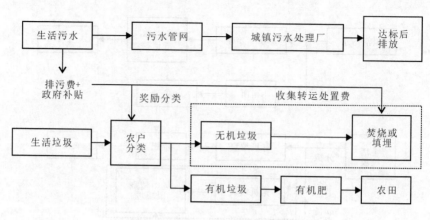

图 2-4　城乡一体化共处理模式图

4. 种植+养殖"产沼型"循环处理模式

适用范围：主要适用于产业结构以种植和养殖业为主的农村地区，对于高寒地区不太适用。处理模式见图 2-5。

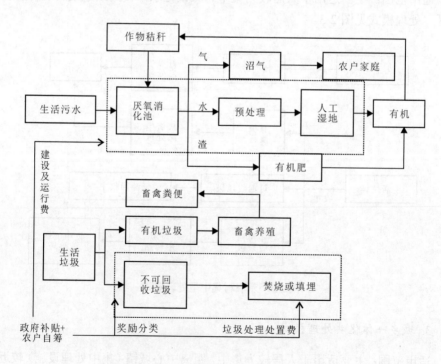

图 2-5　种植+养殖"产沼型"循环处理模式

5. 资源回用+分质用水循环利用模式

适用范围：主要适用于水体富营养化严重的农村地区或水资源缺乏的农村地区。处理模式见图 2-6。

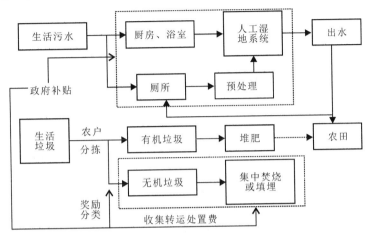

图 2-6　资源回用+分质用水循环利用模式

6. 生态化处理+观光农业模式处理模式

适用范围：主要适用于中心城市的城郊、经济较发达的农村地区。处理模式见图 2-7。

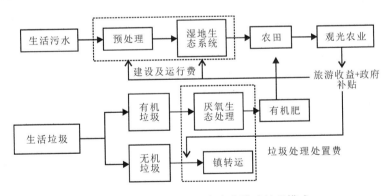

图 2-7　生态化处理+观光农业模式处理模式

2.4.1.2 北方不同地区村镇环境综合治理模式选择

我国不同区域农村环境保护的重点与模式要和当地农村环境特点相结合，将我国不同区域农村环境保护的重点与模式与当地农村环境特点、不同区域气候特征、生产方式和经济模式相结合，总结提炼出适合北方不同区域村镇环境综合治理模式（表2-14）。

表2-14　北方不同区域村镇环境综合治理模式选择

行政区域	模式选择
华北地区	分散型农户庭院处理模式；新农村集中型处理模式；城乡一体化共处理模式；种植+养殖"产沼型"循环处理模式；生态化处理+观光农业模式；分质用水循环利用模式
东北地区	分散型农户庭院处理模式；新农村集中型处理模式；城乡一体化共处理模式；生态化处理+观光农业模式；分质用水循环利用模式
西北地区	分散型农户庭院处理模式；新农村集中型处理模式；生态化处理+观光农业模式；分质用水循环利用模式

1. 华北地区村镇环境综合治理模式选择

华北地区村镇环境综合治理的适宜模式有：分散型农户庭院处理模式；新农村集中型处理模式；城乡一体化共处理模式；种植+养殖"产沼型"循环处理模式；生态化处理+观光农业模式；分质用水循环利用模式。各种模式选择的考虑因素如表2-15所示。

表2-15　华北地区村镇综合治理模式选择

模式选择＼影响因素　模式选择	距离中心城市的距离		经济水平、城镇化程度和人口集中度		产业结构	
	距离中心城市较近的郊区	距离中心城市较远的农村地区	较高	较低	种植业为主	种植和养殖业为主
分散型农户庭院处理模式		√		√	√	√
新农村集中型处理模式	√			√		
城乡一体化共处理模式	√			√		
种植+养殖"产沼型"循环处理模式						√
生态化处理+观光农业模式	√			√		
分质用水循环利用模式	√			√	√	

华北地区是我国主要的粮棉产区之一，农村经济主要以种植业为主；城镇化程度一般；村落较为集中，部分山区村落沿河流分散布置；农村人居相对集中；

畜禽养殖分散；水资源相对匮乏。华北地区农村经济差异程度较大，旱厕较为普遍，庭院地面多为土地。随着新农村建设的发展，经济较发达地区室内卫生设施齐全，庭院地面硬化，水冲厕所普及。对于新建农村集中居住区，污水和雨水的收集应实行分流制，通过管道或暗渠收集生活污水进行集中处理后排放，雨水应充分利用地面径流和明渠排至就近的河流或池塘。旧村庄的改扩建，已建合流制管网，可采用截流方式将污水送入处理设施，新建改建部分在污水处理设施前尽可能实行分流制。在地下水位较浅、水源保护地和重点流域保护区域严禁采用渗水井、渗水坑等排水方式，防止地下水受到污染。村落排水管渠的布置应根据村落的格局、地形情况等因素来确定。

本模式实施的关键在于结合不同经济发展阶段农村的现状（经济发展水平、地形和自然条件），建立以生活污水回用为核心的村镇环境综合治理模式。在操作层面上，政府需要加强宣传和引导，协助农户或集体构建相关配套基础设施的建设、污水处理设施、垃圾分类收集体系的日常维护和管理。农村改水改厕、生活垃圾分类的设施、收运体系的建立等需要政府加大投入。

2. 东北地区村镇环境综合治理模式选择

东北地区村镇环境综合治理的适宜模式有：分散型农户庭院处理模式；新农村集中型处理模式；城乡一体化共处理模式；生态化处理+观光农业模式；分质用水循环利用模式。各种模式选择的考虑因素如表 2-16 所示。

表 2-16　东北地区村镇综合治理模式选择

模式选择 影响因素 模式选择	距离中心城市的距离		经济水平、城镇化程度和人口集中度		产业结构	
	距离中心城市较近的郊区	距离中心城市较远的农村地区	较高	较低	种植业为主	种植和养殖业为主
分散型农户庭院处理模式		√		√	√	√
新农村集中型处理模式	√			√		
城乡一体化共处理模式	√			√		
生态化处理+观光农业模式	√			√		
分质用水循环利用模式				√		

生态循环农业为核心的村镇环境综合治理模式主要是通过政策引导和扶持农民发展生态循环农业，大力发展绿色农业和有机农业，在农业发展过程中消纳农村生活污水、畜禽粪便、秸秆和部分生活垃圾，以提高农产品品质和农产品附加值来提高农民收入，保障农民维持该模式的积极性。

东北农村地区冬季较为寒冷，普通生物处理技术难以发挥功效，常规的垃圾堆肥工艺在冬季也难以奏效，加上东北农村以旱厕居多，农村畜禽养殖分散，可以以分散农户为单元，将分离的可堆肥处理的生活垃圾、人畜粪尿和生活污水进行简单的堆置，用于农田。东北农田较为集中，秸秆可以利用机械化操作进行集中还田。

本模式实施的关键在于引导农民恢复农家肥的利用，建立生态循环农业模式。在操作层面上，政府需要加强宣传和引导，协助农户或集体构建有机或绿色食品生产基地。这种模式投入较低（主要是要建设简易的堆肥装置和部分人工投入），可持续性强，技术上难度不大，关键是让农户恢复原有的生态化生产模式。

3. 西北地区村镇环境综合治理模式选择

西北地区村镇环境综合治理的适宜模式有：分散型农户庭院处理模式；新农村集中型处理模式；生态化处理+观光农业模式；分质用水循环利用模式。各种模式选择的考虑因素如表 2-17 所示。

表 2-17   西北地区村镇综合治理模式选择

模式选择 影响因素 模式选择	距离中心城市的距离		经济水平、城镇化程度和人口集中度		产业结构	
	距离中心城市较近的郊区	距离中心城市较远的农村地区	较高	较低	种植业为主	种植和养殖业为主
分散型农户庭院处理模式	√	√	√	√	√	√
新农村集中型处理模式		√	√			
生态化处理+观光农业模式	√		√		√	
分质用水循环利用模式	√	√	√	√	√	√

西北地区干旱缺水，平均气温较低，农村居民生活用水量偏少。大部分村庄居民主要使用旱厕，没有淋浴设施。近年来，随着新农村建设的推进，部分经济条件好的村庄的家庭也具有冲水马桶、洗衣机、淋浴间等卫生设施，接近于城市的用水习惯。

农村排水系统除了减少随意排放的污水对环境的污染，同时应以充分收集和利用水资源为目标，雨水和生活污水应实行分流排放，生活污水排量集中的区域，应用管网或沟渠收集到污水处理系统，处理后作为灌溉的水源。

西北部地区农户庭院排水应以方便资源化利用为目标，厕所、厨房污水和庭院养殖废水与洗涤废水宜分开收集。厕所、厨余污水和庭院养殖废水需经化粪池或沼气池处理后再进入排水管道。洗涤用水污染物含量较低，滤除较大悬浮物后进入排水管道。

西北大部分区域干旱缺水，日照时间长，生活污水处理应尽量与资源化利用结合，可以选择以新型能源（太阳能、风能等）为动力的农村生活垃圾处理模式。

2.4.1.3 北方寒冷缺水型村镇环境综合整治"三低一易"型技术模式

一是生活污水治理技术模式。

城乡结合型村庄：该类型村庄生活污水处理模式主要推荐采用接入市政管网统一处理模式、自行处理后接入市政管网或地埋式一体化污水处理+砂滤-植物耦合污水处理技术模式。

农村生活污水收集管网、排水管材等可用塑料管、缸瓦管和混凝土管等；根据人口数量和人均用水量计算污水排放量，并估算管径等。管网投资参考标准如表 2-18 所示。

表 2-18　农村生活污水收集管网投资参考标准

项目	管径/mm	总价投资额/（元/m）	投资比例/%	
			材料费	人工费
入户管	75	20～35	60	40
	100	30～45	65	35
收集支管	200	50～130	80	20
	300	150～250	85	15
	400	200～350	90	10
收集干管	600	600～850	90	10
	800	950～1250	90	10
	1000	1100～1550	90	10

注：管网投资中包含检查井、沉沙井建设费用。本指南中，各投资参考标准表中参考价格核算的基准年为 2010 年，各表指标可根据不同时间、地点、人工、材料价格变动，调整后使用。东部经济发达地区人工费可上调 10%～30%，西部经济落后地区人工费可下调 10%～30%。

农牧融合型农村：该类型村庄主要采用"厌氧+接触氧化+水平潜流湿地技术+土壤渗滤系统+还田等综合利用措施"技术模式。

企业、生活混合型农村：生活污水治理建议采用"生物接触氧化池+水平潜流湿地技术"。研究表明，该技术工艺出水中 COD、TP、TN 平均质量浓度分别为 16.39mg/L、0.38mg/L、16.38mg/L，出水水质可达标排放。整个运行系统采用了生活污水的物理、化学、生物综合处理工艺，而且还可以利用硝化、反硝化及微生物对磷的过量积累作用将其从废水中去除，老化的微生物作为肥料被植物吸收。该技术工艺处理规模为 200～500m³/d，单方投资成本为 1750～1850 元，占地面积 1～2.3 亩^①，单方运行成本为 0.2～0.3 元。

二是生活垃圾处理技术模式推荐。城乡结合型农村：生活垃圾的处置建议采用"垃圾源头分类+有价垃圾变卖+镇转运县处理"。农村生活垃圾源头分类，分为可回收物、厨余垃圾、有害垃圾和其他垃圾。

同时，将有价回收的垃圾进行变卖，同时设立相关政策以获得适当的物质奖励，农民可将自家产生的废旧金属、废旧电池、灯泡、废旧纸类、废旧塑料、橡胶玻璃等生活垃圾变卖，可回收垃圾如铜线建议按照 50 元/kg、铝易拉罐 0.2 元/个、杂铝制品 12 元/kg、干果皮壳 0.2 元/kg 等价格变卖；有害垃圾如废旧电池建议按照 0.2～0.8 元/个，灯泡、灯管 0.1 元/个等价格变卖，从而使得农民得到一定经济收入。

农村生活垃圾城乡一体化处理模式（图 2-8）以建设垃圾收集、转运系统为重点，在村庄建设垃圾分类、收集、清运设施，在乡镇建设垃圾转运设施，垃圾处理主要依托现有城镇生活垃圾处理处置设施。布局集中的村庄应统筹建设垃圾收集和清运设施，建设规模参考表 2-19 中要求设计：采用常规收集系统（不分类）的，垃圾收集箱 1 个/户，公共场所的垃圾桶主街道 1 套/50m²（车站、广场等公共场所 1 套/80m²），垃圾收集车 1 辆/20 户，垃圾集中收集池 1 个/50 户，垃圾收集池服务半径需在 30m 以上；采用垃圾分类收集模式的，垃圾收集箱 4 个/户，公共场所垃圾桶主街道 1 套/50m²（车站、广场等公共场所 1 套/100m²），垃圾分类收集车 3 辆/40 户，垃圾集中收集池 3 个/800 户，收集池服务半径需在 50m 以上。生活垃圾常规转运站的设计能力一般不低于 10t/d。垃圾转运车额定载重量一般不低于 5t，容积不低于 8m³。

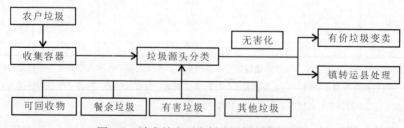

图 2-8　城乡结合型农村生活垃圾处理模式

表 2-19　农村生活垃圾收集项目投资参考标准

序号	处理能力/（t/d）	项目	单位	数量	单价/万元	项目预算/万元
1	小于 0.5	户用垃圾桶	个	120～200	0.0020～0.0025	0.24～0.5
2		公用垃圾桶/箱/池	个	12～20	0.02～0.04	0.24～0.80

① 1 亩≈666.7hm²

续表

序号	处理能力/（t/d）	项目	单位	数量	单价/万元	项目预算/万元
3		垃圾收集站/池	个	1	0.8～1.0	0.8～1.0
4		专用垃圾收集车	辆	1	0.08～0.12	0.08～0.12
5		垃圾清扫工具	套	1	0.008～0.010	0.008～0.010
6	0.5～1.0	户用垃圾桶	个	120～333	0.0020～0.0025	0.24～0.8325
7		公用垃圾桶/箱/池	个	12～33	0.02～0.04	0.24～1.32
8		垃圾收集站/池	个	1	1.0～1.2	1.0～1.2
9		专用垃圾收集车	辆	2	0.08～0.12	0.16～0.24
10		垃圾清扫工具	套	2	0.008～0.010	0.016～0.020
11		户用垃圾桶	个	200～3333	0.0020～0.0025	0.4～8.3325
12		公用垃圾桶/箱/池	个	200～333	0.02～0.04	4.0～13.32
13	大于1.0	垃圾收集站/池	个	1.68～3.14	1.68～3.14	1.68～3.14
14		专用垃圾收集车	辆	3～20	0.08～0.12	0.24～2.4
15		垃圾清扫工具	套	3～20	0.008～0.010	0.024～0.2

注：投资单价根据当地实际市场价确定，项目预算综合考虑单价和数量。

农村生活垃圾转运是将收集到垃圾收集站/池的垃圾，通过预处理装箱、运输至城市垃圾处理场/厂或集中垃圾处理场/厂的过程，估算垃圾转运过程投资经费，处理能力小于 5t/d 转运项目年运行成本为 3.54 万～6.62 万元，处理能力 5～30t/d 转运项目年运行成本为 14.35 万～153.37 万元（表 2-20）。

表 2-20 农村生活垃圾转运项目投资参考标准

序号	处理能力/（t/d）	项目	单位	数量	单价/万元	项目预算/万元
1		垃圾转运站	套	1	2～4	2～4
2	小于5	垃圾转运集装箱	个	1	0.4～0.7	0.4～0.7
3		垃圾转运车	辆	1	3.0～4.5	3.0～4.5
4		垃圾转运站	套	1	8～12	8～12
5	5～30	垃圾转运集装箱	个	2～6	0.4～0.7	0.8～4.2
6		垃圾转运车	辆	2～6	3.0～4.5	6～27
7		压缩装置	套	1	45～50	45～50

注：垃圾转运站原则上应统筹规划，多村共用。

农牧融合型农村：生活垃圾的处置建议采用"垃圾源头分类+垃圾小票制度+高效厌氧产沼技术+堆肥还田"（图 2-9）。农村生活垃圾源头分类，分为厨余垃圾、灰土垃圾、可再生垃圾、生物质垃圾和有害垃圾五大类。

垃圾小票制度。建立农村生活垃圾"小票"制度，根据农户垃圾源头分类的实施效果，采取垃圾小票制度奖励措施补贴农民生活，对每天分类合格的村民，保洁员给出具一个小票，月底村民凭借小票到村委会领取相当于 10 元钱的酱油、醋、洗衣粉、卫生纸等生活必需品，如果差一天，则扣减 0.5 元。这项措施节约了农民部分的日常开支，而且给村民带来一定的经济补偿。

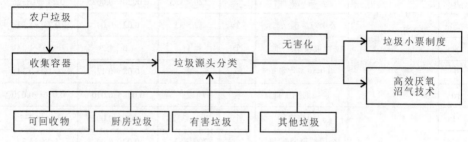

图 2-9　农牧融合型农村生活垃圾处理模式

农村生活垃圾分类是在农村生活垃圾的产生源头农户内，实现生活垃圾的源头减量化的分类方式。农村生活垃圾分类过程中，通过宣传让农户对日常生活垃圾进行自行分类，原则上不需要支付相关运行费用，但是为了提高农民分类意识，每位村民年均培训一次，培训费用 25～30 元/（人·年）（表 2-21）。

表 2-21　农村生活垃圾分类项目投资参考标准

序号	处理能力/（t/d）	项目	单位	数量	单价/万元	项目预算/万元
1	小于 0.5	宣传展板	块	1～2	0.12～0.16	0.12～0.32
2		宣传手册	册	120～200	0.0008～0.0012	0.096～2.4
3	0.5～1.0	宣传展板	块	2～3	0.12～0.16	0.24～0.48
4		宣传手册	册	120～333	0.0008～0.0012	0.39～0.96
5	大于 1.0	宣传展板	块	3～6	0.12～0.16	0.36～0.96
6		宣传手册	册	200～3333	0.0008～0.0012	0.16～3.9996

注：投资单价根据当地实际市场价确定，项目预算综合考虑单价和数量。

企业混合型农村：生活垃圾的处置建议采用"垃圾源头分类+考核奖励机制+堆放处理+产业园区集中收集处理技术"（表 2-22）。

表 2-22　生活垃圾主要处理单元堆肥技术投资总估算

序号	处理能力/（t/d）	项目	单位	数量	单价/万元	项目预算/万元
1	小于 5	预处理工程	套	1	3.0～4.5	3.0～4.5
2		发酵场地	套	1	8～12	8～12

续表

序号	处理能力/（t/d）	项目	单位	数量	单价/万元	项目预算/万元
3		预处理工程	套	1	15~25	15~25
4	5~45	发酵场地	套	1	45~60	45~60
5		成品库	套	1	15~30	15~30

根据北方地区企业混合型农村生活垃圾处理建设项目投资测算情况，结合地方社会经济发展水平等因素综合考虑，建议年投资运行总费用的来源分别由地方政府、产业园区污染收费承担，其中，地方政府每年财政支出约占 80%、产业园区企业污染收费约占 20%。

三是畜禽养殖污染处理技术模式推荐。城乡结合型农村：畜禽粪污的治理适宜采用"干清粪+集中转运处置+生产有机肥技术"（图 2-10）。

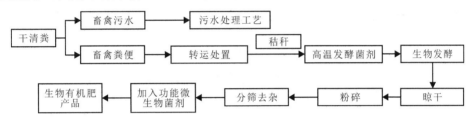

图 2-10　城乡结合型农村畜禽养殖污染治理模式

"干清粪+集中转运处置+生产有机肥技术"主要处理单元厌氧发酵投资估算指标主要包括基础设施建设投资、运行费用两部分，其中，年运行费用包括年人工管理费、基建维修费、设备维修费、折旧费、动力费和其他费用（表 2-23，表 2-24）。

表 2-23　主要处理单元投资取值参考

工艺单元	建设内容	养殖规模/头	工程投资/万元			
			建筑工程	设备工程	安装工程	总投资
厌氧发酵	化粪池	200~500	0.4~0.8	0.2~0.4	0.1	0.7~1.3
		500~1000	0.8~1.6	0.4~0.8	0.1	1.3~2.5
		1000~2000	1.6~3.2	0.8~1.6	0.1~0.2	2.5~5.0

注：不含土地成本，表中养殖规模为当量折算后生猪的头数。

表 2-24　主要处理单元年运行费用取值参考

养殖规模/头	年运行费用/万元
200~500	1.5~3.0
500~1000	3.0~5.8
1000~2000	5.8~11.0

注：表中养殖规模为当量折算后生猪的头数。

农牧融合型农村：畜禽粪污的治理适宜采用"生物发酵床+有机肥资源化利用技术"（图2-11）。该工艺主要的畜禽养殖污染处理单元生物发酵床构筑一般选择在空旷、空气流通性强的低山、平坝农村地区，一般情况下，禽舍的建设费用约为 180 元/m²，高标准的禽舍建设费用约为 400 元/m³，旧舍改造费用约为 130 元/m²，垫料投资为 70～100 元/m³，垫料一次性投入可使用 2～3 年，采用发酵床生产工艺的养殖场，通常造价在 150～200 元/m²；运行成本主要包括锯末 12～15 元/m²、菌种 4～10 元/m²，具有投资小、易操作、运行和维护费用低的特点（表2-25，表2-26）。

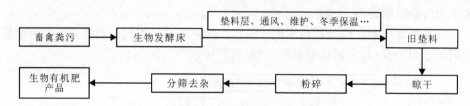

图 2-11　农牧融合型农村畜禽养殖污染治理模式

表 2-25　主要处理单元投资取值参考

工程名称	养殖规模/头	工程投资/万元			
		建设工程	设备工程	安装工程	总投资
发酵床工程	200～500	7.2～17.0	3.4～9.0	0.3～0.9	10.9～26.9
	500～1000	17.0～34.0	9.0～18.0	0.9～1.8	36.9～53.8
	1000～2000	34.0～58.0	18.0～36.0	1.8～3.6	73.8～97.6

注：表中养殖规模为当量折算后生猪的头数。

表 2-26　主要处理单元运行费用取值参考

养殖规模/头	年运行费用/万元
200～500	1.2～2.8
500～1000	2.8～4.6
1000～2000	4.6～10.0

注：表中养殖规模为当量折算后生猪的头数。

企业混合型农村：畜禽粪污的治理适宜采用"沼气池厌氧发酵+沼液/沼渣资源化利用技术"（图2-12）。采用沼气池厌氧发酵处理畜禽粪污，同时废弃的沼渣可生产肥料等再次资源化利用，该工艺运行维护方便，不需要专门工作人员长期看护，以定期查看维护为主。

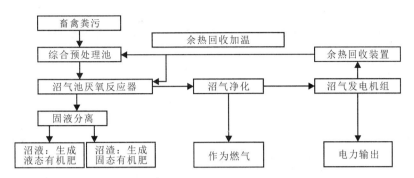

图 2-12 企业混合型农村畜禽养殖污染治理模式

"沼气池厌氧发酵+沼液/沼渣资源化利用技术"主要处理单元厌氧沼气池投资估算指标主要包括基础设施建设投资和运行管理费用两项，其中，年运行费用包括人工管理费、基建维修费、设备维修费、折旧费、动力费和其他费用等（表 2-27，表 2-28）。

表 2-27 主要处理单元投资取值参考

工艺单元	建设内容	养殖规模/头	工程投资/万元			
			建筑工程	设备工程	安装工程	总投资
厌氧处理	沼气池	200～500	4.0～8.8	1.4～2.0	0.1～0.2	5.5～11.0
	USR（CSTR）	500～1000	1.6～3.0	15.0～28.0	1.5～2.8	18.1～33.8
		1000～2000	3.0～5.0	28.0～36.0	2.8～3.6	33.8～44.6
沼气处理	沼气存储和净化	200～500	0.3～0.6	1.2～2.8	0.1～0.3	1.6～3.7
		500～1000	0.6～1.2	2.8～5.5	0.3～0.6	3.7～7.3
		1000～2000	1.2～2.0	5.5～8.2	0.6～0.8	7.3～11.0
沼液沼渣处理	沼液沼渣储存池	200～500	1.6～4.0	1.6～3.0	0.2～0.3	3.4～7.3
		500～1000	4.0～8.0	3.0～4.8	0.3～0.5	7.3～13.3
		1000～2000	8.0～16.0	4.8～7.0	0.5～0.7	13.3～23.7

注：本指南所有投资参考值均以 2011 年为基准年，表中养殖规模为当量折算后生猪的头数。

表 2-28 主要处理单元运行费用取值参考

养殖规模/头	年运行费用/万元
200～500	1.2～3.5
500～1000	3.5～6.0
1000～2000	6.0～10.0

注：表中养殖规模为当量折算后生猪的头数。

2.4.2 北方地区典型类别村镇生活污水处理技术模式

1. 城郊集中型村镇生活污水处理技术模式

城郊集中型村镇污水处理模式主要是采用接入市政管网统一处理模式和自行处理后接入市政管网两种，具体工艺流程见图 2-13。接入市政管网统一处理模式是村镇所有的农户污水经污水管道集中收集后，统一接入邻近市政污水管网，利用城镇污水处理厂统一处理污水。该处理模式具有投资小、施工周期短、见效快、统一管理方便等特点，适用于距离市政污水管网较近，符合高程接入要求的村庄污水处理。自行处理完后接入市政管网模式主要适用于人口大量集中的地区，即所有农户产生的污水进行集中收集，统一建设一处处理设施处理村庄全部污水。污水处理采用自然处理、常规生物处理等工艺形式，处理后再进入城镇污水管网。该模式适用于村庄布局相对密集、规模较大、经济条件较好的区域。临近工业园区的农村集中居住区可参考上述模式将污水收集或初步处理后送工业园区污水厂处理。

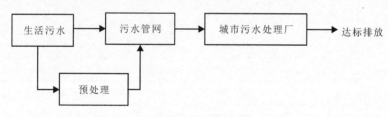

图 2-13　城郊集中型村镇污水处理模式

2. 远郊集中型村镇生活污水处理技术模式

远郊集中型村镇生活污水处理模式主要采用集中式处理模式（图 2-14），即对所有用户产生的污水进行集中收集，统一建设一处或者两处处理设施，处理村镇的生活污水。目前常用的处理方法有：好氧生物处理法、好氧活性污泥法、好氧生物膜法、厌氧生物处理法等。集中式处理模式具有占地面积小，抗冲击能力强、运行安全可靠、出水水质有保证等特点，适用于村庄布局相对密集、规模较大、经济条件好、村镇企业或旅游业发达的联村污水处理。

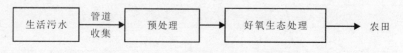

图 2-14　远郊集中型村镇污水处理模式

3. 远郊分散型村镇生活污水处理技术模式

距离城镇较远的农村污水采用分散式污水处理，具体包括以下三种：一种是适合于连片村庄治理的城郊区型，一种是适合于单村污水治理的远郊分散型，一种是适合于单户污水治理的远郊分散型。

1）收集系统+生物处理模式生物技术或装备选择

适用范围：该工艺组合投资小，占地面积小，处理效果好，缺点是需要专门人员维护，可采用设备或工程。生物处理单元技术应采用好氧技术，如生物接触氧化池、氧化沟等。处理规模低于 200m³/d，宜采用生物接触氧化法；处理规模大于 200m³/d，宜采用生物接触氧化池和氧化沟。为保证处理效果，应好氧处理，好氧池溶解氧宜保持在 2.0mg/L 以上。工艺流程如图 2-15 所示。

图 2-15　远郊分散型村镇污水生物处理系统

2）收集系统+生物+生态处理模式

适用范围：该工艺投资较少，设计简单，维护简单，生物和生态处理技术联用可以提高污水的处理效率，但缺点是占地面积较大。工艺流程如图 2-16 所示。

图 2-16　远郊分散型村镇污水生态处理系统

调节池可以与厌氧生物膜单元合建，生态处理单元技术宜采用人工湿地、生态滤池、土地渗滤或其他技术。

3）分质处理模式-排水系统

适用范围：该工艺投资少，设计简单，自适应性强，可以实现资源回收再利用。缺点是需要人员定期维护。工艺流程如图 2-17 所示。

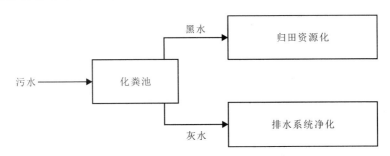

图 2-17　远郊分散型村镇污水分质型处理模式

4. 北方地区村镇生活污水处理适用技术

北方地区冬季较寒冷,农村生活污水处理设施应为地埋式或进行其他保温处理。地埋式设施应安装在冻土层以下。在居住分散、地形复杂、不便于管道收集的地区可采用单户或多户分散处理方式;新建村庄及旅游度假村、民俗村等可建立污水处理站进行集中处理。

北方地区农村实用污水处理工艺主要分为两类,可根据不同处理要求选择合适工艺:针对新农村建设、村容村貌整治或以农用为目的的农村污水处理设施和污水处理站宜以去除 COD 为主;对位于饮用水水源地保护区、风景或人文旅游区、自然保护区、黄河、淮河、海河等重点流域等环境敏感区的村庄,其污水处理设施要求同时具备 COD、TN 和 TP 的去除能力,以防止区域内水体富营养化,保护当地水环境,出水宜回用。

1) 去除 COD 为目标的污水处理工艺

针对污水不便于统一收集处理的单一或几户农户,其污水宜采用分散处理技术就地处理排放或回用。适用的技术包括:

(1) 化粪池和沼气处理技术。该技术适用于经济条件较差的地区;对污水处理要求不高的地区;有消纳沼渣、沼液农田面积的地区;也可作为其他污水处理技术的预处理方法。该技术在我国农村厕所改造过程中使用较多,经过化粪池或沼气池处理后的污水可用来灌溉、施肥,但其出水中污染物浓度高,因此不宜直接排入村落周边水系。

(2) 生物接触氧化技术。该技术适用于经济发达、出水水质要求较高的地区。生物接触氧化法多数应用实例都为好氧类型,在北方地区部分山区可利用地形高差,采用跌水曝气,节省运行能耗。经济较发达的平原地区,可采用机械曝气方式充氧。生物接触氧化技术可以与分段进水技术结合,强化脱氮效果,处理后的污水可直接排放或经生态或土地系统进一步处理后排放。

(3) 生态处理技术。该技术适用于经济条件一般,对出水要求高,有较大面积闲置土地或周边有废旧坑塘的农户。其中,生物预处理单元技术可采用厌氧技术,当生活污水接入化粪池时,宜在化粪池后、生态单元前增设厌氧处理单元,降低生态处理单元的负荷,生态处理单元技术宜采用人工湿地、生态滤池等处理技术。

(4) 黑灰分离处理工艺。该技术适用于黑水农用的农户。针对黑水农用的农户,可采用黑灰分离的模式处理污水,黑水收集后农用。灰水收集沉淀后进入人工湿地和土地处理单元,出水可直接排放或作为景观用水利用。

针对村落污水处理,适用的技术包括:①以生物技术为主体的污水处理工艺。该技术适用于经济发达、地势平缓、可利用土地有限的地区。其中,生物处理单元技术可采用生物接触氧化法、普通曝气池法。为保证处理效果，宜采用好氧处理，好氧生物反应池内溶解氧保持在 2.0mg/L 以上。②以生态技术为主体的污水处理工艺。该技术适用于经济较发达，地势有一定高差和有可利用土地的地区。其中，预处理单元可以是格栅、沉淀池，也可以包含生物预处理单元技术（如采用化粪池、沼气池、生物膜技术等）。生态处理单元技术可采用人工湿地、稳定塘或土地处理系统等。

2）具有脱氮除磷功能的污水处理工艺

该工艺分为生化工艺和生化-生态组合工艺两类。前者占地小，但投资和运行费用都高；后者投资和运行费用较低，但占地面积较大。对经济不发达、土地面积充裕的地区，也可仅采用生态工艺实现污水的脱氮除磷处理。根据北方各地区不同情况，主要采用以下两种工艺：

（1）生物脱氮工艺。该工艺具有缺氧和好氧生物反应器的组合工艺，或单一反应器缺氧和好氧交替运行，可有效去除废水中的有机物和氨氮，使出水 COD、BOD_5、SS 和 NH_4^+-N 与 TN 等达标。其中，预处理单元常用技术包含格栅和沉淀池，也可以采用生物预处理单元技术（如采用化粪池、沼气池等）。缺氧/好氧生物处理单元技术宜采用生物接触氧化法、SBR 或氧化沟。

（2）生物与生态组合脱氮除磷工艺。该工艺将生物处理单元技术与人工湿地或土地过滤等生态处理系统相组合，可以更经济和高效地去除污水中的有机污染物、氮和磷，但需占用较大土地面积。村庄农户污水经过化粪池或沼气池的初级处理后，进入生物处理单元，其出水再进入生态处理单元。生物处理单元技术可采用生物接触氧化法、普通曝气池法、SBR 和氧化沟等工艺，去除大部分有机物和部分氮磷；生态处理单元技术宜采用土地处理、人工湿地等，利用土壤和植物除磷。同时，人工湿地也可作为村庄景观，美化环境。

3）冬季污染物截流入河技术

北方地区包含黄、淮、海重点保护流域，部分村庄处在保护区范围内，严格要求此地区生活污水需经过脱氮除磷达标处理后才可排放。然而，区内部分临河临湖地区的冬季气温长期处于 0℃以下，使已建地面污水处理设施的处理效率下降，污水处理难以实现达标排放，宜修建稳定塘、土地处理系统等适宜设施滞留污水、提高对污染物的降解率，减少入河污染物总量。

污染物截留入河技术主要以生态处理技术为主。在有条件的地区可修建稳定塘，夏季作为污水处理塘使用，冬季作为储存塘使用，将污水长时间存储后进行农业综合利用。经化粪池等预处理后的污水，再经过稳定塘长时间储存后，进入土地处理系统进行处理，可达到污染物截流的作用，出水水质明显改善。

2.4.3　北方地区典型类别村镇生活垃圾处理技术模式

根据初步调研和有关资料，结合北方地区气候、自然条件和社会经济发展水平，就北方地区典型类别村镇生活垃圾的处理提出以下适用方式供参考。

1. 城郊集中型村镇生活垃圾处理技术模式

该模式主要适用于人居较为集中，距离中心城镇（集中处理设施）较近，交通便利，即城市周边 20km 范围以内的城镇化水平较高的农村地区。生活垃圾通过户分类、村收集、乡/镇转运，纳入县级以上垃圾处理模式（图 2-18）。

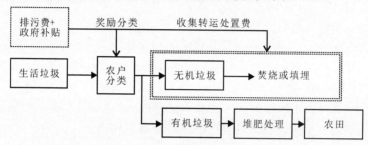

图 2-18　城郊集中型村镇生活垃圾处理技术模式

2. 远郊集中型村镇生活垃圾处理技术模式

该模式主要适用于人居较为集中、城镇化水平较高或建成新农村的农村地区（图 2-19）。针对中部平原干旱型村庄，以连片村庄为单元建设垃圾处理场，建立可覆盖周边村庄的区域性垃圾转运、压缩设施。

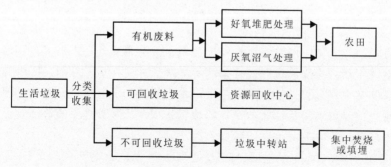

图 2-19　远郊集中型村镇生活垃圾处理技术模式

3. 远郊分散型村镇生活垃圾处理技术模式

该模式主要适用于人居较为分散（集中接管费用较高）、远离城镇、城镇化水平不高、集中收集处理困难的农村地区。村镇布局分散、经济欠发达、交通不便,适宜推行垃圾分类,选取有机垃圾与秸秆、农业废物、畜禽粪便等可生物降解物料混合堆肥等资源化利用技术,无法资源化利用的垃圾进行分散式垃圾填埋处理(图2-20)。

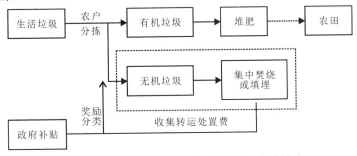

图 2-20　远郊分散型村镇生活垃圾处理技术模式

随着我国农村经济的快速发展,农民生活水平明显提高。农村生活垃圾数量不断增加,现有的农村生活垃圾处理处置方式无法满足农村环境质量改善的需要。因此,加强农村生活垃圾处理与处置是村镇环境保护工作的重点。

4. 北方地区村镇生活垃圾处理适用技术

随着农村生活水平的提高,生活垃圾热值也在提高,在未来农村生活垃圾的处理中该技术将占据一席之地。每种技术都有其自身的特点及实用性,因此最终选择哪种农村生活垃圾处理技术取决于各种各样的因素(如技术因素、经济因素、政治因素、环境因素等),其中很多因素都依赖于当地条件,一般应考虑:①农村生活垃圾的成分和性状(决定于当地经济发展和居民生活水平);②处理能力和垃圾的减容率;③国家相关政策和法规;④工作人员的职业健康和安全;⑤处理、运行及其他成本;⑥处理设备的易操作性和可靠性;⑦需要的配套设备和基础设施;⑧处理设备及排放装置对当地环境的总体影响。几种农村生活垃圾处理技术优缺点比较见表2-29。

表 2-29　几种农村生活垃圾处理技术优缺点比较

项目	卫生填埋	焚烧	堆肥
技术参数	农村生活垃圾特征、场地地质条件、土壤、气候条件等	搅动程度、垃圾含水率、温度和停留时间、燃烧室装填情况、维护和检修	有机质含量、温度、湿度、含氧量、pH、碳氮比
选址	相对困难,一般要远离生活区10km	相对容易,可以靠近	中等,应距离居民区500m以上
适用条件	垃圾中无机成分>40%	不添加辅助燃料时,垃圾热值>5000kJ/kg	有机物要占总量40%以上

续表

项目	卫生填埋	焚烧	堆肥
产品市场	沼气可回收发电或制热	电能和热能易于为社会消纳	产品可用作农业有机肥或土壤改良剂
单位经济投入	每立方米库容 16～26 元	15 万～60 万/t	10 万～20 万/t
技术可靠性	可靠	较可靠	较可靠
操作可靠性	较好,要防止沼气爆炸	好	好
相关配套条件	有适合的场地	有相应的处理设备系统	
优点	工艺较简单,投资少,可处理大量农村生活垃圾,也可处理焚烧、堆肥等产生的二次污染物	体积和重量显著减少;运行稳定以及污染物去除效果好;潜在热能可回收利用	工艺较简单,适于易腐有机生活垃圾的处理,处理费用较低
缺点	垃圾减容少,占用土地,面积大,产生气体和挥发性有机物量大,并对土壤和地下水存在长期的潜在威胁	处理费用较高,操作复杂,产生二次污染	占地较多,对周围环境有一定的污染,堆肥质量不易控制
适用的农村类型	西部农村	靠近工业区的农村、城郊农村,便于热能的利用	农业区的农村或距离集中处理处置场所较远的农村

第3章 北方寒冷缺水型村镇生活污水处理技术

3.1 北方寒冷缺水型村镇生活污水处理关键技术

3.1.1 村镇生活污水处理技术概况

村镇生活污水处理设施相对于城市而言,具有以下特点:承担的排水面积小,污水量小,而水量、水质的日变化较大,污水可生化性较差;资金来源缺乏;操作管理技术水平较低;污水集中处理有一定的难度。适用于城市大规模污水处理厂的氧化沟、A^2/O、AB 法、活性污泥法等已发展成熟的技术在村镇生活污水处理中并不适用。村镇生活污水处理方案,只有采用与其社会经济发展水平相匹配的技术,才有可能在建成后坚持长期正常运行。村镇生活污水处理技术应具备以下特点:处理效果好、能耗低、节省投资、运行费用低、操作简单、易维护管理和因地制宜。

针对村镇生活污水处理,目前国内采取的处理技术主要为生物处理技术和生态处理技术,其中生物处理技术可分为厌氧生物技术、好氧生物技术,厌氧生物技术主要包括化粪池、沼气净化池,好氧处理技术主要包括生物滤池、生物接触氧化和 SBR;生态处理技术主要包括人工湿地、土地渗滤和稳定塘(李剑超等,2002;姚铁锋等,2009;王文东等,2010)。各种污水处理技术优缺点、适用范围和实际研究如表 3-1 所示。

表 3-1 村镇生活污水处理技术优缺点及适用范围

类别	技术	优点	缺点	适用范围
生物处理技术	化粪池	结构简单、造价低;无能耗;使用管理方便;占地少	处理效果差、出水差、需后续处理;污泥多;沼气池沼气回收率低,综合效益不高	粪便无害化处理、农村生态厕所、畜禽养殖场
	沼气池	无能耗、运行费用低;不需专人管理;沉积污泥少;沼气回收率高	运转使用一定时间(1～3 年)后,必须进行残渣清掏	集约化畜禽养殖;生猪定点屠宰场废水处理;公厕、城粪集中处理;村镇生活污水处理

续表

类别	技术	优点	缺点	适用范围
生态处理技术	生物滤池	设备简单、造价低；能耗低；运行费用少；占地少	易堵塞、需反冲洗、维护麻烦；易滋生滤池蝇、有臭味	水量较小的农村分散型生活污水处理
	接触氧化	处理效果好；抗冲击能力较强；基建费用低；维护管理简单；占地少	除磷效果欠佳；能耗高；易堵塞；布水、曝气不均匀	相对集中、污水中有机物相对较高的村镇生活污水处理
	SBR	出水水质非常好；脱氮除磷效果好；结构紧凑、流程简单、造价低；运行稳定；占地少	能量消耗大，维护费用很高；操作较复杂，需有一定技术的维护人员负责运行	200～1500 户相对集中村镇生活污水处理
	人工湿地	运行稳定，出水水质好，投资和运行费用低；操作维护简单；水生植物具有经济价值	有机负荷小，去除率低；水力停留时间长，占地大；受季节变化影响大；土壤与植物的供氧问题难以解决	有一定空闲用地的、相对浓度低的村镇污水处理
生态处理技术	土地渗滤	对 BOD_5、氨氮、磷和大肠杆菌去除率高；受季节温度变化影响小；基建、运行费用低；维护管理简便；无臭味，地面草坪美化环境	总氮去除效果差；对进水水质有严格要求，需预处理；对土质通透性和活性有一定要求；占地大；污染地下水	管网不健全、有一定空闲用地的村镇污水处理
	稳定塘	有机物、氮磷去除率高；基建投资少；无能耗、运行费用低；无需污泥处理	有机负荷低，占地大；处理效果受气候影响大；悬浮藻类使出水 COD、SS 较高	小城镇及相对集中的村镇低浓度污水处理

由表 3-1 可知，无论是生物处理技术还是生态处理技术，都有优缺点，且每种技术都有其适合的处理对象和能力。以上技术多在我国南方地区开展中试实验和示范工程研究，而对于北方农村地区的应用较少。我国北方地区区域广、人口多，各地经济水平相差较大，在选择具体技术时，应因地制宜，从自身实际情况出发，与当地的生态农业相结合，使村镇生活污水处理成为生态农业的一个组成部分，形成中水回用与再利用的生态农业模式，实现村镇生活污水的无害化和资源化。

下面将对以上各种村镇生活污水处理技术及其组合的研究情况做简要的叙述。

3.1.1.1 化粪池处理技术

化粪池是一种利用沉淀和厌氧微生物发酵原理，以去除粪便污水或其他生活污水中悬浮物、有机物和病原微生物为主要目的的小型污水初级处理构筑物。

污水通过化粪池的沉淀作用可去除大部分悬浮物（SS），通过微生物的厌氧发酵作用可降解部分有机物（COD、BOD_5），池底沉积的污泥可用作有机肥。通过化粪池的预处理可有效防止污水管道被堵塞，亦可有效降低后续处理单元的有机污染负荷。但化粪池处理效果有限，出水水质差，一般不能直接排放水体，需经后续好氧生物处理单元或生态技术单元进一步处理。

化粪池根据建筑材料和结构的不同，主要分为砖砌化粪池、现浇钢筋混凝土化粪池、预制钢筋混凝土化粪池、玻璃钢化粪池等。根据池子形状可以分为矩形化粪池和圆形化粪池。根据使用人数可分为双格化粪池和三格化粪池如图 3-1 所示。化粪池适用于用水冲厕所的场所，并设置在接户管下游且便于清掏的位置。

3.1.1.2 净化沼气池处理技术

生活污水净化沼气池是采用厌氧发酵技术和兼性生物过滤技术相结合的方法，在厌氧和兼性厌氧的条件下将生活污水中的有机物分解转化成甲烷、二氧化碳和水，达到净化处理生活污水的目的，并实现资源化利用。

沼气池作为污水资源化单元和预处理单元，其副产品沼渣和沼液是含有多种营养成分的优质有机肥，如果直接排放会对环境造成严重的污染，可回用到农业生产中，或后接污水处理单元进一步处理。

生活污水净化沼气池是典型的厌氧生物处理技术，一般由前处理区（沉砂池、两级厌氧消化池）和后处理区（多级兼氧过滤池）两个部分组成，如图 3-2 所示。两级厌氧消化池包含厌氧 I 区和厌氧 II 区，I 区主要是厌氧消化有机物，II 区内用软填料作微生物载体，进一步降解有机物。根据沼气厌氧发酵原理，前处理区运行时，会产生大量沼气；后处理区一般设置有填料及滤料，发挥兼性过滤作用，净化水质。

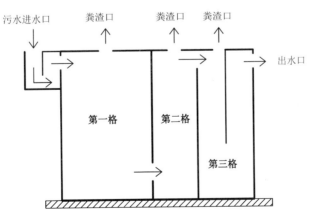

图 3-1　典型三格化粪池结构示意图

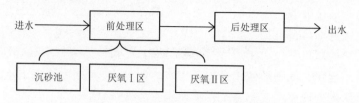

图 3-2　生活污水净化沼气池示意图

3.1.1.3　生物接触氧化池处理技术

生物接触氧化池是从生物膜法派生出来的一种污水生物处理方法，主要是去除污水中的悬浮物、有机物、氨氮等污染物，常作为污水二级生物处理单元或二级生物出水的深度处理单元。生物接触氧化池使用多种形式的填料作为载体，在曝气的作用下，反应池内形成液、固、气三相共存体系，有利于氧的转移。生物膜固着在填料上，其生物固体平均停留时间较长，因此有利于如硝化菌等微生物的生长，从而使得氨氮的去除率较高。在曝气的作用下，生物膜表面不断地被气流吹脱，有利于保持生物膜的活性，抑制厌氧膜的增殖，也有利于提高氧的利用率，保持较高的活性生物量。生物接触氧化池如图 3-3 所示。

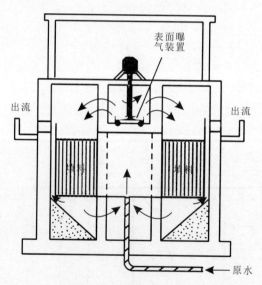

图 3-3　生物接触氧化池

生物接触氧化池对磷的处理效果较差，出水总量不能达标，对总磷要求较高的农村地区应配套建设出水的深度除磷系统，此外，填料要填装合理，防止堵塞。这一技术适合在全国大部分农村地区推广使用，装置最好建在室内或地下，并采取一定的保温措施。该技术的突出优势是每吨水耗电量仅 0.2～0.45kW·h，而且出水水质较好，非常适合农村地区经济来源缺乏和操作维护人员有限的情状。

3.1.1.4 生物滤池处理技术

生物滤池，主要由池体、滤料、布水设备、排水系统组成。生物滤池设计上采用自然通风供氧，不需要机械通风设备，节省了运行成本。生物滤池是利用污水长时间喷洒在块状滤料层的表面，在污水流经的地方会形成生物膜，等到生物膜成熟后，栖息在生物膜上的微生物开始摄取污水中的有机物作为营养，在自身繁殖的同时使污水也得到净化。其结构示意图如图 3-4 所示。

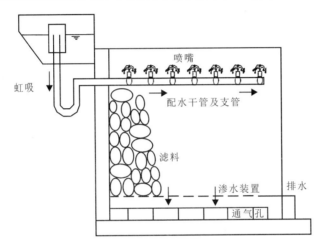

图 3-4 生物滤池结构图

该技术适宜全国大部分农村地区，特别是资金来源缺乏的农村地区，主要针对村落规模生活污水处理。由于技术补水特点，对环境温度有较高要求，适宜在年平均气温较高的地区使用。而在北方冬季气温较低的农村地区使用时需建在室内，最好保证水温在 10℃ 以上。

生物滤池一次性投资费用主要有池体的建造费用、滤料的采购费用、布水器的建设费用等。村落规模的处理系统建设费用一般不超过 20 万元，其日运行费用只有水泵的电耗和劳动力成本，整体运行成本较低（陈鸣，2006）。

3.1.1.5 SBR 处理技术

SBR 全称为序批式活性污泥法，是一种新型的好氧生物处理技术。采用可变间歇式反应器提供时间程序的污水处理方法，而不是连续流提供的空间程序的污水处理方法。SBR 按时间顺序进行进水反应（曝气）、沉淀出水、待机（闲置）等基本操作，从污水流入开始到待机时间结束为一个周期，周期循环往复从而达到污水净化的目的。

SBR 有多种技术，包括普通 SBR 和多种变形，普通 SBR 结构示意图如图 3-5
所示。普通 SBR 反应池池型为矩形，主要包括进出水管、剩余污泥排除管、曝气
器和滗水器等几部分。曝气方式可以采用鼓风曝气或射流曝气。滗水器是一类专
用排水设备，其实质是一种可以随水位高度变化而调节的出水堰，排水口淹没在
水面以下一定深度，可以防止浮渣进入。

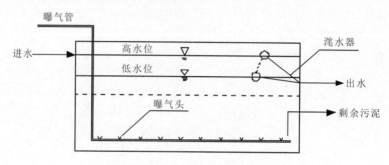

图 3-5　SBR 反应池结构示意图

与传统活性污泥法相比，SBR 省去了初次沉淀池、二次沉淀池及污泥回流设
备，建设费用可节省 10%～25%，占地面积可减少 20%～35%。由于曝气的周期
性使池内溶解氧的浓度梯度大，传递效率高，运转费用可节省 10%～25%。

SBR 的运行要自动控制，因此对自动控制系统的要求较高；间歇排水，池容
的利用率不理想；在实际运行中，废水排放规律与 SBR 间歇进水的要求存在不
匹配问题，特别是水量较大时，需多套反应池并联运行，增加了控制系统的复杂
性。因此该技术主要适用于污水量小、间歇排放、出水水质要求较高的地方，如
民俗旅游村、湖泊及河流周边地区等。

3.1.1.6 生态滤池处理技术

生态滤池是利用人工填料的生物膜和水生植物形成的微型生态系统来进行污
水净化的一种水处理技术，如图 3-6 所示。生态滤池中，颗粒物的过滤主要由填
料完成，可溶性污染物则通过生物膜和水生植物根系去除。生态滤池的生物以挺
水植物为主，本质上是一个微型人工湿地系统，属于生态工程设施。

生态滤池适用于全国大部分村庄，但在北方寒冷的冬季，应注意防止床体内
部结冰，降低滤池的处理效率。生态滤池的池体、填料等原材料可以就地取材，
大大降低了建设成本，需要购买的仅仅是阀门和 PVC 管，但量比较少，滤池的
建设和运行费用都很低。整体上，生态滤池每吨水处理成本约为污水处理厂的
10%，但对土地需求约为污水处理厂的两倍，因此不宜建设在用地较为紧张的村
镇地区。

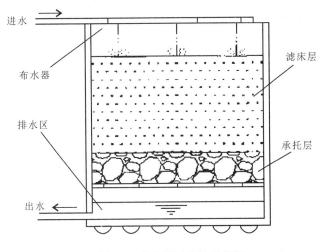

图 3-6　生态滤池结构示意图

3.1.1.7　人工湿地处理技术

人工湿地是一种通过人工设计、改造而成的半生态型污水处理系统。人工湿地具有投资运行费用低、能耗小、处理效果好、维护管理方便等优点。此外，人工湿地对改善环境和提高环境质量有明显的作用，可增加植被覆盖率，保持生物多样性，减少水土流失，改善生态环境。同时也能够让人们认识到污水处理的重要性、人工干预（生态建设）下环境恢复的可能性及人为保护下自然界的自我平衡能力。如图 3-7 所示。

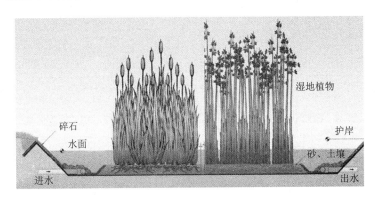

图 3-7　人工湿地结构示意图

由于其特色和优势鲜明，国内外人工湿地的应用范围越来越广泛，尤其是对于资金短缺、土地面积相对丰富的农村地区，人工湿地具有更加广阔的应用前景，这不仅可以治理农村水污染、保护水环境，而且可以美化环境、节约水资源（邵媛媛，2014）。

人工湿地按其内部的水位状态可分为表流湿地和潜流湿地，而潜流湿地又可按水流方向分为水平潜流湿地和垂直潜流湿地。表流型湿地处理系统的优点是投资及运行费用低，建造、运行和维护简单，缺点是在达到同等处理效果的条件下，其占地面积大于潜流型湿地处理系统，冬季表面易结冰，夏季易繁殖蚊虫，并有臭味。潜流型湿地处理系统的优点在于其充分利用了湿地的空间，发挥了系统间的协同作用，且卫生条件好，但建设费用较高（原野等，2010）。

综合国内外的研究实践经验，人工湿地的投资和运行费用一般仅为传统的二级污水处理厂的 10%～50%，具有广泛应用推广价值，尤其适用于经济发展相对落后的广大农村地区。具体的投资费用视地理位置、地质情况以及所采用的湿地基质而定，但大体上，表流型湿地处理系统的建设投资费用为 150～200 元/m²，潜流型湿地处理系统建设投资费用为 200～300 元/m²。

3.1.1.8 土地渗滤处理技术

土地渗滤属于污水土地处理系统。土地渗滤对污水的缓冲性也较强，但不能用于过高浓度的污水处理，否则会引发臭味和蚊虫滋生。

污水土地处理系统是在污水农田灌溉的基础上发展而成。随着污染加剧和水资源综合利用需求的提升，污水土地处理系统得到了系统的发展。目前已经广泛应用于污水的三级处理，甚至在二级处理中，也取得了明显的经济效益和环境效益。

根据污水的投配方式及处理工艺的不同，可分为慢速渗滤系统、快速渗滤系统和地下渗滤系统及地表漫流系统 4 种类型。

1. 慢速渗滤系统

慢速渗滤系统是将污水投配到种有作物的土壤表面，污水在流经地表土壤–植物系统时得到净化的一种处理技术，如图 3-8 所示。投放的污水量一般较少，通过蒸发、作物吸收、入渗过程后，流出慢速渗滤场的水量通常为零，即污水完全被系统净化吸纳。慢速渗滤系统可设计为处理型与利用型两类。

慢速渗滤系统的优点是投配水量较少，处理时间长，净化效果比较明显；种植的植物收割后可创造一定经济效益；受地表坡度的限制小。主要的缺点是处理效果易受作物生长限制，寒冷气候易结冰，季节变化对其影响较大；出水量较少，不利于回收利用；水力负荷低，需要的土地面积较大。

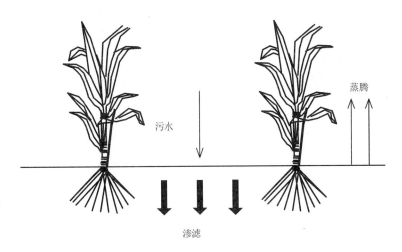

图 3-8　慢速渗滤系统示意图

2. 快速渗滤系统

在具有良好渗滤性能的土表面，如砂土、砾石性砂土等，可以采用快速渗滤系统，如图 3-9 所示。污水分布在土壤表面后，很快下渗到地下，并最终进入地下水层，所以快速渗滤系统能处理较大水量的污水。快速渗滤系统可用于地下水补给和污水再生利用。

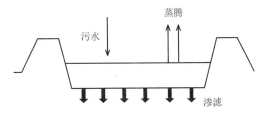

图 3-9　快速渗滤系统示意图

快速渗滤系统的优点是处理水量较大，需要的土地面积少；对颗粒物、有机物的去除效果较好；出水可补给地下水或满足灌溉需要。主要缺点是对土壤的渗透率要求较高，场地条件较严格；对氨氮的去除效果明显，但脱氮作用不强，出水中硝酸盐含量较高，可能引起地下水污染。

3. 地下渗滤系统

地下渗滤系统是将污水投配到距地表一定距离且有良好渗透性的土层中，利用土壤毛细管浸润和渗透作用，使污水向四周扩散，经过沉淀、过滤、吸附和生物降解达到处理要求。地下渗滤系统处理水量较少，停留时间长，水质净化效果比较好，且出水的水量和水质都比较稳定，适于污水的深度处理。

地下渗滤系统的优点和缺点都很明显，优点是布水管网埋于地下，地面不安装喷淋设备或开挖沟渠，对地表景观影响小；污水经过填料的强化过滤，对氮磷的去除率高，出水可进行再利用，经济效果较突出。缺点是受土壤条件的影响较大，土壤质地不佳时要进行改良，增加了建设成本；水力负荷要求严格，土壤处于淹没状态时毛管作用将丧失；布水、集水及处理区都位于地下，工程量较大，成本较其他技术高；对植物的要求高，有些作物种植受到限制。

4. 地表漫流系统

地表漫流系统适用于土质渗透性较差的黏土或亚黏土的地区，地面最佳坡度为2%～8%，如图3-10所示。废水以喷灌法和漫灌（淹灌）法有控制地分布在地面上均匀地漫流，流向坡脚的集水渠，地面上种植牧草或其他作物供微生物栖息并防止土壤流失，尾水收集后可回用或排放水体。

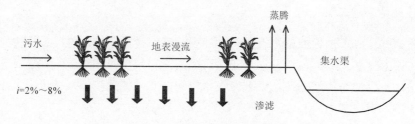

图3-10 地表漫流系统示意图

慢速渗滤系统和快速渗滤系统的成本主要是布水管网或渠道的修建费用。快速渗滤系统出水进行回用时，要安装地下排水管或管井，开挖土方量、人工费、材料费都会有所增加，但回收的水资源水质较好，可用于绿地浇灌或农业灌溉，形成经济效益，弥补了造价上升的损失。一般而言，土地渗滤系统造价为100～200元/m^2。

地下渗滤系统采用地下布水，工程量相对较大。其成本主要是开挖土方、人工、渗滤沟或穿孔管，以及集水管网的费用（秦伟，2013），在绿化要求较高时应种植观赏性强的植物，草皮和花卉种植也需要一定费用，维护的费用较少。

3.1.1.9 各地区技术推广建议

我国农村地区的一些小型村镇大体上来说经济发展落后、当地政府财政收入有限，但是各地的情况存在着差异，技术的好坏不能一概而论。技术本身并不存在好坏，关键在于技术是否适合当地的具体情况，所以最佳的村镇生活污水处理技术应是适应当地需求的因地制宜的技术。

因地制宜指技术本身的特征与当地的特征相匹配。各地的特征因素包括地形条件、气候、宏观经济状况、人口密度、文化水平、水资源状况、土地价格、人工费、电费等；各种技术的特征因素包括建设费、运行费、技术要求、管理难度、占地面积、能耗、处理效果、出水质量等。经济条件不好的地区应该使用相对成本较低的技术，土地面积有限的地区应该使用占地面积较小的技术，电费贵而人工费便宜的地区应该使用省电而费人工的技术。按照这个思路，对全国大范围地区的技术选择提出若干参考建议，如表 3-2 所示。技术推荐只是根据不同区域特点提出的粗略推荐，实际应用时，应结合当地的实际情况，选择适合的技术。

表 3-2　村镇生活污水处理技术参考

地区	气候特点	地形	人均 GDP/元	人口密度/（人/km²）	土地价格	农民平均收入/（元/年）	推荐技术
华北	四季分明，降水偏少	平原	24 575	486.8	高	4 457	成熟的人工系统，如氧化池、SBR 等；有中水回用功能的技术，如 MBR
东北	冬季长达半年，雨量集中于夏季	平原为主，少量山地	15 613	172.1	中	3 392	成熟的人工系统，如氧化池，SBR 等
西北	大陆性荒漠气候	高山与盆地相间分布	10 133	69.8	低	2 235	自然系统为主，如人工湿地、土地渗滤
华东	亚热带湿润性季风气候	平原为主，少量丘陵、盆地	22 909	810.8	高	4 905	有中水回用功能的技术，如 MBR；成熟的人工系统，如氧化池、SBR 等
华中	亚热带季风气候，冬夏季风明显交替，四季分明	多丘陵山地，少部分平原	10 973	389.2	中	3 029	生物膜法；成熟的人工系统，如氧化池、SBR 等
华南	高温多雨的热带-南亚热带气候	以丘陵为主	14 413	311.7	高	3 396	有中水回用功能的工艺，如 MBR；成熟的人工系统和自然系统
西南	亚热带山地高原气候	山地、丘陵、盆地	8 437	168.8	低	2 322	自然系统为主，如人工湿地、土地渗滤

在选择村镇生活污水处理技术时，要符合当地的结构特点，土地、电能、人

工这三种资源，应尽可能多地使用相对丰富的那种技术。按照这种思路选择的污水处理技术可以实现成本的最小化和效用的最大化，从而实现可持续性。

3.1.2　村镇生活污水处理工艺技术模式

　　目前，村镇生活污水的治理存在一个很大的难点——基建投资和运行费用较大，农村经济实力和技术力量很难满足常规城市生活污水处理厂的技术要求等。因此，急需开发高效、低能耗、低成本的污水资源化技术，研发适合我国国情的先进村镇生活污水处理模式，解决村镇生活污水污染问题。村镇生活污水处理模式一般分为集中处理模式和分散处理模式两种。

　　污水集中处理模式属于传统污水处理模式，有相对成熟的技术支撑。这种处理模式又分为小型集中处理模式和大型统一集中处理模式。

　　1. 小型集中处理模式

　　这种模式指居民小区和农村集中居住点所有用户所产生的生活污水集中收集，通过简单的排水管道集中到小型污水处理设施，然后集中处理。该处理模式所采用的处理技术相对成熟，包括目前在国际上已出现的人工复合生态床处理技术、人工湿地技术、土地渗滤技术、蚯蚓生态滤池技术、生物生态组合技术等。小型集中处理模式是生活污水的相对集中处理，需要一定的基建费用和日常维护费用，并不适合分散的单住户区域。

　　2. 大型统一集中处理模式

　　这种模式主要针对城市生活污水处理，采用传统污水处理技术，如 A/O、A^2/O、SBR、CASS、生物接触氧化等。该模式所采用的处理技术成熟而稳定，只要有完善的污水收集管网，就可以采用该模式。因此，这种模式不适合广大的农村和城市郊区。

3.2　北方寒冷缺水型村镇污水处理技术集成

3.2.1　粉煤灰分子筛强化砂生物滤池村镇生活污水处理技术集成

　　针对目前人工湿地、地下渗滤以及生物滤池等生态处理技术存在的填料比表面积小、孔隙率低、吸附性能差、生物相容性弱、氮磷去除率不高等问题，研究团队提出高效多介质功能材料制作新技术，成功研制了 4 种高吸附氨氮性能的新型人工分子筛材料，其采用改进的水热合成法以粉煤廉价原料研制了具有高氨氮吸附性能的新型分子筛，交换容量是天然分子筛的 150 倍，铵离子选择系数为 95%～99%，处理效率提高了 20 倍。可实现对氨氮等污染物的快速吸附，易再生重复使用。

　　本研究以粉煤灰为原料，利用粉煤灰中所含有的硅铝氧化物，运用水热合成法来制作具有较好氨氮吸附能力的沸石分子筛，能实现对污水中氨氮的高效去除，为水处理技术增加新的氨氮吸附材料，拓宽制作沸石分子筛的原料来源，降低制作沸石分子筛的原料成本，如图 3-11 所示。该技术能够实现固体废物的资源化利用，减少粉煤灰对环境的污染，提高粉煤灰这种固体废物的利用附加值及拓展粉煤灰合成沸石分子筛的有效途径（管伟雄，2013）。

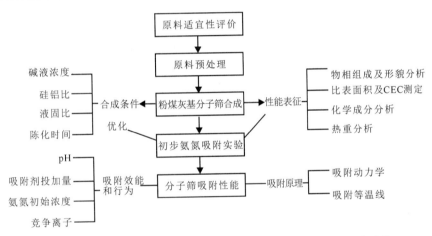

图 3-11　粉煤灰基分子筛的研制与其去除污水中氨氮的研究技术路线

3.2.1.1　利用固体废物制作新型分子筛的原料适宜性评价研究

　　本研究从原料化学组成分析、矿物表征、形态分析、物理特性、热稳定性及原料的固体废物浸出毒性等方面开展了利用固体废物粉煤灰制作新型分子筛的适宜性评价研究。

　　1. 原料的化学组成分析

　　利用飞利浦 PW2404 X 射线荧光光谱仪测定原料的主要元素组成。原料的化学组成和原料的硅铝总含量及硅铝比如表 3-3、表 3-4 所示。

表3-3　粉煤灰原料的化学组成　　　　　　单位：%

	SiO_2	Al_2O_3	Fe_2O_3	MgO	CaO	Na_2O	K_2O	MnO	TiO_2	P_2O_5
临河粉煤灰	48.760	39.230	4.890	0.920	2.750	0.210	0.740	0.046	1.250	0.350
河西粉煤灰	57.450	20.560	7.510	1.140	8.570	1.210	2.050	0.100	0.880	0.092
华能粉煤灰	49.240	19.130	10.000	1.570	15.430	1.570	1.760	0.220	0.840	0.120

表3-4　原料的硅铝总含量及硅铝比　　　　　　单位：%

	硅铝总含量	硅铝比	MgO	CaO
临河粉煤灰	87.990	1.240	0.920	2.750
河西粉煤灰	78.010	2.790	1.140	8.570
华能粉煤灰	78.370	2.570	1.570	15.430

　　研究表明：三种原料中，临河粉煤灰的硅铝总含量最高，但其硅铝成分主要是难分解的莫来石和石英，无定形硅铝含量较低，难以直接用于合成高附加值的沸石分子筛。而河西粉煤灰和华能粉煤灰均有较高的无定形硅铝含量，但华能粉煤灰的石灰含量过高，可能影响沸石相的生成。因此，华能粉煤不适合做合成沸石分子筛的原料，临河粉煤灰和河西粉煤灰均可用于沸石分子筛合成。其中，河西粉煤灰更适合用于合成高附加值的沸石分子筛。

　　2. 原料的矿物表征

　　粉煤灰一般会含有莫来石、石英等成分，其含量过高会降低原料的活性，不利于合成分子筛。本研究利用 D8 advance X 射线衍射光谱仪对原料进行 XRD 表征分析，如图 3-12 所示，临河粉煤灰主要含有莫来石和石英，其中莫来石的衍射峰强度较大。河西粉煤灰主要含有石英和莫来石，其中石英的衍射峰强度较大。华能粉煤灰主要含有石灰。如表 3-5 所示。

表3-5　粉煤灰的主要成分

原料	含有的主要矿物	含有的其他矿物
临河粉煤灰	莫来石、石英	无
河西粉煤灰	石英	莫来石、烧石膏
华能粉煤灰	烧石膏	赤铁矿、二氧化钛

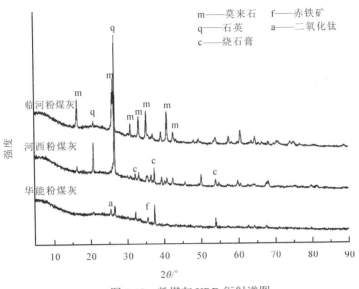

图 3-12　粉煤灰 XRD 衍射谱图

无定形硅铝含量对合成高附加值的沸石分子筛有重要作用，粉煤灰中无定形硅铝含量，如表 3-6 所示。

表 3-6　粉煤灰中无定形硅铝含量　　　　　　　　单位：%

原料	石英含量	莫来石含量	无定形 SiO_2 含量	无定形 Al_2O_3 含量
临河粉煤灰	3.88	30.69	36.23	17.19
河西粉煤灰	11.58	3.78	44.80	17.84
华能粉煤灰	0	0	49.24	19.13

结果表明：粉煤灰中主要含有石英、莫来石等成分。临河粉煤灰具有最高的莫来石含量（30.69%），而河西粉煤灰则含有最高的石英含量（11.58%）。在减去石英和莫来石中包含的硅铝成分后，河西粉煤灰和华能粉煤灰的无定形硅铝总含量较高。

3. 原料形态分析

本研究利用 S4800 冷场发射扫描电子显微镜观察原料的表面，并通过 EDX 分析存在的成分，如图 3-13～图 3-17 所示。

粉煤灰是由未燃烧的有机材料和不同的无机物组成的混合物，主要由圆形中空颗粒组成。球体上及其附近的分散颗粒具有较低铝含量和较高硅含量，说明其主要由无定形相组成。

图 3-14 是在河西粉煤灰中发现的成分，可知其主要成分为 Si 原子和 O 原子

（Au 原子是作 SEM 检测时的涂料），因此推断这个成分是石英。

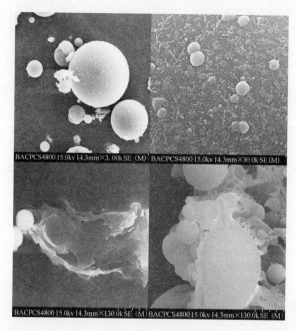

图 3-13　临河粉煤灰电镜扫描图

图 3-14　河西粉煤灰电镜扫描图

图 3-15　华能粉煤灰电镜扫描图

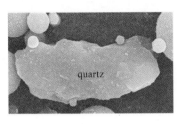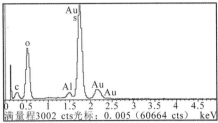

图 3-16　石英电镜扫描图及 EDX 能谱图

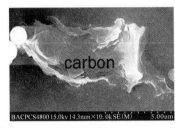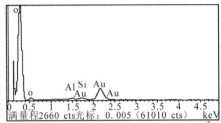

图 3-17　碳的电镜扫描图及 EDX 能谱图

4. 原料物理特性

粉煤灰是一种含有球状物、颗粒、晶体、结块微粒的粉末。本研究利用甲醇做分散剂，通过马尔文 Mastersizer 2000 激光粒度仪分析原料的粒度分布。通过全自动比表面积及孔隙度分析仪，用气体吸附 BET 法测定原料比表面积。如表 3-7、图 3-18 所示。

表 3-7　原料粒径、比表面积及孔容

原料	Perc10 /μm	Perc50 /μm	Perc90 /μm	BETSA /（m²/g）	孔容 /（cc/g）
临河粉煤灰	11.84	83.03	197.31	1.2	0.002
河西粉煤灰	3.60	28.14	142.62	2.3	0.004
华能粉煤灰	1.36	6.19	28.14	1.0	0.002

注：Perc10 表示 10%的颗粒的粒径小于等于该数值，Perc50、Perc 90 以此类推。

由表 3-7、图 3-18 可见，三种原料的平均粒径都很小。其中华能粉煤灰的平均粒径最小，90%的微粒都小于 28.14μm。较小的粒径有利于提高原料的反应活性，但也说明原料的运输、储藏和弃置都要十分小心。粉煤灰的比表面积都很小，基本不超过 3m²/g。另外，三种粉煤灰的比表面积和孔容均十分小，吸附性能十分有限。

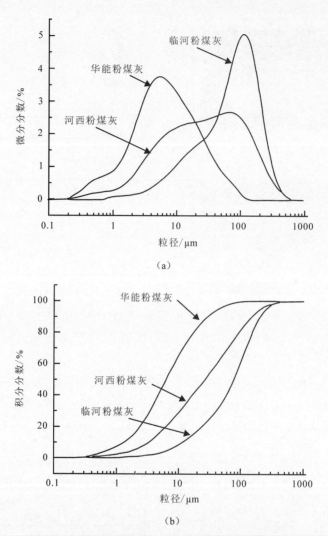

图 3-18 原料的粒径微分分布曲线和积分分布曲线

5. 原料热稳定性

利用塞塔拉姆 Labsys Evo TG-DTA/DSC 对原料进行热重分析。临河粉煤灰的热重分析结果如图 3-19 所示。由其 TG 曲线可见在温度达到 1000℃之前，粉煤灰的质量几乎没有损失，其 DSC 曲线也没有明显的吸热放热峰。对比其各个温度下的 XRD 衍射图，可以发现莫来石峰的衍射强度在 1000℃之前几乎没有变化，但在温度达到 1000℃后，粉煤灰内产生了新的物相峰（一种硅铝化合物），其质量开始下降。

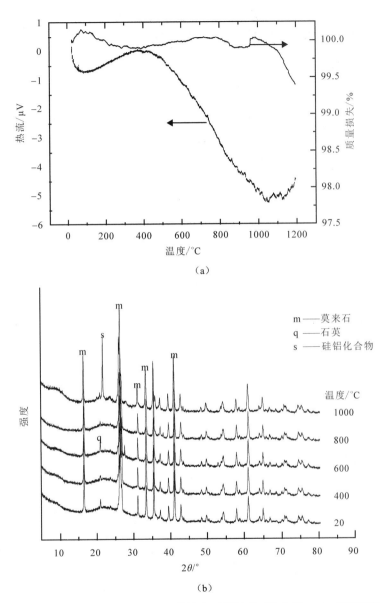

（a）

（b）

图 3-19　临河粉煤灰的 TG-DSC 曲线和不同温度下焙烧的 XRD 衍射图谱

河西粉煤灰的热重分析结果如图 3-20 所示。由其 TG-DSC 曲线可知，河西粉煤灰在温度达到 1000℃之前质量损失极小，在温度达到 400℃时，粉煤灰出现了一个小吸热峰，质量也略有下降。根据其 XRD 衍射图谱，推测此时粉煤灰中的一些微量的成分发生了分解。粉煤灰中的主要成分莫来石和石英在温度达到 1000℃之前都相当稳定，在温度上升到 1000℃之后，其衍射强度也没有太大变化，粉煤灰的质量也只是略有下降。

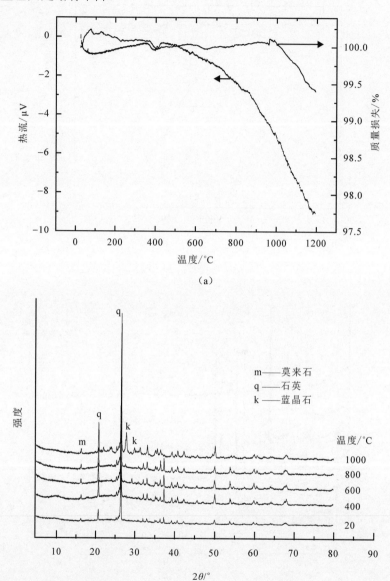

图 3-20 河西粉煤灰的 TG-DSC 曲线和不同温度下焙烧的 XRD 衍射图谱

华能粉煤灰的热重分析结果如图 3-21 所示。由其 TG-DSC 曲线可知，华能粉煤灰在温度达到 1000℃之前质量损失较小，在温度达到 400℃时，粉煤灰出现了一个小吸热峰，质量也略有下降，观察其 XRD 衍射图谱，没有发现明显的成分变化，因此推测质量下降是由于结晶水的损失。在温度上升到 1000℃之后，粉煤灰的成分组成发生了较大变化，粉煤灰的质量也开始降。

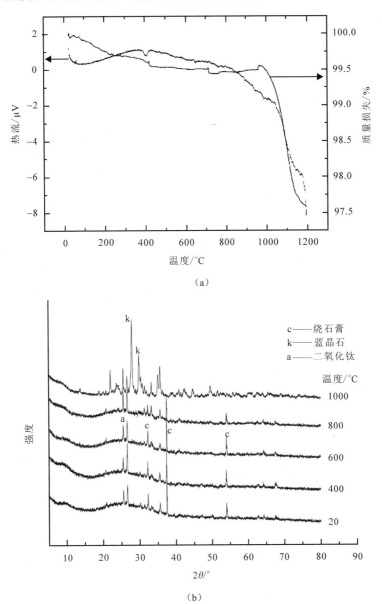

（a）

（b）

图 3-21　华能粉煤灰的 TG-DSC 曲线以及不同温度下焙烧的 XRD 衍射图谱

6. 原料的固体废物浸出毒性分析

用粉煤灰合成沸石分子筛之前，需要确定其是否容易浸出重金属，以评价其
合成分子筛用于深度处理时的安全性。根据国家环境保护标准 HJ557—2010 中的

方法对原料进行固体废物浸出毒性实验，其结果如表 3-8 所示，3 种原料浸出液中的重金属含量均远低于国家限制值。临河粉煤灰浸出液的 As 含量较其他原料稍高但仍远低于国家限制值。

表 3-8　原料的重金属浸出量

重金属浸出量/ （mg/L）	临河粉煤灰浸出量/ （mg/L）	河西粉煤灰浸出量/ （mg/L）	华能粉煤灰浸出量/ （mg/L）	国家标准限值 （GB8978—1996）
Cr	0.01 679	0.21 550	0.23 440	1.5
Ni	0.03 183	0.04 624	0.05 580	1.0
Cu	0.06 828	0.07 236	0.07 859	0.5
Zn	0.44 910	0.47 620	0.49 630	2.0
As	0.01 740	0.00 537	0.00 506	0.5
Cd	0.00 121	0.00 075	0.00 107	0.1
Pb	0.12 900	0.13 110	0.13 240	1.0

通过化学组成分析、矿物组成定性及定量等分析对分子筛合成原料进行适宜性评价研究。结果表明，原料包括无定形相和结晶相，无定形相具有良好的化学活性，反应速度快，适合合成分子筛。结晶相反应速度很慢，是提高分子筛合成反应速度的瓶颈。分子筛合成应选择活性组分高，具有一定硅铝比，粒度小且钙含量少的原料。3 种原料中，临河粉煤灰的硅铝总含量最高，但其硅铝成分主要是难分解的莫来石和石英，无定形硅铝含量较低，难以直接用于合成高附加值的沸石分子筛。而河西粉煤灰和华能粉煤灰均有较高的无定形硅铝含量。但华能粉煤灰的石灰含量过高，可能影响沸石相的生成，因此，华能粉煤灰不适合做合成沸石分子筛的原料，临河粉煤灰和河西粉煤灰均可用于沸石分子筛合成。其中，河西粉煤灰更适合合成高附加值的沸石分子筛。另外，3 种粉煤灰均有较好的热稳定性，粉煤灰中的石英和莫来石在高温下仍有较强的稳定性，可见单纯的高温灼烧很难分解粉煤灰中的石英和莫来石。原料的浸出毒性实验表明，3 种原料浸出液中的重金属含量均低于国家限制值。

3.2.1.2 粉煤灰合成分子筛原料预处理及碱熔预处理对粉煤灰溶解的影响

本研究采用碱熔活化的方法，开展利用粉煤灰合成分子筛碱熔活化预处理研究，进行预处理粉煤灰溶解实验和预处理粉煤灰碱熔实验，探讨原状粉煤灰和经过预处理的粉煤灰中硅铝成分在碱液中的变化规律，分析粉煤灰在碱液中的溶解原理以及碱熔预处理对粉煤灰溶解规律的影响，旨在拓展利用粉煤灰合成沸石分子筛的有效途径，开展利用粉煤灰合成分子筛碱熔活化预处理研究。

1. 碱熔预处理对粉煤灰化学组成的影响

原状粉煤灰经过碱熔预处理后，根据其溶于蒸馏水的难易程度可分为水溶性成分和非水溶性成分。本书标记的预处理粉煤灰为原状粉煤灰经过预处理后的非水溶性成分，其化学组成分析结果如表 3-9 所示。15g 原状粉煤灰与 15g 氢氧化钠固体在马弗炉里煅烧后得到 24g 非水溶性固体。原状粉煤灰和氢氧化钠固体混合后，原料的化学组成的含量不能准确反映各元素的含量变化，碱熔预处理前后粉煤灰固体主要元素的质量变化如表 3-10 所示。由表 3-10 可知原状粉煤灰经过碱熔预处理后，SiO_2 的质量从 7.31g 减少到 4.67g，说明有 36.11% 的 SiO_2 转化为水溶性成分，Al_2O_3 的质量从 5.88g 减少到 4.92g，说明有 16.33% 的 Al_2O_3 转化为水溶性成分。同时，非水溶性成分（即预处理粉煤灰）中增加了 8.79g Na_2O。可见碱熔预处理过程中粉煤灰内有一部分硅铝成分与氢氧化钠发生反应生成了水溶性的盐类，这部分硅铝成分可直接溶于蒸馏水，因此，无须讨论其在碱液中的溶解规律。而另一部分硅铝成分则与氢氧化钠发生反应生成非水溶性的组分，这部分硅铝成分需要在碱液中才能溶解。本研究主要分析预处理后粉煤灰中非水溶性成分在碱液中的溶解规律。

表 3-9　粉煤灰的化学组成　　　　　　　　　　单位：%

	SiO_2	Al_2O_3	Fe_2O_3	MgO	CaO	Na_2O	K_2O	MnO	TiO_2	P_2O_5	烧失量
原状粉煤灰	48.76	39.23	4.89	0.92	2.75	0.21	0.740	0.0460	1.25	0.350	0.81
预处理粉煤灰	19.45	20.51	1.91	0.54	1.30	36.75	0.224	0.0131	0.57	0.122	18.49

表 3-10　粉煤灰预处理前后主要元素的质量变化　　　　单位：g

	SiO_2	Al_2O_3	Fe_2O_3	MgO	CaO	Na_2O	K_2O	MnO	TiO_2	P_2O_5
原状粉煤灰	7.31	5.88	0.73	0.14	0.41	0.03	0.11	0.01	0.19	0.05
预处理粉煤灰	4.67	4.92	0.46	0.13	0.31	8.82	0.05	0.00	0.14	0.03

2. 碱熔预处理对粉煤灰成分组成的影响

原状粉煤灰和预处理粉煤灰的 XRD 图谱如图 3-22 所示，可以看出原状粉煤灰中的主要成分为莫来石和石英，其中石英峰强度较小，而莫来石峰强度很高，可以推断原状粉煤灰中莫来石为最主要成分。莫来石和石英很难在粉煤灰合成沸石的过程中被利用。在预处理粉煤灰中，莫来石和石英的峰强度都明显减弱，石英峰几乎消失，并出现了很强的羟方钠石峰。该过程中可能发生的化学反应如下：

$$SiO_2(石英) + NaOH \xrightarrow{600℃} NaSiO_3$$

$$3Al_2O_3 \cdot 2SiO_2(莫来石) + 10NaOH \xrightarrow{600℃} 2Na_2SiO_3 + 6NaAlO_2 + 5H_2O$$

$$Na_2SiO_3 + NaAlO_2 + NaOH \xrightarrow{600℃} 羟方钠石$$

可以推断经过碱熔预处理后，粉煤灰中的莫来石和石英被分解成了无定形的硅铝相，部分无定形相在氢氧化钠的作用下生成难溶于水的羟方钠石。

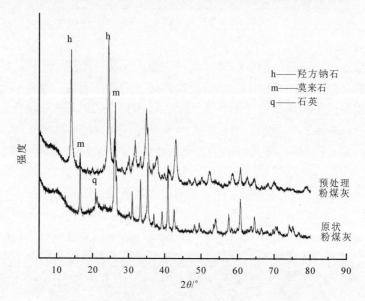

图 3-22　原状粉煤灰和预处理粉煤灰的 XRD 衍射图

80℃条件下原状粉煤灰和预处理粉煤灰在 1mol/L 氢氧化钠溶液中溶解，溶解过程中铝离子浓度和硅离子浓度沿时间轴的变化曲线如图 3-23 所示。随着粉煤灰的溶解，溶解速率逐渐降低，直到达到平衡浓度 [铝离子的平衡浓度用 C_{Al}（eq）表示，硅离子的平衡浓度用 C_{Si}（eq）表示]。溶液中硅离子和铝离子的溶解平衡浓度以及参数 M（Al）和 M（Si）如表 3-11 所示。M（Al）和 M（Si）分别表示含有 1mg 铝和 1mg 硅的粉煤灰质量，可计算得到。

由图 3-23 和表 3-11 可以看出，原状粉煤灰中的硅离子和铝离子均在 200min 附近达到溶解平衡，硅离子的平衡浓度达到了 158.40mg/L，铝离子的平衡浓度却只有 15.45mg/L。而预处理粉煤灰中的硅离子和铝离子均在 50min 附近就达到平衡，硅离子的平衡浓度达到了 106.50mg/L，铝离子的平衡浓度达到了 44.55mg/L。原状粉煤灰中硅铝成分主要有无定形相、莫来石相（$3Al_2O_3 \cdot 2SiO_2$）和石英相（SiO_2）。其中无定形相比较容易溶解于氢氧化钠溶液中，而莫来石相和石英相则很难溶解。当粉煤灰经碱熔预处理后，莫来石和石英的峰强度明显减弱，而且在预处理粉煤灰的衍射图中产生了羟方钠石峰。可见，大部分莫来石和石英转化为羟方钠石。因为羟方钠石比较容易溶解于氢氧化钠溶液，因此预处理粉煤灰中硅离子和铝离子达到平衡的时间较原状粉煤灰要短很多。由于莫来石中铝含量很高，而莫来石又很难溶解，所以原状粉煤灰中铝离子溶解量很低，而预处理粉煤灰由于莫来石被转化为易溶解的羟方钠石，铝离子的溶解量得以大幅提高。因此，粉煤灰经过碱熔预处理后硅铝离子达到平衡浓度的时间大幅缩短，铝离子的平衡浓度大幅提高。

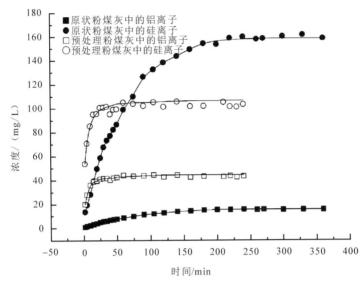

图 3-23　粉煤灰溶解过程中的铝离子浓度和硅离子浓度随时间的变化曲线

表 3-11　溶液中硅离子和铝离子的溶解平衡浓度以及参数 M（Al）和 M（Si）

	M（Al）/mg	M（Si）/mg	C_{Al}（eq）/（mg/L）	C_{Si}（eq）/（mg/L）
原状粉煤灰	4.39	4.81	15.45	158.40
预处理粉煤灰	9.21	11.02	44.55	106.50

3. 碱熔预处理对粉煤灰在碱液中溶解速率（dC/dt）的影响

粉煤灰溶解过程中铝离子溶解速率和硅离子溶解速率随时间的变化曲线如图 3-24 所示。原状粉煤灰溶解过程中，硅离子溶解速率和铝离子溶解速率均在刚开始的时候有微小的上升，硅离子溶解速率在 30min 左右达到最高点 2.2mg/（L·min），铝离子溶解速率在 24min 左右达到最高点 0.24mg/（L·min），接着两者均一直下降，在 200 min 左右接近 0，达到溶解平衡。而预处理粉煤灰溶解过程中，硅离子溶解速率和铝离子溶解速率分别从最高点 5.5mg/（L·min）和 2.5mg/（L·min）一直快速下降，50min 左右就接近 0，达到溶解平衡。可见，经过碱熔处理后，粉煤灰的溶解速率及其变化率都大幅提高，而较高的硅铝溶解速率能使粉煤灰在之后的沸石成核和结晶阶段具有较快的反应速率。这说明碱熔预处理能提高粉煤灰的反应活性，缩短合成沸石分子筛的反应时间。

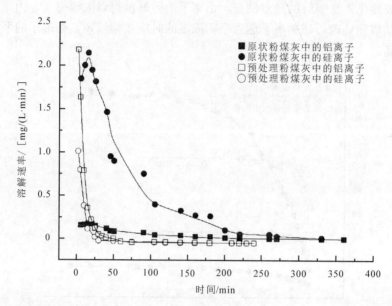

图 3-24 粉煤灰溶解过程中铝离子溶解速率和硅离子溶解速率随时间的变化曲线

4. 动力学分析

粉煤灰的溶解动力学利用方程拟合如表 3-12、图 3-25 所示。本实验中 m_G^0 为 2500mg/L，$m_G(L) = C_{Al}M(Al)$ 或 $C_{Si}M(Si)$。参数 $M(Al)$ 和 $M(Si)$ 为 Noyes-Whitney 方程拟合计算出来的各参数，由 R^2 可以看出该方程对粉煤灰在碱液中溶解动力学拟合的线性相关性很高。拟合参数 $K_p\alpha$ 的绝对值越大，表明其溶解速率越高。由此可见，原状粉煤灰和预处理粉煤灰中的硅铝成分在碱液中的溶解规律都可以用 Noyes-Whitney 方程来描述，预处理粉煤灰硅铝成分的溶解速率要高于原状粉煤灰。

表 3-12　Noyes-Whitney 方程拟合参数

粉煤灰	Noyes-Whitney 方程	
	$K_p\alpha$	R^2
原状粉煤灰 C_{Al}	−3.255	0.988 89
原状粉煤灰 C_{Si}	−3.449	0.993 72
预处理粉煤灰 C_{Al}	−4.250	0.981 92
预处理粉煤灰 C_{Si}	−4.200	0.979 98

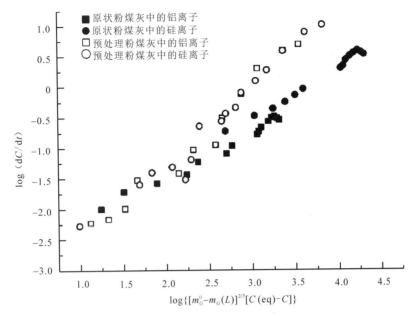

图例：
- ■ 原状粉煤灰中的铝离子
- ● 原状粉煤灰中的硅离子
- □ 预处理粉煤灰中的铝离子
- ○ 预处理粉煤灰中的硅离子

图 3-25　原状粉煤灰和预处理粉煤灰的 Noyes-Whitney 方程拟合图

5. 碱剂投加量优化研究

由原料适宜性评价结果可知，临河和河西粉煤灰均含有一定量的莫来石和石英成分，虽然河西粉煤灰的无定形硅铝含量也不少，但是要想用于合成具有较高纯度的 X 型沸石分子筛等高附加值沸石分子筛，河西粉煤灰和临河粉煤灰都需要进行预处理。由热重分析可知，对粉煤灰中的莫来石和石英进行单纯的高温灼烧很难使其分解，而采用碱熔活化的方法，可以有效地活化粉煤灰中的硅铝成分。不过若加入过多的碱剂，会大幅提高合成沸石分子筛的成本。因此，需要对加入碱剂的量进行优化。

临河粉煤灰碱熔活化时氢氧化钠与原料质量比为 0.1、0.2、0.25、0.3、0.4、0.5、0.6、0.7、0.8、0.9、1.0、1.1、1.2 时的 XRD 衍射图谱如图 3-26 所示。由图 3-26 可知，随着氢氧化钠和粉煤灰质量比的增加，莫来石的衍射峰强度越来越小，同时在质量比达到 0.4 时有羟方钠石峰出现，其峰强度随着质量比的增加而增大。另外，在质量比为 0.8 和 0.9 时，出现了一些 X 型沸石峰，可见在这个质量比条件下，在碱熔活化粉煤灰的同时，还能合成少量 X 型沸石分子筛。不过，在这个质量比条件下，莫来石的峰强度比质量比为 0.7 时仍然高很多。考虑生产实际情况，为了降低合成成本，氢氧化钠与原料质量比最好不要太高。对于临河粉煤灰的碱熔活化，氢氧化钠与原料质量比定为 0.7 较理想。

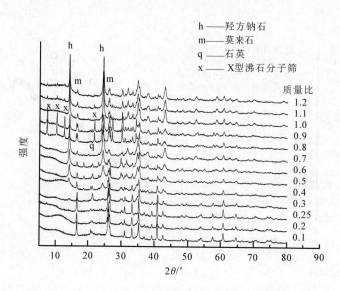

图 3-26 碱熔活化时氢氧化钠与原料不同质量比对临河粉煤灰结构的影响

河西粉煤灰碱熔活化时氢氧化钠与原料质量比为 0.1、0.2、0.3、0.35、0.4、0.5、0.6、0.7、0.8、0.9、1.0、1.1、1.2 时的 XRD 衍射图谱如图 3-27 所示。随着氢氧化钠投加量的增加，石英和莫来石的衍射峰强度越来越小。在质量比为 1.1 时，莫来石和石英的衍射峰强度明显比原状粉煤灰小很多。但质量比达到 0.6 时，石英峰强度并没有大幅度减小。考虑经济性，对于河西粉煤灰，氢氧化钠与原料质量比定为 0.6 较理想。

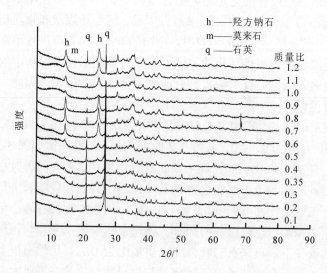

图 3-27 碱熔活化时氢氧化钠与原料不同质量比对河西粉煤灰结构的影响

6. 小结

研究结果表明：①粉煤灰中主要含有莫来石、石英等难溶解于热碱液的晶相。碱熔预处理使粉煤灰中的大部分莫来石和石英转化为羟方钠石，可缩短硅铝离子浓度达到平衡的时间，提高铝离子的平衡浓度，大幅提升粉煤灰中硅铝成分的溶解速度，这说明碱熔预处理能提高粉煤灰的反应活性，缩短合成沸石分子筛的反应时间。②粉煤灰在碱液中的溶解规律能用 Noyes-Whitney 方程描述，并有较高的相关性，可为研究用粉煤灰合成沸石分子筛提供指导作用。③对碱熔预处理中碱剂的投加量进行优化研究，结果表明，对于临河粉煤灰，当氢氧化钠与原料质量比大于 0.7 时，石英和莫来石的衍射峰强度并没有大幅减弱，考虑经济性，0.7 是一个较理想的质量比，对于河西粉煤灰，质量比达到 0.6 以上时，石英和莫来石的衍射峰强度并没有大幅减弱，考虑经济性，0.6 是一个较理想的质量比。

3.2.1.3　粉煤灰基沸石分子筛合成方法

在利用粉煤灰合成的沸石分子筛中，X 型沸石分子筛因其良好的吸附性能而具有较高的附加值。本研究旨在利用粉煤灰合成 X 型沸石分子筛，因此先对原料粉煤灰进行碱熔，并在反应的原料中加入化工原料合成的 13X 沸石分子筛作为晶种，目的是加快 X 型沸石分子筛的成核，抑制其他成分的生成。

利用河西粉煤灰作为原料，通过添加九水硅酸钠调节原料硅铝比，选取不同种的碱液浓度和液固比进行合成沸石分子筛的研究。研究原料的硅铝比、所用碱液的浓度、液固比、陈化时间对 X 型沸石分子筛合成的影响以及合成产物对氨氮的吸附效果。

1. 碱液浓度对粉煤灰合成沸石分子筛的影响

沸石分子筛的合成过程中，NaOH 浓度是一个重要因素，在不同浓度的碱液环境下，原料中的硅铝成分的溶解度不尽相同。X 分子筛一般容易在碱液浓度为 1～2mol/L 的溶液中生成。本实验采用的碱液浓度为 0.25～2.5mol/L。研究不同碱液浓度条件下对粉煤灰合成沸石分子筛的影响。

1）不同碱液浓度条件下粉煤灰合成分子筛 XRD 分析

粉煤灰在不同碱液浓度条件下产物的 XRD 图如图 3-28 所示。从图中可知，在低硅铝比条件下，沸石分子筛的衍射峰强度很低，在碱液浓度达到 0.75mol/L 或 1.25 mol/L 时出现了较强的 X 沸石分子筛的衍射峰，说明在这个浓度下，形成的沸石分子筛含量较高。而当碱浓度达到 2mol/L 或 2.5mol/L 时，沸石相的衍射峰强度又有明显的减弱。可见 0.75mol/L 和 1.25mol/L 是较适宜的碱液浓度。另外，在碱浓度达到 2mol/L 或 2.5mol/L 时，合成产物中都出现了较强羟方钠石峰，说明在这个碱液浓度下，较利于羟方钠石结晶。

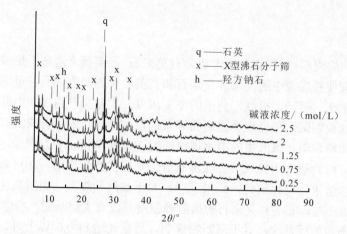

图 3-28　不同碱液浓度条件下合成的粉煤灰分子筛的 XRD 图

2）不同碱液浓度条件下粉煤灰合成分子筛氨氮吸附实验结果

不同碱液浓度条件下合成产物的氨氮去除率如图 3-29 所示，在碱液浓度较低时，其氨氮去除率也不高。当碱液浓度提高到 0.75mol/L 或 1.25mol/L 时，其氨氮去除率有了大幅提高。但随着碱液浓度的升高，达到 2mol/L 或 2.5mol/L 时，合成产物对氨氮的去除率又大幅下降。粉煤灰在碱液浓度为 0.75mol/L 或 1.25mol/L 条件下所合成的产物氨氮吸附效果较理想，其对氨氮的去除率可达到 40%，在碱液浓度为 0.75mol/L 时去除氨氮效果最好。分析合成产物对氨氮的吸附效率与碱液浓度的关系，确定合成沸石分子筛的最佳碱液浓度为 0.75mol/L，实验中选取 0.75mol/L 这个碱浓度进行后续合成实验。另外，观察到合成产物的吸附效率与之前的 XRD 分析基本一致，分析在碱液浓度上升的情况下，吸附效率的降低是由于生成部分羟方钠石，导致 X 型沸石分子筛的相对含量降低。由于本实验的粉煤灰在合成之前经过碱熔预处理，所以其所需的最适宜碱液浓度比一般文献报道的略低。

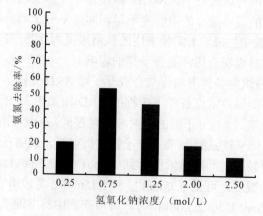

图 3-29　不同碱液浓度条件下粉煤灰分子筛对氨氮的吸附效率

2. 硅铝比对粉煤灰合成沸石分子筛的影响

原料的硅铝比对粉煤灰合成沸石分子筛也起着重要作用，但是产物的硅铝比与反应物的硅铝比无明确的定量关系。以下实验就是通过添加不同量的九水硅酸钠作为硅源，研究不同硅铝比条件下对粉煤灰合成分子筛的影响。

1) 不同硅铝比条件下粉煤灰合成分子筛 XRD 分析

不同硅铝比条件下合成产物的 XRD 图如图 3-30 所示。一般情况下，不同原料硅铝比条件下会合成出不同的分子筛类型，但实验发现不同硅铝比合成的沸石相主要还是 X 型沸石分子筛，并没有其他沸石相的生成。本实验为合成具有较好氨氮吸附效果的 X 型沸石分子筛，在原料中添加占粉煤灰质量 1% 的 13X 型分子筛作为晶种，而晶种在反应中起导向作用，阻止其他沸石相的生成。硅铝比对合成产物种类并没有显著影响，而硅铝比为 2.8 时，生成的 X 型沸石分子筛的衍射峰强度较高。

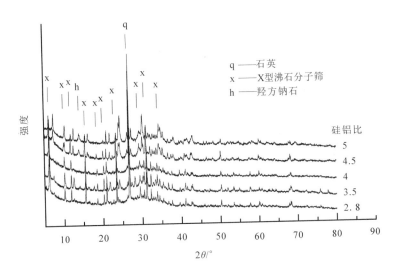

图 3-30　不同硅铝比条件下合成的粉煤灰分子筛的 XRD 图

2) 不同硅铝比条件下粉煤灰合成分子筛氨氮吸附实验结果

各硅铝比条件下所合成的粉煤灰分子筛的氨氮吸附效果如图 3-31 所示。随着硅铝比的升高，其合成产物的氨氮去除率逐步降低，在硅铝比为 2.8 时，合成产物对氨氮的吸附效果最好。这说明在硅铝比为 2.8 的条件下所合成的 X 型沸石分子筛含量较高。同时，粉煤灰的原始硅铝比即为 2.8，说明不需要在实验过程中添加额外硅源。

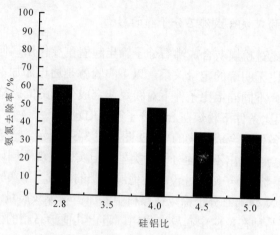

图 3-31　不同硅铝比条件下粉煤灰分子筛对氨氮的吸附效率

3. 液固比对粉煤灰合成沸石分子筛的影响

液固比也是沸石分子筛合成过程中的重要因素。以下实验就是通过加入不同量的 NaOH 溶液，研究不同液固比条件下对粉煤灰合成分子筛的影响。

不同液固比条件下所合成产物的 XRD 图如图 3-32 所示。由 XRD 图可以看出，不同液固比条件下，合成产物类型没有较大变化。如图 3-33 所示，合成产物的氨氮去除率在液固比为 6mL/g 时最低，在液固比为 12mL/g、15mL/g、20mL/g时均有不错的去除率，在液固比为 9mL/g 时的氨氮去除率最高。因此，后续实验将液固比设为 9mL/g。

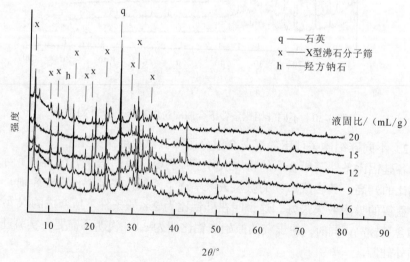

图 3-32　不同液固比条件下合成的粉煤灰分子筛的 XRD 图

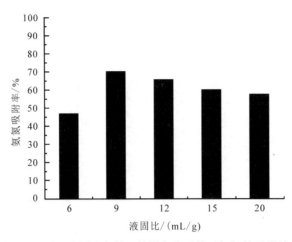

图 3-33　不同液固比条件下粉煤灰分子筛对氨氮的吸附效率

4. 陈化时间对粉煤灰合成沸石分子筛的影响

陈化过程影响凝胶的形成。陈化过程能提高沸石分子筛成核速度，对晶型的成核起到重要的作用。所以适宜的陈化时间对沸石分子筛的合成很重要。合成 X 型沸石分子筛的陈化温度一般为 90℃。以下实验研究陈化时间对粉煤灰合成沸石分子筛的影响。

不同陈化时间条件下合成的粉煤灰分子筛的 XRD 图如图 3-34 所示。从图中可以发现，本实验中陈化时间对合成产物的晶相类型影响不大。而不同陈化时间条件下合成的粉煤灰分子筛氨氮吸附效率如图 3-35 所示，可以看出陈化时间对合成产物的氨氮去除率也无明显影响，陈化时间为 0.5h 时，氨氮去除率要略好于其他。陈化时间对合成结果影响不大，可能是由于本实验所用粉煤灰先经过碱熔预处理再用于分子筛合成，因此原料中的硅铝成分已经充分活化，所需陈化时间短。

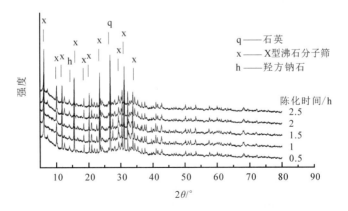

图 3-34　不同陈化时间条件下合成的粉煤灰分子筛的 XRD 图

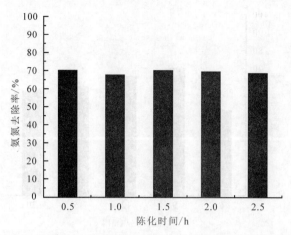

图 3-35　不同陈化时间条件下粉煤灰分子筛对氨氮的吸附效率

5. 不同晶化时间粉煤灰分子筛的 XRD 及 SEM 分析

不同晶化时间粉煤灰分子筛的 XRD 图和 SEM 图如图 3-36、图 3-37 所示。由 XRD 图可见，X 型沸石分子筛的衍射峰强度逐渐增强。由 SEM 图可见，随着晶化过程的进行，在粉煤灰内逐渐出现了 X 型沸石分子筛的截面八面体晶体。

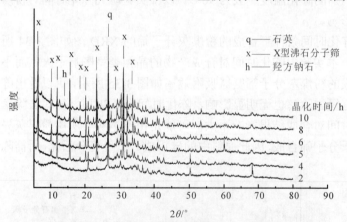

图 3-36　不同晶化时间合成的粉煤灰分子筛的 XRD 图

（2h）

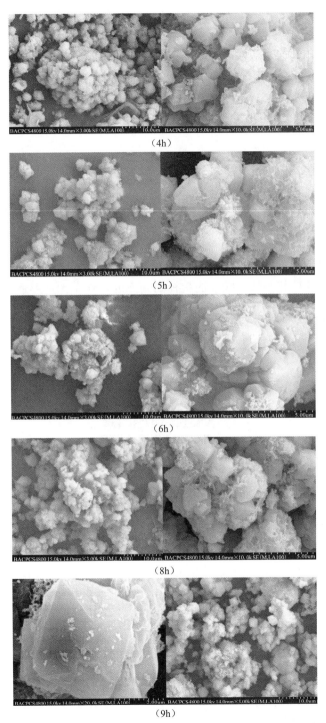

（4h）

（5h）

（6h）

（8h）

（9h）

图 3-37　不同晶化时间粉煤灰分子筛的 SEM 图

6. 小结

本实验选用河西粉煤灰合成 X 型沸石分子筛，通过研究不同物料配比及合成条件对所合成分子筛的影响，结合合成产物对氨氮的吸附效果，得到经过碱熔预处理后的河西粉煤灰合成 X 型沸石分子筛的适宜物料配比和合成条件：NaOH 溶液浓度 0.75mol/L，硅铝比 2.8，液固比 9mL/g，陈化时间 0.5h，晶化温度 90℃，晶化时间 10h。

3.2.1.4 粉煤灰合成分子筛表征分析

粉煤灰合成分子筛采用 XRD、SEM、XRF、TG 和 BET 等手段进行表征。

1. 粉煤灰合成分子筛形貌分析

合成分子筛的扫描电镜图片如图 3-38 所示，在不同倍数下都可以看到大量表面呈条状交错的球状晶体。颗粒的粒径约为 2μm，伴有无定形杂质。

图 3-38　不同倍数下的粉煤灰合成分子筛扫描电镜图片

2. 粉煤灰合成分子筛物相分析

粉煤灰合成分子筛的 XRD 图如图 3-39 所示。XRD 衍射图谱出现的峰显示合成产物有 Na-P1 沸石、莫来石、石英和钙十字沸石。Na-P1 沸石的衍射峰很强烈，这表明 Na-P1 沸石是这种合成沸石的主要产物，在氨氮的去除上应该是起主要作用。通过半成分分析能得到该合成产物各物质的含量为：Na-P1 沸石 71.9%，莫来石 17.8%，石英 9.9%，钙十字沸石 0.4%。

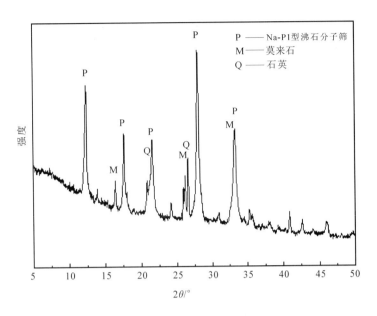

图 3-39 粉煤灰合成分子筛 XRD 图

3. 粉煤灰合成分子筛比表面积分析

比表面积可以在一定程度上反映其吸附能力。粉煤灰合成分子筛 BET 法测定的比表面积为 22.6m²/g，总孔容为 0.053mL/g。沸石分子筛的孔径结构能够提供大面积活性位点，这可以使离子进入或者吸附在表面，所以分子筛在吸附有害离子尤其是 NH_4^+ 方面有很大的潜力。P 型分子筛有效孔径为 0.35nm，稍微大于水合氨根离子的直径，且能阻挡大粒径的其他离子的进入，所以这种粉煤灰合成分子筛在氨氮的吸附性能上有很好的选择吸附性。

4. 粉煤灰合成分子筛化学组成分析

粉煤灰合成分子筛的各主要组成元素含量：SiO_2 37.68%，Al_2O_3 27.81%，CaO 4.66%，Na_2O 7.68%，K_2O 0.57%，MgO 0.60%，Fe_2O_3 3.09%。粉煤灰合成分子筛的主要组成元素是 Si、Al、Na、Ca。通过钙元素所占的比例可以估计这是一种经过钙交换过的分子筛，合成时添加了钙源。

5. 粉煤灰合成分子筛热重分析

粉煤灰合成分子筛热重图如图 3-40 所示，从图 3-40（图中纵坐标 TG 为样品质量变化量）中可以看出，在 150℃前，分子筛有一个明显的脱水过程，是去除分子筛中的结合水。超过 300℃后，分子筛相对稳定。

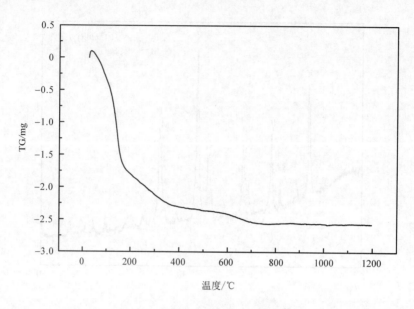

图 3-40   粉煤灰合成分子筛热重图

3.2.1.5 粉煤灰合成分子筛对氨氮的吸附效能

在实验室中配制一定浓度的氨氮溶液,分别取 200mL 氨氮溶液于一系列 250mL 具塞锥形瓶中,在每个瓶中加入不同质量的粉煤灰合成分子筛,于 25℃恒温振荡箱中振荡反应一定时间,达到吸附平衡后取上层清液用 0.45μm 的滤膜过滤,使用分光光度计测定溶液吸光度,得到氨氮浓度,计算吸附剂对氨氮的去除率和吸附容量。

配制浓度为 50mg/L 的氨氮溶液,分别取 200mL 氨氮溶液于 8 个 250mL 具塞锥形瓶中,调 pH 为 3、4、5、6、7、8、9、10,每个瓶中加入一定质量的粉煤灰合成分子筛,于恒温振荡箱中振荡反应 24h,达到吸附平衡后取样,测定溶液氨氮浓度,计算吸附剂对氨氮的吸附容量,得到 pH 影响吸附效果的结果。

$$氨氮去除率 = \frac{(C_0 - C_e)}{C_0} \times 100\%$$

$$q_t = \frac{(C_0 - C_t)V}{W}$$

$$q_e = \frac{(C_0 - C_e)V}{W}$$

式中,q_t 和 q_e 为氨氮交换容量(mg/L);C_0、C_t 和 C_e 分别是初始浓度、一定时间浓度和平衡浓度(mg/L);V 是溶液体积(L);W 是分子筛质量(g)。

1. 反应时间对粉煤灰合成分子筛吸附氨氮的影响

配制浓度为 50mg/L 的氨氮溶液 500mL，在其中投加 2.5g 合成分子筛，于恒温振荡箱中振荡反应，确定吸附铵离子达到平衡的时间。平衡实验的采样时间间隔 0.5~150min。在 298K 条件下不同反应时间氨氮的吸附效果如图 3-41 所示，氨氮的去除速度在吸附开始的前 10min 很快，几乎达到吸附平衡，之后去除率逐渐平稳。氨氮的去除率呈现此态势原因如下：开始时，所有的吸附点位都是空的，并且溶液的浓度梯度高，之后氨氮的去除速度明显下降是由于吸附点位的减少。Zhang 等所合成的分子筛的氨氮去除速率在 10~15min 内很快，之后达到吸附平衡（Zhang et al.，2011）。从数据中可以看出，吸附时间为 30min 的去除率和 150min 的去除率没有明显差距。基于上述结果，在后续实验中采用 30min 的振荡时间。

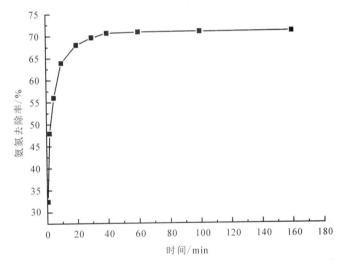

图 3-41　不同反应时间粉煤灰合成分子筛吸附氨氮效率

2. pH 对粉煤灰合成分子筛吸附氨氮的影响

在分子筛与 NH_4^+ 交换时，pH 是一个重要影响因素。pH 会影响 NH_4^+ 和分子筛的特征。实验中的 pH 范围是 2~10。pH 用浓度为 0.2mol/L 的 HCl 和 NaOH 溶液调节。在 200mL 浓度为 50mg/L 的氨氮溶液中投加 1g 分子筛进行实验。实验结果如图 3-42 所示。从图中可以看出，pH 对氨氮的去除有很明显的影响。随着 pH 的升高，氨氮的去除率也在缓慢升高，在 pH 为 6 时达到最大，然后从 pH 为 7 时开始下降。当 pH 小于 6 时，氨氮的去除率低可能是以下两个因素造成：①在较低的 pH 时，NH_4^+ 要和 H^+ 竞争吸附点位，所以去除率低；②在较低的 pH 下，可能有部分分子筛晶体变性溶解在溶液中。在 pH 高于 7 时，离子态的 NH_4^+ 逐渐转变为非离子态的 NH_3，不利于分子筛的吸附。在碱性条件下，分子筛可能会部分溶解导致吸附效果变差（丁仕琼等，2010）。实验结果中的最优 pH 是 6，接近原始溶液的 pH，所以在后续实验中 pH 不需要调节。

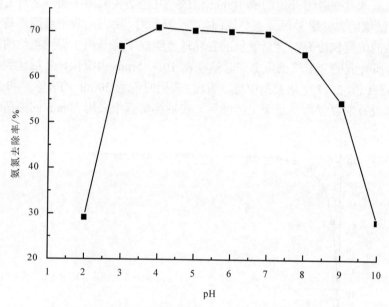

图 3-42　不同 pH 对粉煤灰合成分子筛吸附氨氮效率的影响

3. 投加量对粉煤灰合成分子筛吸附氨氮的影响

为了确定最佳投加量，需要研究氨氮吸附能力和去除率之间的关系进行不同分子筛投加量的实验。在一系列 200mL 浓度为 50mg/L 的氨氮溶液中分别加入不同质量的粉煤灰合成分子筛，分子筛的投加量范围为 0.5～15g/L，如图 3-43 和图 3-44 所示。从中可以看出，随着投加量的增加，氨氮的去除率从 21.52% 增加到 94.24%。在投加量达到 3.0g/L 时出现拐点，这是由多因素造成的。首先，比表面积和离子交换点位随着投加量的增加而增加，所以去除率也增长迅速。其次，随着投加量的增加，高固液比也使得粒子团聚、沉淀，所以在 3.0g/L 时出现拐点。可以看到，氨氮吸附容量随着投加量的增加而降低。吸附容量的降低是由两个因素造成的：①随着分子筛投加量的增加，单位质量的氨氮浓度梯度降低；②粒子间的相互作用，例如团聚，使得分子筛的总表面积降低（Zhang et al.，2011）。

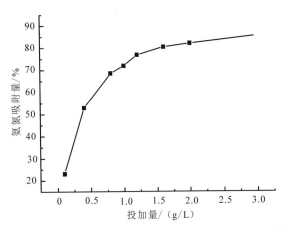

图 3-43　不同粉煤灰合成分子筛投加量条件下对氨氮的吸附效率

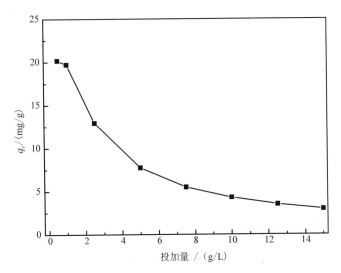

图 3-44　不同粉煤灰合成分子筛投加量条件下对氨氮的吸附容量

4. 初始浓度对粉煤灰合成分子筛吸附氨氮的影响

为了研究氨氮初始浓度对氨氮吸附效果的影响，配制浓度范围为 5～100mg/L 的氨氮溶液进行实验。在 298K 条件下，投加量为 1g，实验结果如图 3-45 所示，氨氮浓度对氨氮的吸附效率有很明显的影响。这是由于高氨氮浓度会导致高浓度梯度，能够为 NH_4^+ 取代分子筛框架上的离子提供足够的推动力。当浓度增加时，氨氮的去除率降低明显，这是由于吸附点位数量有限，达到吸附饱和。随着初始氨氮浓度从 5mg/L 增加到 100mg/L，氨氮的去除率也从 77.5%降低到 59.7%。

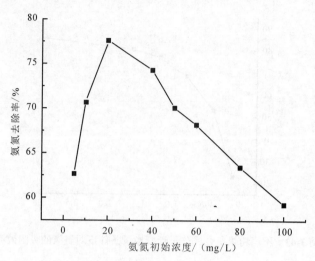

图 3-45　氨氮初始浓度对粉煤灰合成分子筛氨氮去除效率的影响

5. 共存离子对粉煤灰合成分子筛吸附氨氮的影响

本研究采用相同浓度的阳离子（Na^+、K^+、Ca^{2+}、Mg^{2+}）溶液，投加量为 1g，初始氨氮浓度为 50mg/L，实验结果如图 3-46 所示。可以看出每一种离子的存在都能降低氨氮的去除率。NH_4^+ 的吸附是分子筛离子交换的结果，当溶液中存在其他阳离子时，离子之间的吸附点位的竞争使氨氮的吸附容量降低。在相同阳离子浓度的条件下，离子对氨氮吸附容量的影响大小顺序如下：$K^+>Ca^{2+}>Na^+>Mg^{2+}$。这表明合成分子筛对离子的选择吸附顺序为 $K^+>Ca^{2+}>Na^+>Mg^{2+}$。另有研究表明，沸石对不同离子的选择性吸附有不同的结果，这是因为不同的分子筛有不同的组成和结构，也呈现出不同的离子交换性能。

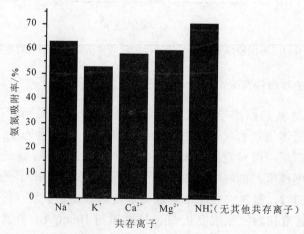

图 3-46　不同共存离子对粉煤灰合成分子筛吸附氨氮的影响

6. 粉煤灰合成分子筛的氨氮吸附等温线

粉煤灰合成分子筛的氨氮吸附 Langmuir 曲线（Langmuir，1918）如图 3-47 所示，详细的参数如表 3-13 所示。实验数据符合 Langmuir 模型，线性相关系数为 0.9644。由 Langmuir 吸附等温线得到最大吸附容量 16.36mg/g，Langmuir 吸附能量系数 k 为 0.2164。可得参数 R_L 介于 0 和 1 之间，如图 3-48 所示，这表明适合吸附 NH_4^+。此外，R_L 值证明了合成分子筛是一种很有吸附氨氮潜力的吸附剂。相对而言，实验中所采用的这种粉煤灰合成分子筛具有较高的氨氮吸附能力。

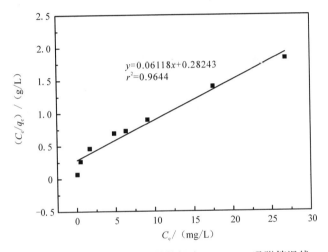

图 3-47　粉煤灰合成分子筛的拟合 Langmuir 吸附等温线

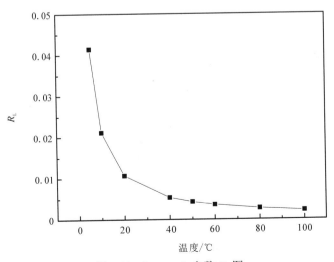

图 3-48　Langmuir 参数 R_L 图

表3-13　合成分子筛的氨氮吸附等温常数

吸附等温方程	公式	参数	r^2
Langmuir	$C_e/q_e =0.282\,34+0.061\,118\,C_e$	k（L/mg）：0.216 4；q_{max}（mg/g）：16.36	0.964 4
Freundlich	$\log q_e =0.502\,34+0.481\,4\log C_e$	K_f（mg/g）：3.179；（$1/n$）：0.481 4	0.986 3

Freundlich 模型如下：

$$\log q_e = \log K_f + \frac{1}{n}\log C_e$$

K_f 是 Freundlich 常数，衡量吸附剂的吸附容量，$1/n$ 是异质性因素，与吸附强度和表面异质性相关的常熟。高值 K_f 表明对 NH_4^+ 的高吸引力，经验常数 $1/n$ 为 $0.1\sim1$，表明为有利的吸附条件。Freundlich 常数由图中曲线的斜率和截距确定，如图 3-49 所示。线性相关系数是 0.9836，说明实验数据符合 Freundlich 模型。$1/n$ 的值小于 1（0.4814，298K），说明为有利的吸附条件。本实验中 K_f 值为 3.179，表明此种分子筛对 NH_4^+ 的高亲和力。

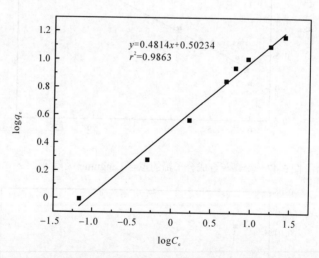

图3-49　粉煤灰合成分子筛的拟合 Freundlich 吸附等温线

通过 SEM 和 XRD 图可以看出粉煤灰合成分子筛大部分为表面有条状结构的球体形状，Na-P1 分子筛是其主要成分。通过研究投加量、pH、振荡时间、初始氨氮浓度和竞争离子这些影响因素对氨氮去除效果的影响，发现这种分子筛的吸附效率很好，并具有较高的氨氮吸附容量，最大吸附容量为 16.36mg/L。实验数据都符合 Langmuir 模型和 Freundlich 模型。通过比较粉煤灰合成分子筛与一系列的沸石以及化学合成分子筛的氨氮吸附能力，发现粉煤灰合成分子筛在氨氮吸附方面有很大的优势，具有吸附氨氮污染物的应用潜力，可以作为低耗高效吸附氨氮的制剂。

3.2.1.6 粉煤灰分子筛强化砂生物滤池生活污水净化技术

目前人工湿地、地下渗滤以及生物滤池等生态处理技术存在填料比表面积小、孔隙率低、吸附性能差、生物相容性弱、氮磷去除率不高等问题，出水不能达到回用标准。为了解决这些问题，满足不同类型村镇生活污水处理需求，本研究在进行大量实验室实验的基础上，研发了粉煤灰分子筛强化砂生物滤池生活污水处理技术。

本书中研发的粉煤灰分子筛强化砂生物滤池生活污水回用处理技术，核心是"粉煤灰分子筛强化砂生物滤池"，滤料采用功能化粉煤灰分子筛 CS/MCM-41-A 与黄砂，粉煤灰分子筛是一种新型的材料，对水中污染物有较好的吸附去除效果，能有效吸附水中氨氮，可以在较短时间内高效去除水中的污染物质，能提高生活污水污染物去除效率。

根据生活污水特点以及粉煤灰分子筛砂生物滤池在微污染水源的处理效果，采用粉煤灰分子筛强化砂生物滤池技术对污水进行处理，模拟污水由不同浓度的邻苯二酸氢钾、氯化铵、硝酸钾配制而成，考察该技术对 COD、氨氮及 TN 的去除效果，同时考察添加粉煤灰分子筛对渗透率的影响。

砂生物滤池滤料由粉煤灰分子筛、黄砂、鹅卵石三层组成，实验室实验粉煤灰分子筛与黄砂滤料的添加比例为 1:5，鹅卵石与黄砂滤料的添加比例为 1:2。小试实验装置如图 3-50 所示，主要实验装置为生物滤池，滤柱直径为 7cm，高度为 150cm;其中上层粉煤灰分子筛的高度为 5cm，下层黄砂滤料的高度为 25cm，粒径为 0.75mm，鹅卵石滤料的高度为 12.5cm。实验期间生物滤池的流速为 7.5~8m/h，滤后水由水箱收集。

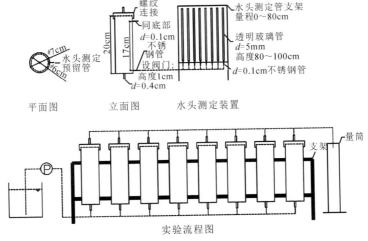

图 3-50 "粉煤灰分子筛强化砂生物滤池"实验装置设计图

1.所有直径标注均表示外径，孔壁厚度根据实际情况确定；2.水头测定装置需定制两套，所有水头测定管高度、刻度一致；3.具体制作过程可根据实际经验作局部调整

1. "粉煤灰分子筛强化砂生物滤池"对 COD 的去除效果

"粉煤灰分子筛强化砂生物滤池"对 COD 的去除效果如图 3-51 所示。"复合分子筛+砂生物滤池"对生活污水中有机物的高效去除主要是依靠复合分子筛的高效吸附性能、砂粒的物理截留作用和砂粒表面形成的生物膜的接触絮凝、生物氧化作用，模拟污水经该装置处理后，COD 由 359.4mg/L 降到 10.4mg/L，去除率达到 97.08%，高于普通砂生物滤池 COD 去除率（80.2%）。可见集中式"复合分子筛强化砂生物滤池"污水处理技术对废水中有机物的去除效果非常好，出水能达到《城镇污水处理厂污染物排放标准》一级标准的 A 标准。

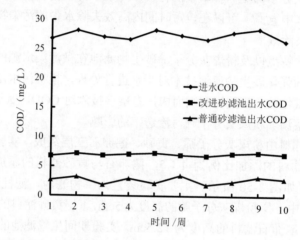

图 3-51 "粉煤灰分子筛强化砂生物滤池"对 COD 的去除效果

2. "粉煤灰分子筛强化砂生物滤池"对氨氮的去除效果

如图 3-52 所示，实验运行期间，废水进水氨氮含量的平均值为 27.1mg/L，经系统处理后，"粉煤灰分子筛强化砂生物滤池"出水氨氮含量平均值为 2.01mg/L，达到《城镇污水处理厂污染物排放标准》一级标准的 A 标准。"粉煤灰分子筛强化砂生物滤池"对氨氮的平均去除率为 91.02%，而未添加粉煤灰分子筛的滤池对氨氮去除效果较差，平均去除率为 75.5%。滤池对氨氮的去除主要得益于粉煤灰分子筛的高效作用，粉煤灰分子筛具有结晶度高，孔道高度有序排列，孔壁坚实，孔径均一适中，通过扫描电镜、透射电镜、比表面积测定等手段分析测试确定壳聚糖的最佳包覆量为质量分数比 10%等特点，能高效的吸附生活污水中的氨氮。

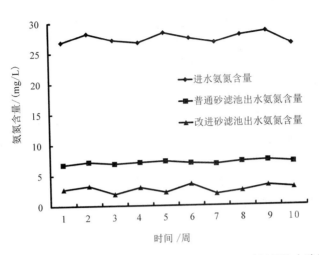

图 3-52　"粉煤灰分子筛强化砂生物滤池"对氨氮的去除效果

3. "粉煤灰分子筛强化砂生物滤池"对 TN 的去除效果

如图 3-53 所示，实验运行期间，废水进水 TN 含量的平均值为 32.32mg/L，经系统处理后，"粉煤灰分子筛强化砂生物滤池"出水 TN 含量平均值为 6.01mg/L，达到《城镇污水处理厂污染物排放标准》一级标准的 A 标准。从对 TN 的去除率来看，"粉煤灰分子筛强化砂生物滤池"对 TN 的平均去除率达到 79.16%，而普通砂生物滤池对 TN 的平均去除率为 58.16%。

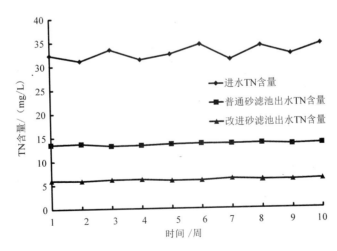

图 3-53　"粉煤灰分子筛强化砂生物滤池"对 TN 的去除效果

4. "粉煤灰分子筛强化砂生物滤池"对渗透性的影响

本实验研究粉煤灰分子筛对砂生物滤池渗透性的影响，根据达西公式，渗透性可写为 $K=(QL)/(Fh)$，其中，K 为渗透系数，Q 为单位时间渗流量，F 为过水断面，h 为总水头损失，L 为渗流路径长度。通过达西实验柱分别测定"粉煤灰分子筛强化砂生物滤池"和普通砂滤池的渗透性，如图 3-54 所示。实验运行期间，"粉煤灰分子筛强化砂生物滤池"的渗透系数由 200mm/d 下降到 108mm/d，而未添加粉煤灰分子筛的普通滤池的渗透性由 160mm/d 下降到 54mm/d，呈现持续下降趋势。主要是因为添加粉煤灰分子筛有助于降低负荷，防止微生物过快繁殖，减缓低温环境生物膜老化脱落，反应介质渗透性维持稳定，能够有效地防止堵塞。

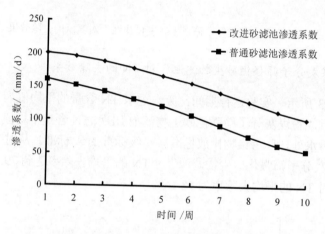

图 3-54　粉煤灰分子筛对渗透系数的影响

3.2.2　高效能微曝气生物膜强化 AO 村镇生活污水处理关键技术集成

针对我国北方村镇生活污水分散、增长快、排放不均匀等特点，研究团队在实验室的模拟环境条件下，首先对微曝气生物膜反应器处理生活污水情况进行实验研究，从而确定曝气生物膜反应器处理村镇生活污水的最佳技术条件，为实际的示范工程提供运行参数及理论依据，深入研究微曝气的净化原理研究，找出微曝气生物膜反应器高效处理村镇生活污水的原因。其中反应器采用微曝气装置进行曝气，反应器内填料采用级软性填料碳素纤维。最后研究团队进行微曝气生物膜反应器强化 AO 村镇生活污水处理技术研究。

3.2.2.1 不同填料生物膜反应器污染物去除效果

选取不同填料种类，进行平行实验，考察不同填料生物膜反应器对污染物质的去除效果，同时通过电镜扫描考察不同种类填料上生物膜长势，生物膜与微生物相互黏结情况。

本实验设置 4 组平行实验，选用 4 种填料进行生物膜反应器处理村镇生活污水的研究，通过对 COD、氨氮等指标的检测以及扫描电镜观察，检验对污染物质的去除情况和微生物的生长附着情况，选出适用于村镇生活污水处理的填料，实验装置如图 3-55 所示。

（a）实物图

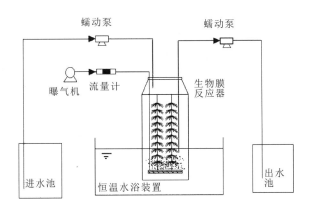

（b）结构图

图 3-55 序批式膜生物反应器

选择有代表性的 4 种填料作为研究对象，确定不同填料的基本性质。4 种填料分别为立体网状填料（1#）、海绵填料（2#）、组合填料（3#）和碳素纤维填料（4#），研究不同填料的生物膜反应器对污水处理过程中 DO、pH、COD、氮素等的影响。

1. DO 与 pH 变化分析

反应过程中 DO 和 pH 的变化如图 3-56 所示。3#、4#反应器内 DO、pH 波动较小，与 1#、2#反应器相比更加稳定。其中，1#反应器第 3h 时 DO 浓度骤减，抗冲击能力很差，可见立体网状填料不适合使用。

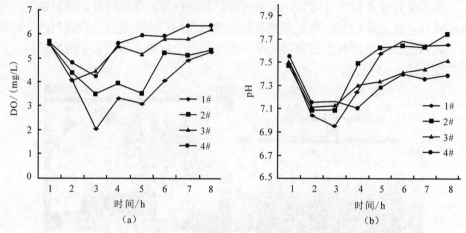

图 3-56   反应过程中 pH 和 DO 变化曲线

2. COD 变化分析

采用碳素纤维填料的 4#反应器对 COD 去除效果最好，水力停留时间仅为 5h；采用组合填料的 3#反应器所需水力停留时间为 6h；而使用立体网状填料和海绵填料的 1#、2#反应器在第 8h 也不能将 COD 消化完全，效果最差。如图 3-57 所示。

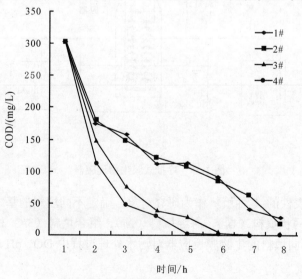

图 3-57   反应过程中 COD 变化曲线

3. 氮素变化分析

比较处理过程中氮素的脱除过程，3#、4#反应器脱氮过程比较稳定，波动较小，氨氮、总氮去除效率远高于 1#、2#反应器。特别是 2#反应器氨氮、总氮去除曲线在最后 1h 都有上升趋势，可见其脱氮性能不稳定，不适宜使用。如图 3-58 所示。

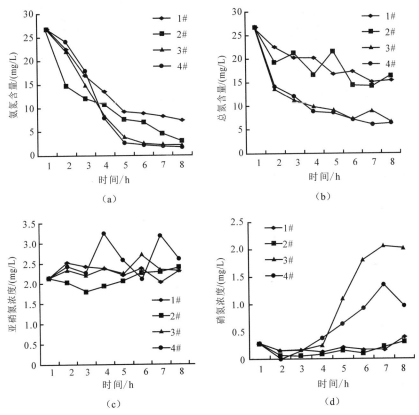

图 3-58　反应过程中氨氮、总氮、亚硝氮和硝氮变化曲线

4. 微生物附着情况分析

分析 4 种填料微生物附着情况，如图 3-59 所示，4 种填料表面微生物量有不同幅度的变化，组合填料和碳素纤维填料表面固定的微生物量都很大，而立体网状填料和海绵填料表面的微生物量增幅相对较小，比较 4 种载体固定微生物后的电镜扫描照片，可以看到碳素纤维填料和组合填料表面生物膜长势较好，局部微环境体系复杂，每根填料纤维上微生物膜厚实、密集，可由外及里形成

好氧、兼性厌氧和厌氧多个反应区，更有利于氮素的脱除。相较之下，立体网状填料和海绵填料表面上的生物膜仍可看到空洞部位，而且细胞表面的黏性物质比较少。

1#　　　　　　2#　　　　　　3#　　　　　　4#

图 3-59　4 种填料电镜扫描 SEM 照片

采用这 4 种填料的生物膜反应器生物膜长势优劣情况为：碳素纤维填料>组合填料>海绵填料>立体网状填料。综上所述，由 COD、氨氮、TN 的变化曲线，可以看出填料上厚实、密集的生物膜可以高速、有效的吸附污水中的污染物质。针对村镇生活污水有机污染物浓度高、排放不均匀的特性，缓冲进水的高负荷，其中碳素纤维填料最优，组合填料次之，海绵填料及立体网状填料抗冲击能力差。由 DO、pH、亚硝氮、硝氮的变化曲线，可以看出碳素纤维填料及组合填料在受到负荷冲击后，很快重新稳定进行反应。其污水处理率高，说明填料上微生物活性高，适应村镇生活污水量高速增长的情况。

3.2.2.2 微曝气生物膜反应器处理村镇生活污水的技术

如图 3-60 所示，为了更好地考察微曝气生物膜反应器处理村镇生活污水过程中污染物质的变化情况，本研究在实验室内开展小型批示实验，调整不同的填料布设密度和布设方式，考察填料设计对微生物膜厚度、活性的影响，解析填料布设密度与污染物去除的相关性，通过实验研究确定最佳的填料布设密度、布设方式及运行方式(旋转速度、频率)。在已知基本设计参数和填料布设密度的前提下，调整水力负荷和水力停留时间，对水质指标、水力负荷和水力停留时间进行分析，得出各类污染物去除效果最好的设计参数。通过数据分析微曝气生物膜反应器高效能处理生活污水的内在原理。

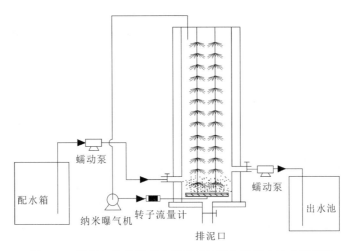

图 3-60 微曝气生物膜反应器处理村镇生活污水技术流程图

1. 水力停留时间（HRT）的确定

本研究建立在曝气的条件下，选择 8h、12h、14h 三个水力停留时间，针对污水内难降解有机物的转化过程进行分析测试，通过紫外吸收光谱反映出水结构复杂程度及稳定性等指标，考察水力停留时间对生物膜反应器工作效能的影响。水力停留时间对生物膜反应器效能的影响如表 3-14 所示。

表 3-14 水力停留时间对生物膜反应器效能的影响

测量参数	$SUVA_{254}$	E_{253}/E_{203}	$SUVA_{254}$	$A_{226\sim400}$
原水	0.1360	0.2798	0.1244	15.9276
8h	0.0968	0.2346	0.0843	11.7352
12h	0.0734	0.1926	0.0684	8.4539
14h	0.0701	0.1802	0.0623	8.1230

从表 3-14 中可以看出，反应器选择不同的水力停留时间，其出水水质有所差异。以 HRT=14h 为最好，反应器出水有机物芳香度低、分子量较小，稳定性低，易于进一步分解；而 HRT=8h 时出水芳香度高，腐殖化程度相对严重，可进一步分解的不稳定成分较少。水力停留时间为 14h 与 12h 的反应器出水差别较小，可知 HRT=12h 时，污水有机物结构已经分解得较为简单，难于进一步分解。可以推断，随着反应时间的延长，污水可降解性能越来越好，但超过 12h 后，曝气对污水性能的提高作用渐小。根据选取的 3 个不同水力停留时间分析污水于反应器内的变化过程，选取最佳水力停留时间为 12h。

2. 填料数量的影响

填料数量是影响生物反应器的重要因素，选择合适的密度进行填料布设可以大大提高反应器的工作效能。填料是微生物生长所需的载体，微生物附着在填料表面，不断地繁衍、增殖，在此过程中吸收转化反应器内污染物质，作为生长所需原料。观察反应器内污水紫外光谱 COD、DOC 的变化趋势，以确定填料最佳布设数量。

结果表明，在不同填料数目的条件下，反应器处理效能各有不同。如表 3-15 所示，使用两根填料的反应器出水 $SUVA_{254}$、E_{253}/E_{203}、$SUVA_{280}$、$A_{226\sim400}$ 分别降低 46.04%、31.17%、44.98%和 46.92%，紫外吸收光谱各指标较低，可知其腐殖化程度较低，芳香族化合物较少，污水稳定性不高，更易于下一步降解；相反，使用 6 根填料的反应器出水 $SUVA_{254}$、E_{253}/E_{203}、$SUVA_{280}$、$A_{226\sim400}$ 分别降低 23.76%、14.37%、25.64%和 20.62%，紫外吸收光谱的各指标较高，水质较差，苯环结构较多，有机物分子较为复杂，相对来说比两根填料的反应器出水更难分解。

表 3-15　填料数量对生物膜反应器效能的影响

测量参数	$SUVA_{254}$	E_{253}/E_{203}	$SUVA_{280}$	$A_{226\sim400}$
原水	0.1360	0.2798	0.1244	15.9276
2	0.0734	0.1926	0.0684	8.4539
4	0.0655	0.1762	0.0593	7.8658
8	0.1037	0.2596	0.0924	12.6437

填料数量为 2 根与 4 根的反应器出水差别较小，使用 4 根填料的反应器出水指标比使用 2 根填料的反应器低，但总体差别不大，故而从经济角度分析，30L 反应器应选择 2 根填料，但若对出水要求较高，可选择在反应器内布设 4 根填料。

3. 有机负荷的确定

不同的有机负荷也是生物膜反应器运行工作的一个重要影响因素，在反应过程的初期，进水有机负荷浓度尤为重要。污水进入反应器内部的瞬间，改变生物膜上微生物生长环境，对其产生强烈的冲击作用，伴随着进水导致突然升高的有机物浓度，微生物开始了"发生—死亡（脱落）—发生"过程。测定反应器内出水紫外光谱变化趋势，以确定最佳有机负荷。

如表 3-16 所示，有机负荷 COD 为 300mg/L，其处理效果最好，出水 $SUVA_{254}$、E_{253}/E_{203}、$SUVA_{280}$、$A_{226\sim400}$ 分别降低 47.76%、32.17%、45.12%和 47.58%；有机负荷 COD 为 800mg/L，处理效果较差，其出水 $SUVA_{254}$、E_{253}/E_{203}、$SUVA_{280}$、

$A_{226\sim400}$ 分别降低 16.83%、28.06%、15.45% 和 19.62%。可以看出，有机负荷过高会影响反应器对污水 DOM 的处理效果，在生物法处理污水的过程中，需要污水中的有机物提供碳源，不同浓度有机负荷对生物膜反应器处理污水的速率、效果影响较大，选择进水有机负荷需从多种角度考虑。有机负荷 300mg/L 与 500mg/L 时，反应器处理效果相差不大，但从经济方面考虑，有机负荷选择 500mg/L 更为合理。

表 3-16　有机负荷对生物膜反应器效能的影响

COD/（mg/L）	类别	SUVA$_{254}$	E_{253}/E_{203}	SUVA$_{280}$	$A_{226\sim400}$
300	进水	0.5739	0.1924	0.5031	9.6775
	出水	0.3776	0.1605	0.3573	7.5731
500	进水	0.9067	0.2798	0.8293	15.9276
	出水	0.4893	0.1926	0.4563	8.4539
800	进水	1.0786	0.3435	1.0211	21.5364
	出水	0.8971	0.2471	0.8633	17.3116

有机负荷 COD 选取 500mg/L 左右较为适合，过高的 COD 浓度会大量消耗水中溶解氧，影响反应器内微环境的平衡，过低的 COD 浓度又不利于反应器的经济性，故而最终选取 COD 为 500mg/L。

3.2.2.3　微曝气生物膜反应器处理污水过程中 DOM 变化规律

研究微曝气生物膜反应器处理过程中污水 DOM 的变化，微曝气对污水的作用与普通曝气有所不同，不是对污染物质的去除，而是对污水生化性能的提高，主要通过荧光光谱、紫外吸收光谱对水质进行详细分析。

构建两套反应装置，使用两种生物膜反应器，普特生物膜反应器-电磁式空压机（海利 ACO-009D）为 1# 反应器，微曝气机（B&W-37）的生物膜反应器为 2# 反应器，通过同步荧光光谱技术、三维荧光分析技术、紫外可见光谱分析等手段揭示微曝气生物膜反应器处理污水过程中 DOM 变化规律。

（1）对不同曝气方式的生物膜反应器处理污水过程 COD、DOC 变化规律进行分析。

如图 3-61 所示，1# 反应器内的 DOC 由初始值 78.62mg/L 降低至 17.35mg/L，2# 反应器内的 DOC 由初始值 76.15mg/L 变化为 83.83mg/L，两个反应器内 DOC 变化趋势完全相反，2# 反应器内 DOC 浓度不断波动，最后升高了 10.1%。可以推测在曝气强烈搅动的情况下，原水在反应器内翻滚流动，DOC 浓度变化较为复杂。分析可知，2# 反应器内 COD 呈下降趋势，DOC 反而有所升高，可以推断有颗粒型有机物（POM）氧化降解为溶解性有机物（DOM），增加了 DOC 的含量。

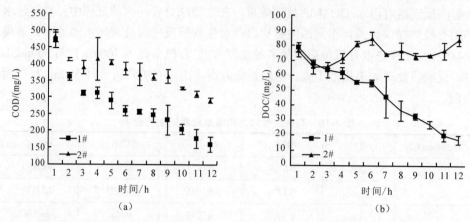

图 3-61　不同曝气方式的生物膜反应器处理污水过程中 COD 及 DOC 变化曲线

（2）利用同步荧光光谱技术分析污水处理各阶段同步荧光强度，揭示两种生物膜反应器水处理过程中水溶性有机质的结构和组分变化规律。

如图 3-62 所示，两种曝气方式处理污水 DOM 同步扫描荧光光谱特征峰位置差别不大（基本类似）。于 274nm 波长附近，图谱出现非常强的特征峰，表征溶解性有机质中含有极强的类蛋白峰；另外，在 320nm 波长附近也形成一个中等强度的特征峰，比较靠近腐殖酸的特征峰（330～340nm），此峰值表征分子量较大，结构较为复杂的有机物。

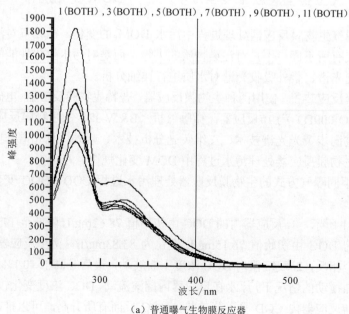

（a）普通曝气生物膜反应器

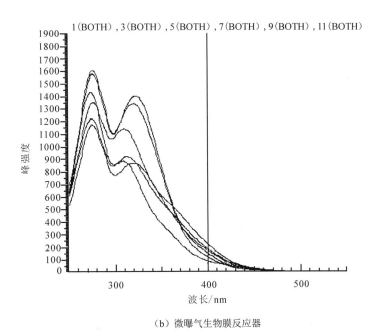

（b）微曝气生物膜反应器

图 3-62　各个阶段 DOM 同步荧光光谱荧光峰变化

生物膜反应器普通曝气条件下,污水处理各阶段同步荧光强度如图 3-63（a）所示。随着反应的推进,污水 DOM 中分子量较小、结构简单的类蛋白峰呈现降低的趋势，至反应结束降低 50.26%。相比之下，类腐殖酸峰的荧光强度增长 18.64%，这可能是由于 DOM 成分中存在着结构较简单的、增强分子荧光强度的取代基—OH,—NH_2 等,随着反应的推进,这些取代基被相对复杂的、能使荧光强度减弱的取代基—COOH,—C=O 等所代替,使分子结构复杂化,荧光强度降低。或者小分子 DOM 中不饱和结构的多聚化增大，致使荧光强度降低。

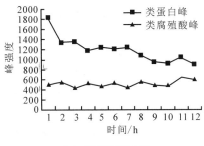

（a）普通曝气条件下

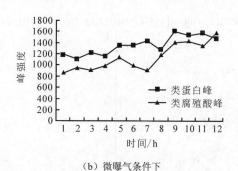

（b）微曝气条件下

图 3-63　各个阶段 DOM 同步荧光光谱荧光峰强度变化

同时，污水中类蛋白质荧光特征峰的位置发生了微量红移，由初期的 271.6nm 移至 274nm，这种红移现象可以解释为氨基酸分子共轭效应增加，分子缩合度增加。

生物膜反应器微曝气条件下，处理各阶段同步荧光如图 3-63（b）所示，虽然各阶段污水中类蛋白峰及类腐殖酸峰的荧光强度变化方向相反，但总体上均呈现增高趋势。至反应结束，类蛋白峰荧光强度上升幅度较小，共升高 25.79%，类腐殖酸峰的荧光强度显著增加，共升高 82%，变化幅度远大于普通曝气下的类腐殖酸变化，说明污水内部芳香结构和不饱和共轭双键的含量较高，芳香烃化合物含量较多。

同步荧光光谱显示，在类蛋白质区及类腐殖酸区附近分别出现明显的特征峰，且类蛋白质特征峰高于类腐殖酸特征峰，代表类蛋白质多于类腐殖酸物质。普通曝气条件下，DOM 中小分子量成分减少，芳构化程度增强。类蛋白质去除效果较好，表明微生物对简单有机物有较高的降解速率，而对溶解态腐殖质作用不大，难降解有机质出现累积。微曝气条件下，类蛋白质及类腐殖质两种 DOM 组分同时升高，表明微曝气条件可以提高处理污水中 DOM 的含量，提升污水的可生化性能。

（3）利用三维荧光光谱深入分析揭示两种生物膜反应器水处理过程中水溶性有机质的结构和组分变化规律。

研究表明，在反应过程中共出现 4 个峰（Peak T、Peak S、Peak C 和 Peak A），如图 3-64 和图 3-65 所示。Peak T，Peak S，Peak C 和 Peak A 最大荧光峰的位置所对应的激发波长、发射波长依次为 Ex=275nm、Em=340nm，Ex=225nm、Em=340nm，Ex=325nm、Em=400nm 和 Ex=280nm、Em=410nm。Ex 为 270~280nm、Em 为 320~350nm 范围内的荧光峰为高激发波长类色氨酸；Ex 为 220~230nm、Em 为 320~350nm 围内的荧光峰为低激发波长类色氨酸。因此，Peak T 和 Peak S 均为微生物降解简单有机物而产生的类蛋白荧光峰，与微生物降解腐殖质所产生的氨基酸残基有关。

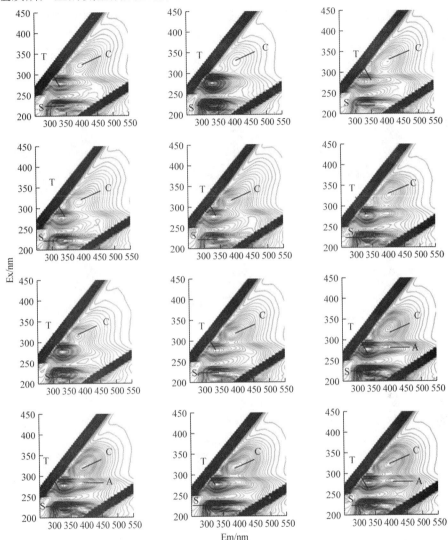

图 3-64　普通曝气过程中不同反应时间 DOM 三维荧光分析

Ex 为 310～360nm、Em 为 370～440nm 范围内的荧光峰为紫外区类富里酸，Peak A 在反应后期谱图中偶尔会出现，所以 Peak A 表示分子量较低、荧光效率较高的有机物；Peak C 和 Peak A 表征的类富里酸荧光可能与腐殖质结构中的羰基和羧基有关。

普通曝气生物膜反应器内经过生物处理后其特征荧光基团位置和荧光强度均有所改变，如图 3-65 所示。从三维荧光图谱上可知，其中为 Peak T 和 Peak S 分别在高、低激发波长色氨酸区形成两个宽阔的肩峰带（shoulder peaks），且荧光强度较高。随着反应时间的延长，上述两条荧光峰依然存在，但强度明显减弱，而 Peak C 有小幅度的增长。荧光光谱特性表明普通曝气生物膜反应器处理污水过程中，对类蛋白有机物的去除作用显著，而难以去除类富里酸物质。处理后出水的有机物都是较难降解的大分子有机物，可生化处理性能差。

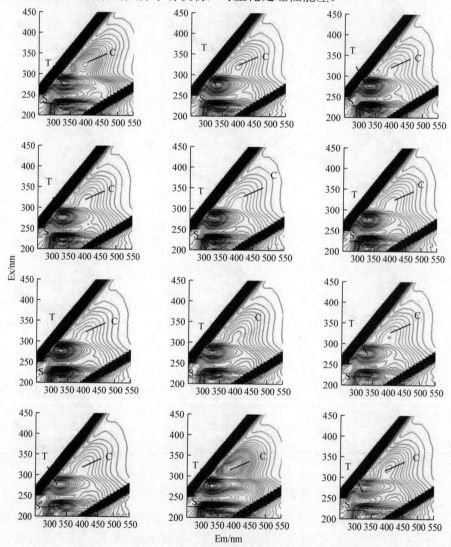

图 3-65 微曝气过程中不同反应时间 DOM 三维荧光分析

微曝气生物膜反应器内，随着反应时间的增加，Peak T、Peak S 和 Peak C 荧光强度和复杂化程度均有不同程度的增加，直至反应结束，荧光强度达到最大，分别增加 20.5%、46.86%、82.72%，如图 3-66 所示。类蛋白荧光强度不断增长，这说明在污水生物处理过程中，微生物的生物降解作用将高分子有机物分解为简单的有机物质。而富里酸荧光强度不断升高，说明微曝气过程中颗粒型有机物大量分解，生成可溶性大分子有机物，提高污水的可生化性，究其原因，微曝气过程中产生大量的羟基自由基，具有强氧化性，颗粒型有机物被氧化分解，生成可溶性大分子有机物。

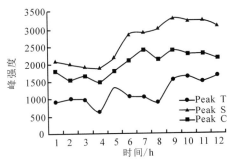

图 3-66 各个阶段 DOM 三维荧光荧光峰强度变化

（4）利用紫外吸收光谱深入分析揭示两种生物膜反应器水处理过程中 DOM （$SUVA_{280}$，$SUVA_{254}$，E_{253}/E_{203} 和 $A_{226\sim400}$）变化规律。

利用紫外吸收光谱能够对水体中 DOM 结构有更充分的了解，本研究采用紫外吸收光谱法对两种生物膜反应器水处理过程中 DOM 的 $SUVA_{280}$，$SUVA_{254}$，E_{253}/E_{203} 和 $A_{226\sim400}$ 特征进行逐一分析，如图 3-67～图 3-69 所示。

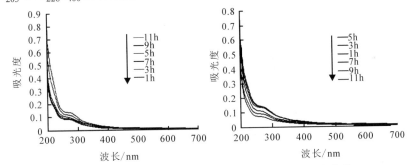

图 3-67 反应过程中不同反应时间 DOM 紫外吸收曲线

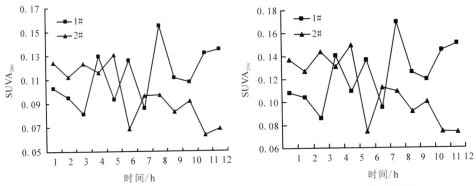

图 3-68 反应过程中不同反应时间 DOM 的 SUVA280、SUVA254 变化

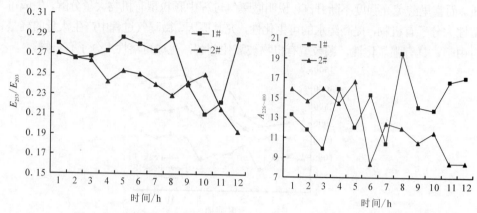

图 3-69　反应过程中不同反应时间 DOM 的 E_{253}/E_{203}、$A_{226\sim400}$ 变化

根据紫外吸收光谱结果，$SUVA_{280}$、$SUVA_{254}$、$A_{226\sim400}$、E_{253}/E_{203} 变化表明微曝气生物膜反应器出水中溶解性有机物的分子量不断减小，芳香度不断减弱，苯环化合物不断降低，芳环上官能团类型较多，羰基、羧基、羟基、酯类含量较高。普通曝气生物膜反应器出水各项指标呈相反变化，随着反应时间的推进，易降解物质不断被消耗。

如图 3-70 所示，两种不同曝气方式的生物膜反应器内填料表面微生物种类繁多，在丝状菌的凝聚作用下凝结成菌胶团。比较可知，在普通曝气条件下，填料纤维束上微生物结构紧密，可以看见明显的丝状菌及黏性物质，菌胶团规则、光滑、数量较多，结构相对完整。在微曝气条件下，微生物种类更加复杂，但菌胶团数目较少，微生物凝聚成菌块结构。经过对比分析，微曝气条件下填料表面微生物数目繁多，但结构较为松散，这可能是由于微曝气机产生气泡的过程中，伴随着强烈的冲击，虽然在实验过程中采取缓冲措施，但其对填料上生物膜还有很强的影响。

　　　　普通曝气　　　　　　　　　　微曝气

图 3-70　填料电镜扫描图

第4章 北方寒冷缺水型村镇固体废物处理和资源化利用技术

4.1 固体废物环境污染特征及技术需求

近几年，随着经济的不断发展和农民收入的不断增加，农村生活设施、居住环境和消费方式也发生了较大的变化，生活垃圾产生量与排放的数量快速增长，垃圾成分越来越复杂，治理难度加大，已经严重影响了农村环境、农民健康和农业可持续发展，成为我国建设社会主义新农村必须面对和尽快解决的问题。

我国农村生活固体垃圾的排放及污染呈现如下几方面的特征（王金霞等，2011）：

（1）农村生活垃圾数量与日俱增，且呈现逐年上涨态势。

中国饮用水与环境卫生现状调查的数据表明，每位农村居民每日生成0.9kg的生活垃圾，2000年我国农村的垃圾产生量达到1.4亿t，而且继续以每年10%的速度增长，2010年垃圾产生量达2亿t（李颖和徐少华，2007）。目前农村生活垃圾大多简单堆放在户外，大大小小的垃圾堆，由于得不到有效处理，不仅严重影响了农村的环境卫生，而且成为了当地水资源污染和土壤污染的重要原因。

农村生活垃圾污染问题已成为影响农民生活生产、农村城镇化建设和可持续发展的重要因素，必须高度重视。

（2）我国农村生活垃圾排放呈现复杂化与高污染化特征。

近年来，随着农村经济的发展和农民生活水平的大幅度提高，农村生活垃圾的产生量和堆积量均在逐年增长。随着农村经济的发展和城镇化进程的加快，农村生活垃圾的成分也发生了较大的变化，呈现产生量大、成分复杂、再利用率不高等特点。从农民日常的饮食结构分析，生活垃圾中含有大量的厨余垃圾，即垃圾中含有大量的蔬菜、果品、肉食禽蛋等；从农民的燃煤结构分析，北方大部分地区的村镇没有铺设燃气管网，目前农民使用的燃料还是以秸秆和蜂窝煤为主，但是随着农村农田用地的不断减少，农村已经减少了作为燃料的秸秆的使用量，同时广泛使用太阳能热水器和蜂窝煤炉。

生活垃圾的组成以有机物成分（厨余、果皮等）为主，玻璃、塑料、金属等可回收物质的比例较小，并且随着农村的发展和建设，农村生活垃圾的组成会越来越接近城市垃圾，无机含量尤其是灰渣含量会大幅降低，而易堆腐垃圾和可回收废品含量则会持续增长。目前农村生活垃圾的处理方式以填埋为主，垃圾的收集方式为混合收集，一些有害物质如干电池、废油等未经分类直接进入垃圾填埋场地，增加了无害化处理难度。另外，一些可回收利用的物质直接填埋，造成了资源的浪费，也使垃圾成分更加复杂化，增大了垃圾处理的难度。

（3）农村生活垃圾处理设施建设严重滞后，处理效率低。

目前，我国农村垃圾的处理主要包括单纯填埋、临时堆放焚烧、随意倾倒三种方式。农村采用的单纯填埋一般是利用现有的沙坑或者低洼地直接倾倒垃圾。随着时间的推移，混合垃圾腐烂、发臭、发酵甚至发生其他化学反应，不仅会释放出危害人体健康的气体，而且垃圾的渗滤液还会污染水体和土壤，进而影响农产品的品质。另外，农村自来水普及率偏低，饮用水主要取自浅井，因此，垃圾中的一些有毒物质的渗漏，如重金属、废弃农药瓶内残留的农药等，随着雨水的冲刷，被污染的范围越来越广，最终将会通过食物链影响人们的身体健康。

农村垃圾一般由村子自行收集，大部分村子以敞开式垃圾池收集为主，并配备一定数量的垃圾桶。各村不同程度地存在垃圾池设置数量少，服务半径不合理，垃圾桶缺失或损坏严重，垃圾收集车数量少，垃圾收集效率低的现象，特别是有些村子，由于资金不足等原因未能配备相应的收运设施及配套设备等。有些村子没有垃圾收集设施，村内垃圾全部堆放在村子周围的道路边和河道内。农村垃圾的运输多由镇政府负责，但由于农村实际情况比较复杂和经济条件限制，比较富裕的村子 40%的生活垃圾由镇里运走，镇里未运走的那部分垃圾由村里进行简易填埋，而那些未配备垃圾桶（池）的村子的垃圾几乎全部由村里自行处理。另外，在生活垃圾的运输过程中，由于不是密闭运输，经常出现垃圾散落现象，造成"二次污染"。

4.2 固体废物处理和资源化利用关键技术

4.2.1 农村生活垃圾收集、转运技术研究

4.2.1.1 典型农户生活垃圾特征调查

垃圾特征调查以户为单位，分别选取人口数为 2～7 人的典型农户作为调查对

象，为了分析农户生产对垃圾产生的影响，调查时间选在农户生产活动旺季的 6～10 月，通过人工分拣对农户产生的垃圾进行统计，垃圾统计类别主要包括有机垃圾、无机垃圾、塑料垃圾及有害垃圾，调查结果如表 4-1 所示。

表 4-1　原隆村生活垃圾分类表

垃圾类别	主要垃圾组成
有机垃圾	餐厨垃圾、瓜果皮核、杂草树叶等
无机不可回收垃圾	炉灰、煤渣、扫地土、砖瓦块等
无机可回收垃圾	玻璃、塑料袋、塑料薄膜等

4.2.1.2　垃圾总量及分类量的确定

垃圾收集及转运的研究要建立在垃圾产生量可知的基础上。因此，本书对需要调查研究的移民安置区进行了详细调查。在移民安置区中选择具有代表性的农户家庭，作为检测对象，检测频率为每月一次，每次一周。给待检测农户发放垃圾袋，让农户将每天产生的垃圾放在指定的垃圾袋中，统计农户每天的垃圾产生量，将监测的数据汇总。

根据农户垃圾产生量的数据统计和计算，可以得出移民安置区村庄内人均垃圾产生量和整个移民安置区垃圾总产生量。选择宁夏永宁县原隆村作为实验检测地点，对原隆村垃圾的日产生量和每天各时间段的产生情况做了现场调查和测量，选择 20 户为检测对象，每天监测两次，检测一周垃圾产生量，数据如表 4-2 所示。

表 4-2　原隆村垃圾产生量检测数据

日期 住户	垃圾产生量/kg						
	7 月 24 日	7 月 25 日	7 月 26 日	7 月 27 日	7 月 28 日	7 月 29 日	7 月 30 日
南区一组 2 排 9 号	2.630	3.935	4.155	5.135	4.815	5.085	7.340
南区一组 1 排 10 号	4.170	0.600	0	0.670	3.715	6.850	3.996
南区一组 3 排 23 号	1.765	3.480	3.750	0.615	1.075	5.930	3.265
南区一组 6 排 15 号	0	0	6.310	2.285	1.215	0.835	1.480
南区一组 11 排 27 号	0.360	7.055	4.300	0.805	1.590	2.170	1.845
南区一组 12 排 13 号	2.760	0.165	2.005	1.200	6.893	0.242	2.245
南区一组 15 排 24 号	8.530	1.270	0.650	0.505	1.540	0.335	0.820
南区一组 16 排 10 号	1.940	0	0	1.240	1.815	0	0

续表

日期\住户	垃圾产生量/kg						
	7月24日	7月25日	7月26日	7月27日	7月28日	7月29日	7月30日
南区二组1排7号	3.035	0.785	0	0.435	8.915	2.430	1.170
南区二组1排13号	0.780	0.820	1.760	0.140	3.065	1.965	0.955
南区二组10排16号	0.255	1.255	1.770	1.055	0.390	0.790	1.270
南区二组13排9号	0.795	0.840	0.180	0.220	0.800	0.330	0.040
北区一组2排3号	8.900	7.660	2.505	11.750	1.405	3.255	5.065
北区一组5排1号	2.635	1.135	0.270	1.070	1.210	0.310	1.185
北区一组9排7号	0.250	0.385	1.170	0.605	0.500	1.425	1.295
北区一组11排9号	0.685	0.225	0.205	0.130	0.215	0.265	0.680
北区一组12排7号	4.020	3.425	4.830	3.935	3.130	0.820	1.990
北区一组15排6号	4.940	1.690	0.855	3.580	3.745	2.640	3.455
北区一组16排4号	1.845	6.970	5.100	0.830	2.260	6.435	4.320
北区一组21排5号	0.400	0.340	0	0.180	0.815	0.875	0.150

表 4-2 中所涉及的调查住户共计 103 人,20 户 7 天垃圾总产生量为 303.591kg,所以日人均垃圾产生量为 0.42kg。原隆村 20 户人均垃圾产生量变化如图 4-1 所示。

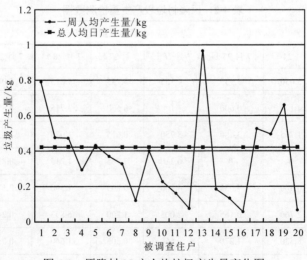

图 4-1　原隆村 20 户人均垃圾产生量变化图

根据不同来源,农村垃圾主要分为餐厨垃圾和非餐厨垃圾。农村主要的餐厨垃圾有果皮、剩菜、骨头、茶叶渣等，厨余垃圾包括蔬菜、水果、肉食等食物的下脚料。餐厨垃圾在农村生活垃圾中所占比重更大。针对农村餐厨垃圾的结构组成，选取原隆村 20 户居民为研究对象，对该村餐厨垃圾进行检测，检测结果见表 4-3。

表 4-3 原隆村垃圾分类检测数据

住户编号	垃圾类别	垃圾分类产生量/kg	垃圾分类比例/%
1	有机垃圾	30.545	92.03
	可回收无机垃圾	1.415	4.260
	不可回收垃圾	1.230	3.710
2	有机垃圾	19.310	96.550
	可回收无机垃圾	0.160	0.800
	不可回收垃圾	0.530	2.650
3	有机垃圾	17.90	89.46
	可回收无机垃圾	0.965	4.820
	不可回收垃圾	1.145	5.720
4	有机垃圾	10.910	90.05
	可回收无机垃圾	0.225	1.860
	不可回收垃圾	0.980	8.090
5	有机垃圾	10.60	58.350
	可回收无机垃圾	3.535	19.460
	不可回收垃圾	4.030	22.190
6	有机垃圾	6.130	37.140
	可回收无机垃圾	1.195	7.240
	不可回收垃圾	9.180	55.620
7	有机垃圾	12.875	94.320
	可回收无机垃圾	0.400	2.930
	不可回收垃圾	0.375	2.750
8	有机垃圾	3.445	70.380
	可回收无机垃圾	1.045	21.350
	不可回收垃圾	0.405	8.270
9	有机垃圾	7.445	44.390
	可回收无机垃圾	6.160	36.730
	不可回收垃圾	3.165	18.880

续表

住户编号	垃圾类别	垃圾分类产生量/kg	垃圾分类比例/%
10	有机垃圾	6.690	70.240
	可回收无机垃圾	0.280	2.940
	不可回收垃圾	2.555	26.820
11	有机垃圾	3.740	55.120
	可回收无机垃圾	0.235	3.460
	不可回收垃圾	2.810	41.420
12	有机垃圾	1.695	15.470
	可回收无机垃圾	0.590	5.380
	不可回收垃圾	8.675	79.150
13	有机垃圾	13.115	38.930
	可回收无机垃圾	1.990	5.910
	不可回收垃圾	18.580	55.160
14	有机垃圾	6.070	71.120
	可回收无机垃圾	2.410	28.240
	不可回收垃圾	0.055	0.640
15	有机垃圾	4.605	71.780
	可回收无机垃圾	1.725	26.890
	不可回收垃圾	0.085	1.330
16	有机垃圾	0.325	15.220
	可回收无机垃圾	1.720	80.560
	不可回收垃圾	0.090	4.220
17	有机垃圾	16.060	72.510
	可回收无机垃圾	2.255	10.180
	不可回收垃圾	3.835	17.310
18	有机垃圾	13.240	63.330
	可回收无机垃圾	1.190	5.690
	不可回收垃圾	6.475	30.980
19	有机垃圾	26.925	96.990
	可回收无机垃圾	0.735	2.650
	不可回收垃圾	0.100	0.360

续表

住户编号	垃圾类别	垃圾分类产生量/kg	垃圾分类比例/%
	有机垃圾	2.375	85.740
20	可回收无机垃圾	0.28	10.110
	不可回收垃圾	0.115	4.150

由表 4-3 的可知，原隆村农民所产生的垃圾中，有机垃圾所占比例明显高于可回收无机垃圾和不可回收垃圾，在调查过程中几乎没有检测到危废垃圾，所以危废垃圾可以忽略不计，有机垃圾所占比例较高，占垃圾总量的 70%，所以有机垃圾的处理研究将是农村垃圾处理的重要方向。

4.2.1.3　垃圾分类收集方式

为了探索适合当地的垃圾处理模式，本次实验选取原隆村 20 户农户实施源头垃圾分类示范，具体实验过程：为示范农户配置相应的垃圾桶，农户将生活垃圾分为有机垃圾、无机垃圾、塑料垃圾、有害垃圾 4 类投放；由一名保洁员负责垃圾收集、转运和处置工作；利用村周边闲置土地建设简易堆肥坑和填埋坑，分别用以处理有机垃圾与无机垃圾；塑料垃圾与有害垃圾采取统一收集变卖或暂存的方式，由村委会集中处理。本次实验所采取的垃圾分类处理模式简称为"村民定点存放、保洁员收集运输、村统一处理"模式。

4.2.1.4　垃圾分类管理

本次分类示范通过实施奖励措施以及设定村委会、保洁员、农户三方责任来保证垃圾分类的有效进行，奖励措施的实施对于培养农户垃圾分类的意识有一定的促进作用。

奖励措施：对示范农户发放分类合格登记表，委托保洁员对农户垃圾分类进行辨别，对分类合格的农户，保洁员盖章予以登记，农户达到相应合格次数则奖励适当生活必需品，同时设立垃圾随意堆放举报奖励制度。

三方责任：委托村委会成立垃圾分类领导小组，与保洁员签署垃圾收集责任书，同时负责监督保洁员和村民的分类工作完成情况以及奖励措施的发放情况；保洁员按照垃圾分类收集方案做好相应的垃圾收集管理以及合格盖章工作，同时接受示范农户及村委会的监督；示范农户保证自觉地进行垃圾分类，并保证院外、院内、室内环境卫生的干净整洁，同时监督保洁员的工作完成情况，并在分类合格的情况下到村委会领取奖励。

4.2.1.5 生活垃圾就地堆肥技术

生活垃圾堆肥是指利用好氧微生物降解垃圾中有机物的代谢过程，垃圾中的有机物经高温过程分解后成为稳定的有机残渣。堆肥发酵工艺通常由前处理、主发酵、后发酵、后处理与贮藏等工序组成，根据静态好氧堆肥工艺要求，需调节进料的初始含水率、碳氮比。在原隆村建设生活垃圾原位堆沤场，对原隆村产生的生活垃圾进行分检，将有机垃圾运至垃圾堆沤场进行垃圾原位堆沤发酵，并对其发酵过程跟踪监测。

有机垃圾在进入生活垃圾处理器之前，需适当添加农作物秸秆、枯草等，将初始含水率调节至 40%～60%，以满足堆肥微生物的生理需要，同时适当添加畜禽粪便，增加堆肥原料的氮含量，将碳氮比调节到 20∶1 和 30∶1 之间。具体添加量有待进一步实验检测确定。

好氧堆肥又称高温堆肥，是在有氧条件下，让微生物对有机物进行吸收、氧化、分解。好氧堆肥可以应用现代化技术和机械化方法处理垃圾，其优点是物料分解彻底，臭味小，病菌可以全体杀死，生产周期短。由于好氧堆肥过程伴随着两次升温，因此可以将其分成三个阶段：初期阶段、高温阶段和熟化阶段。

该工艺的最终目的不是使垃圾达到减量化，而是使垃圾实现资源化，经过源头分类收集后的有机垃圾，首先通过破碎机进行破碎，成为符合要求的颗粒后与堆肥辅料混合，然后进行含水率、碳氮比及微生物调节，并添加或引进一些微生物菌剂，保证堆肥的迅速启动及腐化，缩短堆肥周期并减少后续处理中存在的问题。在堆肥发酵过程中，堆体要进行强制通风，同时监测温度、湿度，保证堆肥过程中水、气、温度能够得到较好控制，为堆肥成功奠定基础。腐熟的堆肥出仓后，经过筛分机进行筛分，并通过一定的加工工序，制成有机肥料作为农用肥料或者土壤改良剂。

4.2.1.6 垃圾处理模式研究

本书对农村垃圾处理模式的研究是基于"3R"处理模式。"3R"原则即垃圾处理的减量化、资源化和生态化，基于"3R"原则的垃圾处理是今后农村生活垃圾处理方式的正确方向。在此基础上，处理好政府、市场和村民间的关系，是真正解决日益严重的"垃圾围村"问题的有效途径。

生活垃圾"3R"处理模式如图 4-2 所示。

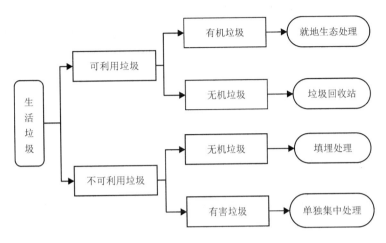

图 4-2　生活垃圾"3R"处理模式

　　建立适合农村社会经济和自然条件并可持续运行的农村生活垃圾管理模式,对改善农村环境质量和农村环境卫生条件有着重要作用和意义。通过原隆村垃圾分类实验,根据原隆村经济发展一般的实际情况,得出结论:垃圾无害化应成为这类农村垃圾处理的首要方式。考虑到村落的聚集性,危废垃圾应采取统一收集、集中处置的方式。由于原隆村是宁夏典型的移民搬迁村,农户日常生活中取暖做饭都用煤做燃料,会产生大量灰分,这些灰分和其他无机灰土垃圾在清扫收集时应该和其他生活垃圾分开,并直接送入填埋场。而其余生活垃圾通过两次分类,可利用的垃圾基本全部回收,剩余的有机垃圾和养殖粪便调配后堆沤发酵。由于垃圾处理是一个长期的行为,随着经济条件的改善,垃圾资源化是最理想的处理途径。农村生活垃圾中有利用价值的成分占有相当大的比重,西北其他地区的农村也应该使用本书研究的生活垃圾分类方式,同时,可以因地制宜地进行资源化处理。例如,有机垃圾堆肥、炉渣可以用来铺路筑坝,不可降解垃圾可以按危害性的大小分别进行回收处理等。因此,要采取循序渐进的方式,通过教育宣传培养农户的分类习惯,提高垃圾管理的资金投入等,逐步实施垃圾合理分类,最终实现农村垃圾无害化向垃圾分类资源化的过渡。

　　结合原隆村现有的垃圾收运及处理现状,综合考虑经济、生态、环境等因素,建立适合农村生活垃圾处理的生活垃圾原位堆沤处理处置模式,最终实现了原隆村生活垃圾的减量化、资源化及无害化。其中堆沤发酵处理技术体系包括破碎混匀、翻搅通风,堆肥全过程进行污染控制,能有效解决传统生活垃圾堆肥存在的进料颗粒过大、碳氮比失衡、微生物来源单一、堆体不均匀、堆体温度控制不足、堆肥产品质量差等问题,同时堆沤发酵前将垃圾进行破碎,直接影响着堆肥周期及堆肥品质,通常情况下可使堆肥周期缩短 5～10 天。确定垃圾处理处置模式后,立即开展示范工程。处理设施建设完成后对其运行调试，为了实时了解堆肥进程，方便调节堆肥过程中的气、液、温三要素，以及堆肥过程理化性质的变化特征，调试运行的同时开展堆肥实验研究。实验研究结果均表明，可腐有机垃圾堆肥启动迅速且过程顺利，堆肥过程中气、液、温的变化正常，符合常规堆肥过程中各种理化指标的变化趋势。

在垃圾收集处理模式的研究中，村庄内垃圾处理设备、设施都经过了合理规划和计算，使垃圾桶的摆放、运输车路线和运输次序都达到了最优。原隆村现有人口 2898 人，平均每户 4.3 人，悬挂式垃圾桶为每 4 户一个，共配置 168 个垃圾桶，人均每天产生垃圾量 0.42kg，全村每天产生垃圾 1.22t，每个垃圾桶容量为150L，经测算生活垃圾密度约为 333.3kg/m³，则一个垃圾桶可盛垃圾 50kg，4 户7 天可装满一个垃圾桶，故每天需要清理 24 个垃圾桶。垃圾运输车的容量为 2.5m³，垃圾桶的容量为 150L，则 24 个垃圾桶的垃圾可装 1.44 车，即垃圾收集车每天需要运输两次，垃圾中转站建设在村庄南侧垃圾填埋场方向。

根据对原隆村垃圾处理模式的研究总结出以下垃圾运行清理的相关模型：

清运周期：$T = \dfrac{\rho l}{ygr}$

每日清运垃圾桶数量：$X = \dfrac{y}{T}$

每日清运车次：$C = \dfrac{Xl}{L}$

式中，T 为清运周期，清运全部垃圾桶所用的天数；ρ 为垃圾密度（kg/m³）；l 为垃圾桶容量（m³）；y 为共用一个垃圾桶的户数；g 为人均日产垃圾量（kg/m³）；r 为户均人口参数，宁夏一般取 4.3；X 为每日需要清运的垃圾桶数量；L 为垃圾清运车辆容积。

本数学模型可快速计算每个村庄垃圾清运周期、每日需要清运的次数、每日需要出车的次数等重要参数指标，在指导建立农村垃圾收集清运及处理模式中具有重要参考价值。

在对农村生活垃圾研究中作者探索出了适合宁夏及西北其他地区农村的垃圾收集转运措施，从今年起全宁夏回族自治区各乡镇都按照这种模式实施农村垃圾治理。主要包括三种垃圾收集转运模式：①电动三轮车、铁质垃圾桶、叉车、自卸车模式；②电动三轮车、悬挂式钢质垃圾桶、封闭式垃圾转运车模式；③电动三轮车、地坑式垃圾桶、摆臂车模式。最终通过垃圾中转站压缩处理后送入垃圾填埋场。

（1）垃圾收集转运模式一如图 4-3 所示。

图 4-3 垃圾收集转运模式一

模式一中有电动三轮车、铁质垃圾桶、叉车、自卸车,电动三轮车每 100 户一辆,铁质垃圾桶 3~10 户一个,铲车和自卸车每个乡镇各一辆。用户将垃圾扔进铁质垃圾箱以后,由自卸式垃圾车和叉车配合定期将垃圾倾倒在自卸式垃圾车内,再由自卸式垃圾车直接运至垃圾填埋场进行填埋处理,电动三轮车用于主要道路的垃圾清理。

(2)垃圾收集转运模式二如图 4-4 所示。

图 4-4 垃圾收集转运模式二

模式二中有电动三轮车、悬挂式钢质垃圾桶、封闭式垃圾转运车。电动三轮车每 100 户一辆,悬挂式钢制垃圾桶 3~10 户一个,封闭式垃圾转运车每个乡镇至少一辆。用户将垃圾倒入垃圾桶后,由垃圾转运人员用封闭式垃圾转运车将垃圾桶提升并转移到垃圾转运车内,由垃圾转运车将垃圾运至垃圾填埋场进行填埋处理,三轮车用于主要道路的垃圾清理。

(3)垃圾收集转运模式三如图 4-5 所示。

图 4-5 垃圾收集转运模式三

模式三中有电动三轮车、地坑式垃圾桶、摆臂车,电动三轮车每 100 户一辆,地坑式垃圾桶 20~40 户一辆,摆臂车每个乡镇至少一辆。用户将垃圾倒入地坑式垃圾桶,再由摆臂车将地坑式垃圾箱内的垃圾定期运至垃圾填埋场进行填埋处理,三轮车用于主要道路的垃圾清理。

本书中的研究示范点原隆村在模式二处理方法的基础上,在农户垃圾进箱前先进行分类,由封闭式垃圾转运车收集转运到村庄边的垃圾分选场,再次进行分选，然后将有机垃圾进行堆沤发酵，其他无害垃圾进入填埋场，有害垃圾暂存保管，定期送至有处理资质的危废垃圾收集点。

4.2.2 农村有机废物混合物料高效厌氧产沼处理技术

目前干式厌氧发酵的应用相对较少，且干式厌氧发酵技术主要应用于生活垃圾和单一物料的处理，对混合物料处理的研究较少，缺乏相关工艺参数，因此研究混合物料干式厌氧发酵工艺运行参数，将会促进干式厌氧发酵工艺的深入研究以及推广应用。干式发酵系统发酵过程中存在传质不均、局部有机酸过量积累、发酵渗滤液污染强度高等缺点，把干式发酵过程中产生的渗滤液进行回流，可提高发酵罐内底物的湿度，使养分均匀分布，加强微生物与底物的接触，促进底物的充分降解，避免干式发酵反应器内底物传质不均，进而提高产气量，同时也可以减少发酵液的排放量，减少发酵液后续处理的费用，因而加强发酵渗滤液回流的研究对干式厌氧发酵的研究十分有价值。

厌氧发酵渗滤液是厌氧发酵系统微生物对固体物料中的有机物降解产生的，厌氧发酵渗滤液具有复杂性和高污染性，利用传统的理化指标（如 TOC 等）不能全面反映厌氧发酵渗滤液 DOM 物质的转化特性，而结合其他技术，如具有测试时间短、灵敏度高、不破坏样品、预处理简单等优点的紫外和荧光技术，对污染物组分和结构变化进行表征，将会促进厌氧发酵物料的降解转化研究的发展。

为了全面解析厌氧发酵系统，利用分子生物学技术从微观方面研究厌氧发酵过程相关微生物菌群结构的变化，确定影响厌氧发酵微生物群落结构演变的关系，可以为厌氧发酵的人工调控提供更加全面的理论依据，进而不断地提高发酵的产气效率，发挥厌氧发酵的最大产气潜能。

4.2.2.1 不同混合比对牛粪与玉米秸秆混合干式厌氧发酵性能的影响

实验原料为牛粪（取自村民家中散养肉牛的粪便）、玉米秸秆和接种污泥 3 类。其中，牛粪和玉米秸秆取自北京市顺义区，所取牛粪为鲜牛粪，取回后放置实验室冰箱中储存备用，实验时提前两天常温化冻即可；所取秸秆为自然风干后的玉米秸秆，取回后用粉碎机粉碎成 20～30 目备用。接种污泥取自北京市顺义区沼气站，所取接种污泥固含率较低，为满足干式厌氧发酵物料高固含率的要求，实验前离心处理后储存在 4℃的冰箱内备用。各实验原料主要理化性质如表 4-4 所示。

表 4-4　发酵物料理化性质

物料	TS 含量/%	含水率/%	VS 含量/%	TC 含量/%	TN 含量/%	碳氮化/%
牛粪	21.31	78.69	16.52	7.77	0.27	28.78
玉米秸	90.30	9.70	83.94	39.45	0.53	74.43
离心后污泥	18.43	81.57	11.09	5.21	0.16	32.56

实验设置 5 个物料比例条件，即牛粪和玉米秸秆的干物质比设定为 0∶1、1∶0、1∶1、1∶2 和 2∶1，如表 4-5 所示。发酵物料均按 TS（总固体）为 20%配置，分别接种 30%的污泥，并添加适量的尿素，保证每个比例原料的碳氮比达到 29，然后进行中温干式厌氧发酵。主要对反应前后的物料性质以及发酵过程中的产气情况进行测定，研究不同混合比物料干式厌氧发酵的产气性能，确定牛粪与玉米秸秆混合干式厌氧发酵运行的最优配比，为第二阶段实验的进行提供参考依据。

表 4-5　物料投加量

牛粪与玉米秸比例	牛粪/g	玉米秸/g	污泥/g	水/g
0∶1	0	221.48	325.56	752.96
1∶0	938.53	0	325.56	35.91
1∶1	469.26	110.74	325.56	394.43
1∶2	312.84	147.66	325.56	513.94
2∶1	625.68	73.83	325.56	274.93

厌氧发酵实验装置主要由发酵瓶、集气瓶、集水瓶和恒温水浴锅等组成。其中，发酵瓶为 2L 的窄口瓶，集气瓶和集水瓶为 2L 的广口瓶。将瓶子用配套的橡胶塞封口，通过玻璃细管和橡胶管将各个瓶子连接组成厌氧发酵反应主体。实验前，将处理后的原料和接种物等按表 4-5 中的添加比例手动混合均匀，装入发酵瓶。然后，将发酵瓶置于（35±1）℃的恒温水浴锅中进行发酵实验，为了保证体系良好的气密性，实验期间，不对物料进行搅动。具体实验装置如图 4-6 所示。

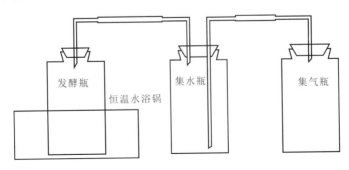

图 4-6　实验装置示意图

1. 产气情况分析

1）日产气量

如图 4-7 所示，发酵反应初期，纯玉米秸秆的日产气量为 1665mL，其他四个比例下的日产气量在 1000mL 左右，可以看出发酵反应初期纯玉米秸秆的日产气量要高于添加牛粪的其他四个比例下的日产气量。随着发酵反应时间的延长，纯玉米秸秆的日产气量快速降低，并于发酵反应的第 20 天，快速降到 90mL，之后到发酵反应结束，日产气量一直保持 100mL 左右。说明纯玉米秸秆的干式厌氧发酵不理想，发酵周期短。

对于粪草比（牛粪与玉米秸秆的比例）为 1:2 的物料的日产气量，在发酵的前 10 天，日产气量由初始的 803mL 下降至 353mL，之后的 20 天，日产气量一直处于 400mL 左右，接下来其日产气量逐渐升高，并于发酵的第 40 天达到产气高峰，峰值为 1340mL，之后至发酵反应结束，日产气量呈波动下降态势。粪草比为 1:0 和粪草比为 1:1 的物料的日产气量趋势变化相似，随着发酵反应的进行，两者的日产气量均呈现逐渐加大的态势，并于发酵的第 10 天分别达到了各自的第一个产气高峰，峰值分别为 1430mL 与 2120mL，之后的 20 天内两者的日产气量经历了一个先下降后上升的过程，并于第 30 天达到了第二个产气高峰，峰值分别为 1545mL 和 1940mL，之后至发酵反应结束，两者的日产气量逐渐降低到最低值并趋于稳定。对于粪草比为 2:1 的物料的日产气量，发酵反应前期，日产气量呈波动上升态势，并于发酵的第 30 天达到产气高峰，峰值为 2075mL，之后，日产气量也逐渐降低到最低值并趋于稳定。

在发酵的前 35 天内，相对于粪草比为 1:0、1:1 和 2:1 的物料的日产气量，粪草比为 1:2 的物料的日产气量较低，35 天之后，粪草比为 1:2 的物料的日产气量逐渐增大并略微超过了粪草比为 1:0、1:1 和 2:1 的物料的日产气量，说明粪草比为 1:2 的发酵物料在发酵前期以产酸活动为主，后期产甲烷活动占优势；另外，从不同物料的配比可知，相对于粪草比为 1:0、1:1 和 2:1 的物料中牛粪的含量，粪草比为 1:2 的物料中牛粪的含量较低，玉米秸秆的含量较高，结合上面的产气数据分析可知，牛粪相对比例高的混合物料，发酵前期产甲烷速率高于产酸速率，这与牛粪本身就含有一些发酵微生物以及牛粪易分解的特点有关，使得混合物料的有机物水解成小分子后能够迅速地被产甲烷菌所利用，发酵体系不易产生酸化，并且使反应体系的有效产气期相对前移。另外在发酵反应的前 35 天内粪草比为 1:0、1:1 和 2:1（含牛粪比例高）的物料的日产气量明显高于纯秸秆和粪草比为 1:2 的物料的日产气量，因此，牛粪含量高的物料厌氧发酵产气性能良好。对粪草比为 1:0、1:1 和 2:1 的物料的产气情况进行比较，从图 4-7 中可知，纯牛粪的日产气量低于粪草比为 1:1 和 2:1 的物料的日产气量，且纯牛粪的产气时间也没有粪草比为 1∶1 和 2∶1 的物料的产气时间长，综上所述，粪草比为 1∶1 和 2∶1 的物料的产气情况较好。

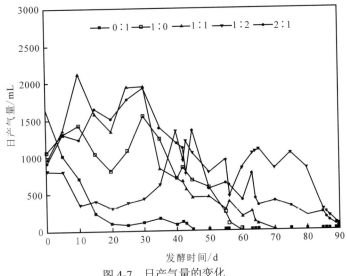

图 4-7　日产气量的变化

如图 4-8 所示，纯秸秆的累计产气量明显低于其他四个比例的物料的累计产气量，其在发酵反应的前 10 天内，累计产气量逐渐增长到 10 106mL，之后到发酵结束，其增长速度非常缓慢，发酵结束时，最终累计产气量为 15 124mL。

从图 4-8 中可以看出，在发酵的前 77 天，粪草比为 1∶2 的物料的累计产气量一直小于粪草比为 1∶0、1∶1 和 2∶1（牛粪含量较高）的物料的累计产气量，之后到发酵反应结束前其累计产气量逐渐超过了纯牛粪的累计产气量，但仍然小于粪草比为 1∶1 和 2∶1 的物料的累计产气量。另外，在发酵反应的第 40 天前后，还可以看出，粪草比为 1∶2 的物料的累计产气量的增长速度由缓慢到不断加快，这与前面对其日产气量变化趋势的分析相一致，即牛粪含量低的物料发酵前期以产酸为主，发酵后期以产甲烷为主。发酵反应完成后，其最终累计产气量为 62 305mL。

纯牛粪与粪草比为 1∶1 的物料的累计产气量变化趋势相似，在发酵反应的 30 天后，两者的累计产气量的增长速度逐渐变慢，对粪草比为 1∶0、1∶1 和 2∶1 的物料的累计产气情况进行比较，明显可以看出，纯牛粪的累计产气量要小于粪草比为 1∶1 和 2∶1 的物料的累计产气量，且在后期差值明显增大，纯牛粪发酵反应结束后最终累计产气量为 55 706mL。对粪草比为 1∶1 和 2∶1 的物料的累计产气量变化趋势进行比较，在发酵的前 63 天内，粪草比为 1∶1 的物料的累计产气量较大，之后，粪草比为 2∶1 的物料的累计产气量逐渐增大并超过了粪草比为 1∶1 的物料的累计产气量，且在整个发酵周期内其累计产气量明显高于除粪草比为 1∶1 之外其他比例的物料的累计产气量，另外在整个发酵过程中，粪草比为

2∶1 的物料的累计产气量的增长情况比较平稳，发酵结束后，粪草比为 1∶1 和 2∶1 的物料的最终累计产气量分别为 76 232mL 和 81 719mL。对粪草比为 1∶1 和 2∶1 的物料的累计产气量达最终产气量的 90%时其各自的发酵时间（记为 $T90$，一般用来表示发酵周期）进行计算，可知，粪草比为 1∶1 的物料的 $T90$ 为 43 天，粪草比为 2∶1 的 $T90$ 为 62 天，两种物料在其 $T90$ 的发酵周期内最终累计产气量分别为 68 137mL 和 73 324mL。综上所述，在发酵周期内，粪草比为 2∶1 的物料的最终累计产气量最大。

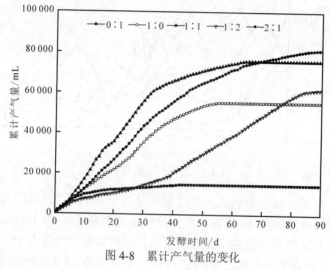

图 4-8　累计产气量的变化

2）甲烷体积分数

不同比例发酵物料所产气体中甲烷体积分数变化如图 4-9 所示。在整个发酵周期内，与其他四个比例的物体相比，纯玉米秸秆产生的气体中甲烷体积分数一直保持在 20%左右，甲烷体积分数较低。从图 4-9 中还可以看出，在反应的前 30 天，粪草比为 1∶2 的发酵物料所产生的气体中甲烷的体积分数一直低于粪草比为 1∶0、1∶1 和 2∶1（牛粪含量较高）发酵物料所产生的气体中甲烷的体积分数，之后，其甲烷体积分数逐渐增长，超过了其他三种发酵物料所产生的气体中甲烷的体积分数，并在 60%左右小幅度波动。而对于粪草比为 1∶0、1∶1 和 2∶1（牛粪含量较高）发酵物料所产生的气体中甲烷体积分数的变化趋势大致相同，在发酵的前 10 天，三者甲烷的体积分数由 20%逐渐上升至 50%，之后至发酵结束，粪草比为 1∶0、2∶1 的物料的甲烷体积分数基本在 50%左右，说明在其反应后期产甲烷菌仍具有较高的活性；而粪草比为 1∶1 的物料的甲烷体积分数从发酵的第 28 天开始下降，最低降到 40%左右，之后至发酵结束，其甲烷体积分数保持在 40%左右。有研究发现牛粪与麦秸混合物料厌氧发酵后期产生的沼气的甲烷体积分数为 45%~62%，本实验结果与之相差不大。

　　根据产气数据和甲烷体积分数数据，计算发酵周期内粪草比为1∶1和2∶1物料的产甲烷量，可知粪草比为1∶1的物料在其发酵周期内产生的甲烷量为26 918mL，粪草比为2∶1的物料在其发酵周期内产生的甲烷量为32 857mL，发酵周期内粪草比为2∶1的物料的产甲烷量要比粪草比为1∶1的物料的累计产甲烷量大22%。结合前面的产气分析结果可知，粪草比为2∶1的物料干式厌氧发酵产气特性最好。

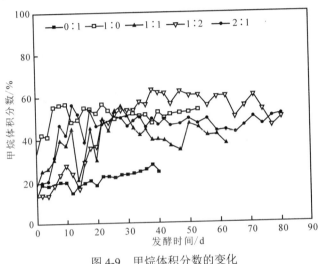

图4-9　甲烷体积分数的变化

2. 原料的 TS 和 VS 去除率

实验结束后，5个比例的发酵物料的TS、VS去除率情况如图4-10所示。

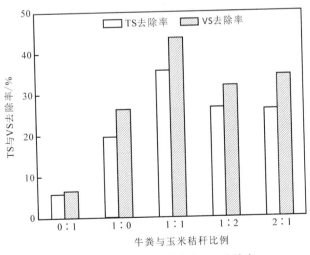

图4-10　原料 TS 去除率和 VS 去除率

粪草比为 0：1、1：0、1：1、1：2 和 2：1 的发酵物料 TS 去除率分别为 6%、20%、36%、27%、26%；VS 去除率分别为 7%、26%、44%、32%、34%，可知，粪草比为 1：1 的发酵物料的 TS、VS 去除率最高，粪草比为 1：2 和 2：1 的发酵物料的 TS、VS 去除率次之，且相差不大，纯牛粪和纯玉米秸秆的 TS 和 VS 去除率最低。可以看出，单一物料的 TS、VS 去除率比混合物料的 TS、VS 去除率低，尤其是难降解的纯玉米秸秆。

3. 原料的 COD 和 TOC 去除率

如图 4-11 所示，草粪比为 1：1 和 2：1 的发酵物料的 COD 去除率最高，为 70% 左右，纯牛粪以及粪草比为 1：2 的发酵物料的 COD 去除率次之，为 60% 左右，草粪比为 1：0、1：1、1：2 和 2：1 的发酵物料的 TOC 去除率较高且相近，为 90% 左右，纯玉米秸的 COD 和 TOC 去除率均明显比其他条件下的要低，分别为 40% 和 50% 左右。可以看出纯玉米秸秆作为厌氧发酵物质其降解率不高，物料含有的有机质没有得到有效的利用，说明对用于厌氧发酵的纯秸秆物料进行预处理有很大的必要性；相对于玉米秸秆，纯牛粪的物质易降解且牛粪中含有一定的厌氧发酵功能微生物，因此纯牛粪作为厌氧发酵物质其降解率要比纯玉米秸秆高很多；混合物料物质降解率相差不大且均比较高，说明混合物料之间的协同作用在一定程度上促进了发酵微生物的降解。

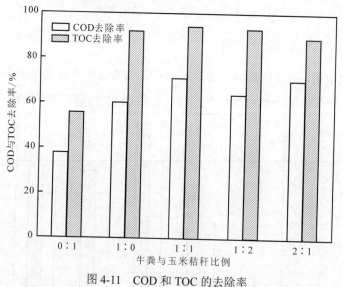

图 4-11　COD 和 TOC 的去除率

发酵反应前后不同比例物料的 TOC 和 COD 的去除率的变化情况与物料 TS 和 VS 去除率的变化情况有一定的差异，由于对发酵反应前后物料测定的是溶解性有机物的 COD 和 TOC，而在测定 TS 和 VS 时，没有对物料进行预处理，所以用物料的 TS 和 VS 去除率能更全面反应物料的降解程度。

4. pH 变化情况分析

厌氧发酵过程中 pH 的变化如图 4-12 所示。厌氧发酵反应前，5 个不同反应条件下发酵物料的 pH 都在 8 左右，pH 相差不大。厌氧发酵反应结束后，纯玉米秸秆的 pH 降到 6 左右，可以看出没有预处理的玉米秸秆干式厌氧发酵容易发生酸化。反应结束后其他四个条件下发酵物料的 pH 较反应前都有了小幅度的上升，pH 为 8～9，由于草粪比为 1∶0、1∶1、1∶2 和 2∶1 的发酵物料含有牛粪，增加了反应体系中总发酵细菌的数量，使混合物料更易降解及产酸，酸被产甲烷菌及时利用，因此反应结束后 pH 有小幅提升。

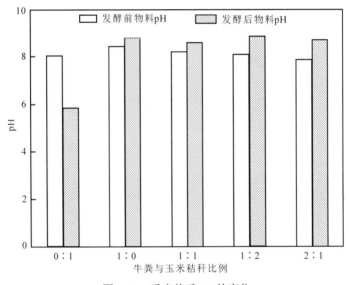

图 4-12　反应前后 pH 的变化

5. 最佳混合物料厌氧发酵产气预测

对厌氧发酵产气情况进行预测，有利于了解复杂的厌氧发酵系统，预测发酵情况，为系统的设计和维护提供参考。目前许多学者提出的应用于厌氧发酵产气情况预测的模型由于计算及参数的确定相当复杂，限制了其推广和使用，因此研究一个计算简单、预测相对准确的模型，具有重要的实际意义。

牛粪和玉米秸秆配比为 2∶1 的 E 实验组产气效果较好，日产气量最多且产气较稳定，TS 和 VS 的去除率也比较高；E 实验组前 60 天累计产气量达到了总累计产气量的 90%，因此以最佳混合物料 E 实验组前 60 天的产气数据为基础，建立厌氧发酵产气一级动力学模型并对数据进行拟合。

另外，利用多项式函数方程对产气数据进行拟合，如图 4-13 所示。从一级反应动力学模型和多项式函数方程对产气数据的预测情况可以看出，多项式函数方程对产气数据的预测值和实测值基本吻合，而一级动力学方程对产气数据的预测值与实测值有一定的差异。

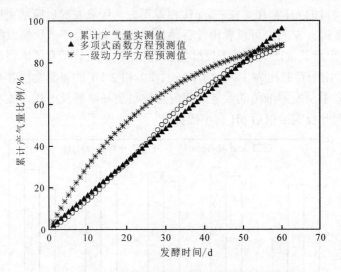

图 4-13　累计产气量预测值与实测值对比曲线

通过计算可知，一级动力学模型与多项式函数的累计产气量曲线的相关系数分别为 0.9220 和 0.9869。可以明显看出，多项式函数对产气数据拟合曲线的相关系数要比一级动力学模型曲线的相关系数高，说明多项式函数对累计产气量的拟合程度高。分别将 E 实验条件下得到累计产气量的实测值与模型预测值进行方差检验。检验结果表明，E 实验条件下，一级动力学模型和多项式函数的累计产气量预测值与累计产气量的实测值的显著性检验统计量 F 分别为 258.50 和 4430.99，在检验水平低于 0.01 的情况下，远大于临界值 $[F_{0.99}(1, 58)=7.12]$；说明两种产气模型回归都是显著的。综合评价两种模型，可知利用多项式函数产气模型对产气数据进行预测是可行且简便的。

纯玉米秸秆干式厌氧发酵产气不理想，混合物料中牛粪比例的增加，有利于产气高峰提前出现。综合考虑各指标，牛粪和玉米秸秆配比为 2:1 的实验组产气性能最好，整个发酵过程产气量及甲烷的含量比较稳定，且在发酵周期内累计产甲烷量最高，为 32 857mL。用 TS 和 VS 去除率能更全面的反应物料的降解程度，混合物料的 TS 和 VS 去除率要比单一物料的去除率高。没有预处理的纯玉米秸秆干式厌氧发酵易酸化，而添加牛粪的发酵物料具有缓冲体系酸环境的能力。从一级动力学模型及多项式函数方程两个产气模型的拟合检验结果推断出，应用简单的多项式函数即可对产气情况进行相对准确的预测。

4.2.2.2　不同回流频率对牛粪与玉米秸秆混合干式厌氧发酵性能的影响

干式发酵系统发酵过程中存在传质不均、局部有机酸过量积累、发酵渗滤液污染强度高等缺点,把干式发酵过程中产生的渗滤液进行回流,可提高发酵罐内底物的湿度,使养分均匀分布,加强微生物与底物的接触,促进底物的充分降解,避免干式发酵反应器内底物传质不均,进而提高产气量,同时也可以减少发酵渗滤液的排放量,减少发酵渗滤液后续处理的费用,因此加强发酵渗滤液回流的研究对干式厌氧发酵的研究十分有价值如图 4-14 所示。

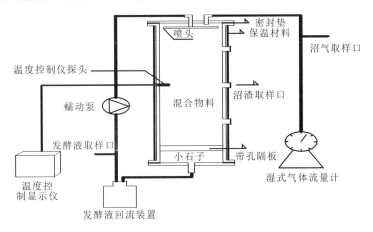

图 4-14　实验装置示意图

1. 产气情况分析

1)日产气量

在厌氧发酵的初期,各反应器的日产气量都经历了一定程度的下滑,这与初期反应器装料带入一定量的空气有关。从发酵的第三天开始 0#、1#和 2#反应器(即发酵液回流频率为 0 次、2 天 1 次和 1 天 1 次)的日产生量又逐渐升高,而3#反应器(发酵液回流频率为 1 天 2 次)的日产气量从发酵反应的第 10 天才开始逐步上升。随着日产气量的上升,各反应器均达到了各自的第一个产气高峰,0#、1#、2#和 3#反应器的第一个产气高峰分别出现在第 11 天、第 16 天、第 10 天、第 16 天,产气量分别为 15L、13L、19L、13L。

0#反应器(发酵液不回流)产气高峰过后,日产气量于发酵的第 19 天降到了10L;之后的 20 天内,日产气量一直维持在 10L 左右,波动不大;从反应的第 40天至发酵结束,其产气量一直下降并最终维持在较低水平,发酵末期的日产气量为 1L 左右。

对于发酵液回流的反应器，即1#、2#和3#反应器，第一个产气高峰过后至发酵的第30天，1#和2#反应器（发酵液回流频率为2天1次和1天1次）的日产气量逐渐下降并保持在10L左右，之后两个反应器很快又达到了各自的第二个产气高峰，1#和2#反应器的第二个产气高峰分别出现在第34天和第35天，峰值均为13L。3#反应器（发酵液回流频率为1天2次）产气高峰过后，在发酵的第22天，日产气量下降到了9L，之后又不断增大，于发酵的第34天达到第二个产气高峰，峰值为15L。发酵液回流的反应器从第二个产气高峰到发酵反应结束，日产气量均逐步下降，最后在较低水平趋于稳定。

从上面的分析可以看出，在整个发酵周期内，发酵液不回流的0#反应器，只出现了一个产气高峰，而发酵液回流的其他3个反应器均出现了两个产气高峰，说明发酵液回流能够促进物质的充分降解。另外对于发酵液回流的反应器，3个反应器第一个产气高峰出现的时间不一样，第二个产气高峰出现的时间却十分接近。对于第一次产气高峰，其中2#反应器（发酵液回流频率为1天1次）的产气高峰出现的时间较1#和3#反应器（发酵液回流频率为2天1次和1天2次）要早6天，且其产气高峰的峰值也最大，为19L。对于第二次产气高峰，1#和2#反应器的峰值均为13L，3#反应器的为15L，相差不是太大。

在发酵周期的前22天，2#反应器（发酵液回流频率为1天1次）的日产气量情况较好，从发酵的第23天到第47天，3#反应器（发酵液回流频率为1天2次）的日产气量情况较好，而发酵的第48天至发酵结束，1#反应器（发酵液回流频率为2天1次）的日产气量情况较好。不同的发酵阶段，由于各反应器的回流频率的不同，对发酵物料降解影响的程度也不同，造成了各反应器产气情况的差异，在实际工程应用中，可以考虑对不同的发酵阶段采取不同的回流频率控制，即分段回流，使整个发酵过程始终处于良好的产气状态，从而实现产气量的提高。

2）累计产气量

如图4-15所示，除发酵后期，3#反应器（发酵液回流频率为1天2次）的累计产气量明显低于其他3个反应器的累计产气量外，在发酵的绝大部分时间内，4个反应器的累计产气量相差不大。

对各反应器累计产气量达最终累计产气量的90%时的发酵时间（计为T90，一般用来表示发酵周期）进行计算，可知0#、1#、2#和3#反应器的T90分别为67天、67天、65天和59天，可知除了3#反应器（发酵液回流频率为1天2次）外，其余3个反应器的反应周期差别不大，3#反应器的发酵周期要比其他反应器短6~8天，与其发酵液回流频率过高，加速了物料的降解有关。

累计产气量的曲线斜率越大，产气速率越高。经过计算可知，在发酵的前13天内，2#反应器（发酵液回流频率为1天1次）的累计产气量曲线的斜率最大；发酵的第14天到第41天，3#反应器（发酵液回流频率为1天2次）的累计产气量曲线的斜率最大；发酵的第 42 天至发酵结束，1#反应器（发酵液回流频率为 2 天 1 次）的累计产气量曲线的斜率最大。可以看出，1#、2#和 3#反应器在不同发酵阶段产气速率的变化情况与其在不同阶段的日产气变化情况基本一致，即在不同的发酵阶段，均有运行较好的反应器。因此，可以考虑分别选择每一段运行较好的回流频率对整个厌氧发酵过程进行控制，以提高发酵过程中的产气能力。

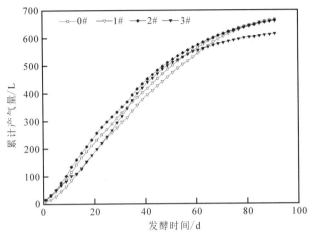

图 4-15 累计产气量的变化

由各反应器发酵周期的计算可知，4 个反应器的发酵周期均在 67 天内，因此以发酵 67 天内的产气数据为基础，分别计算 4 个反应器的最终累计产气量和产甲烷量。分段回流的理论产气数据为每一段运行最好反应器产气数据的和，即第一段（发酵的前 13 天），采用发酵液回流频率为 1 天 1 次（2#反应器）的累计产气数据；第二段（发酵的第 14～41 天），采用发酵液回流频率为 1 天 2 次（3#反应器）累计产气数据；第三段（发酵的第 42～67 天），采用发酵液回流频率为 2 天 1 次（1#反应器）累计产气数据。经过计算，在 67 天的发酵周期内，分段回流、0#、1#、2#和 3#反应器的最终累计产气量分别为 680L、599L、585L、597L 和 571L，分段回流的最终累计产气量比不回流和整个发酵过程中固定回流频率的最终累计产气量要高 14%～19%，可以看出，发酵液分段回流有提高产气量的潜力。

3）甲烷体积分数

如图 4-16 所示，各反应器甲烷含量变化趋势相似，反应初期，4 个反应器的甲烷体积分数上升很快，在发酵周期的前 5 天内，甲烷体积分数从 20%左右迅速上升到 50%左右，这与秸秆的预处理是分不开的；接下来 4 个反应器的甲烷体积分数缓慢增加，并于发酵的第 22 天达到了各自甲烷体积分数的最大值，分别为60%、59%、61%和 56%；之后至发酵反应的第 40 天，各反应器的甲烷体积分数又缓慢下降到 50%左右；此时至发酵结束的这段时间内，除 3#反应器发酵后期的

20天内甲烷体积分数略低，其余反应器的甲烷体积分数均维持在50%左右。说明在反应后期的产甲烷菌代谢活动仍处于旺盛的繁殖期。4个反应器的甲烷体积分数大部分时间都处在50%左右，说明4个反应器的产气质量都比较好。从图中可以看出，0#反应器的甲烷体积分数一直略大于其他3个反应器，这与0#反应器不用渗滤液回流，密闭性较其他反应器好有关。

根据产气数据和甲烷体积分数数据，同样计算67天发酵周期内分段回流以及各反应器的最终累计产甲烷量，经过计算得出，分段回流、0#、1#、2#和3#反应器的最终累计产甲烷量分别为353L、318L、297L、306L和296L。可以看出，分段回流的最终累计产甲烷量依然最高，且比发酵液不回流和整个发酵过程中固定回流频率的要高11%~19%，进一步说明了分段回流有提高产甲烷量的潜力。

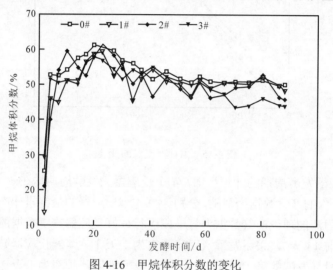

图4-16　甲烷体积分数的变化

2. 发酵液物质转化分析

1）发酵液的产生量

在发酵周期的前30天，1#、2#和3#反应器的发酵液为400~600mL并缓慢增加；之后，1#反应器（发酵液回流频率为2天1次）发酵液的量继续上升，且上升速度明显加快，在发酵的第63天达到最大值1100mL，2#和3#反应器（发酵液回流频率为1天1次和1天2次）发酵液的量也呈上升趋势。相对于1#反应器，2#和3#反应器发酵液增加的量较少，且发酵液增加的持续时间也较短，其中2#反应器在第38天发酵液的量达到最大值650mL，3#反应器在第35天发酵液的量达到最大值750mL，之后2#和3#反应器发酵液的量大幅下降，都降到了100mL左右，且之后的20天内，发酵液的量一直维持在100mL左右。

发酵物料刚开始具有含水率较低且空隙较大的特点，经过渗滤液的不断回流，物料逐步转化为含水量较高且混合均匀的黏滞状。观察发酵时间在 35 天左右所取的物料形态，相对于 1#反应器，同期 2#和 3#反应器中取出的物料较稀软，其含水率也较高。因此在发酵的第 35～60 天，2#和 3#反应器发酵液量的降低与其发酵液回流频率较高有一定的关系。

从发酵第 60 天到结束，1#反应器发酵液的量大幅降低，这与发酵罐中物料的水解速度变慢，且部分发酵液进入物料空隙有关。2#反应器发酵液的量继续保持在 100mL 左右，3#反应器发酵液的量出现了一定幅度的上升，这与反应物料接纳发酵液的能力达到了极限有关，再加上回流频率过高引起物料之间的相互挤压，使发酵液的量有了一定的上升。

综合考虑，发酵过程中发酵液量的减少与回灌时发酵液挥发及发酵产生的气体携带一部分水排出有关，而发酵过程中发酵液的增加，前期主要与物料的降解有关，后期主要与物料之间的相互挤压有关。促使发酵液增加或减少的因素一直存在于整个发酵过程，造成了不同发酵阶段发酵液量的变化。

2）发酵液 pH

1#、2#和 3#反应器发酵液 pH 的变化趋势如图 4-17 所示。各反应器发酵液的初始 pH 为 6.48～6.76，在发酵周期的前 20 天内，pH 逐渐上升至 7.5，之后 1#反应器（发酵液回流频率为 2 天 1 次）的 pH 一直保持在 7.5 左右，说明该反应器进入了产甲烷稳定阶段，2#和 3#反应器（发酵液回流频率为 1 天 1 次和 1 天 2 次）的发酵液的 pH 在 7.5 左右保持了 10 天后，出现了上升的趋势，最高达到 8，但最终又降到 7.5 左右，这可能与 2#和 3#反应器产生的发酵液的量在 30 天以后出现大幅下降，发酵液浓度偏高，pH 的测定结果也偏高有关，也有可能与 2#和 3#反应器回灌频率偏高，快速降解的有机物能够及时被产甲烷菌所利用，反应器进入加速产甲烷阶段有关。

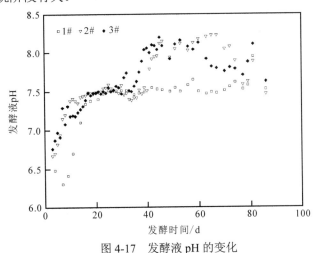

图 4-17　发酵液 pH 的变化

结合反应器产甲烷速率，可以看出在第 40～70 天内 2#和 3#反应器的产甲烷速率大幅下降（下降幅度为 60%），由此可以推断，2#和 3#反应器在第 40～70 天内 pH 的升高主要与发酵液量的减少有关。因此对于干式厌氧发酵反应产生的发酵液的 pH 的分析，不能够完全采纳前人所认可的湿式厌氧发酵产甲烷的最佳 pH 参考值，要结合反应过程中发酵液的产生量及其他相关指标分析发酵反应进行得顺利与否。

3）发酵液氨氮浓度

各反应器发酵液氨氮浓度的变化趋势如图 4-18 所示，在发酵周期的前 60 天内，各反应器发酵液氨氮浓度变化趋势相似。反应初期，各反应器发酵液氨氮浓度为 1300～1500mg/L，在发酵的前 10 天内，伴随着物料中含氮有机物的降解，各反应器中产生的发酵液氨氮浓度逐步上升，达到 2000mg/L；稳定了 20 天以后，第 30～40 天，氨氮浓度出现一定幅度的上升，从产气情况来看，发酵反应的第 30～40 天，各反应器均处于高速产甲烷阶段，可知此阶段各反应器发酵液氨氮的增加，与发酵物料的进一步降解有关；发酵的第 40～70 天，各反应器发酵液氨氮浓度波动下降之后趋于平稳，从产气情况可知各反应器进入缓慢产甲烷阶段，氨氮浓度的降低与反应物料降解的速率减慢有关。反应后期，除了 2#反应器（发酵液回流频率为 1 天 1 次）外，1#和 3#反应器（发酵液回流频率为 2 天 1 次和 1 天 2 次）的氨氮浓度都有了一定的波动上升，这可能与后期两反应器发酵液量增加有关，由于后期 3#反应器发酵液的量增加的比较多，可以看出，后期 3#反应器发酵液氨氮的浓度较 1#反应器要高。另外，在整个发酵周期内 2#反应器氨氮浓度一直低于其他两个反应器，可知，合适的发酵液回流频率有利于降低发酵体系氨氮的浓度，降低发酵体系氨氮抑制的风险。

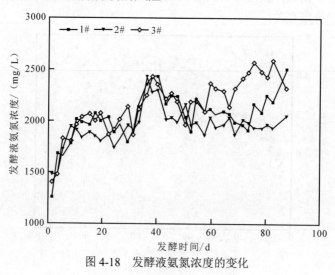

图 4-18　发酵液氨氮浓度的变化

4）发酵液 TOC 浓度

如图 4-19 所示，各反应器的 TOC 浓度变化规律大致相同，都经历了快速上升再下降至稳定的过程，其中 1#和 2#反应器在发酵的第 30 左右 TOC 浓度出现短暂的上升，这可能与样品没有预处理好，测定有误有关。发酵反应开始以后，伴随着物料中可溶物的洗出及部分物料的降解，各反应器发酵液 TOC 浓度均呈现上升趋势，反应进行到第 10 天、第 5 天、第 12 天时，1#、2#和 3#反应器发酵液的 TOC 浓度分别达到整个发酵周期的最大值，分别为 17 470mg/L、15 366mg/L、15 620mg/L，此后，在反应的第 12~40 天，由于各反应器进入了产甲烷阶段，其发酵液 TOC 浓度快速下降，其中 2#反应器发酵液 TOC 的浓度明显低于其他两个反应器发酵液 TOC 的浓度。第 40 天后，各反应器的发酵液中 TOC 浓度下降速度趋于平缓，说明反应已进入了衰亡期，产酸反应已经不活跃了，反应物料中有机大分子已经被充分降解，TOC 很难再升高，后期各反应器发酵液中 TOC 的值维持在 4000mg/L 左右。

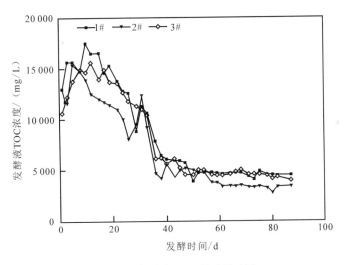

图 4-19 发酵液 TOC 浓度的变化

相对于 1#和 3#反应器（发酵液回流频率为 2 天 1 次和 1 天 2 次），2#反应器（发酵液回流频率为 1 天 1 次）的发酵液中 TOC 的降解率最高，这可能与 2#反应器发酵液回流频率适中，物料降解后易于被利用有关。

5）发酵液 VFA 浓度

如图 4-20 所示，各反应器发酵液 VAF 的初始浓度为 8871~9851mg/L，发酵反应的前 10 天内，各反应器发酵液 VFA 浓度快速升高，说明各反应器水解迅速，从同期发酵液 pH 变化情况和产气变化情况可知，系统并未受到 VFA 浓度的抑制，这可能是由于发酵底物中牛粪的存在,增加了系统对酸的缓冲能力。第 10~20 天,又出现了一次较大幅度的降低,说明各反应器水解得到的产物被产甲烷菌及时利用;在发酵的第 20~30 内,各反应器发酵液 VFA 的浓度虽然有一定的小幅波动,但仍然可以看出,各反应器发酵液 VFA 浓度在此阶段较稳定,可能是此阶段 VFA 的产生速度和利用速度相同的缘故;第 30~40 天,由于各反应器处于高速产甲烷阶段,产生的 VFA 被快速利用,因此各反应器发酵液 VFA 的浓度又经历了一次下降;第 40 天以后,各反应器发酵液中 VFA 浓度均缓慢下降并趋于稳定,这是由于各反应器的产甲烷速率快速衰减,产甲烷菌利用 VFA 的速度低于物料水解酸化生成 VFA 的速度。各反应器后期的 VFA 含量基本相同,在 1000mg/L 左右。在整个发酵过程中,2#反应器(发酵液回流频率为 1 天 1 次)VFA 浓度下降得最快。

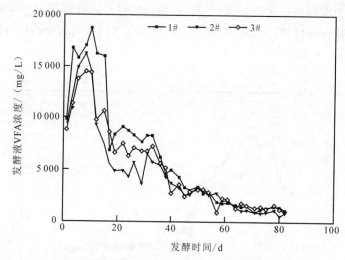

图 4-20 发酵液 VFA 浓度的变化

在对 4 个反应器的产气性能分析的过程中,发酵液不回流与发酵全过程以固定回流频率进行回流的方式,产气差异不明显。对发酵的不同阶段采用不同的回流频率进行回流,即分段回流,其在发酵周期内的理论产气量和产甲烷量要比 4 个反应器的相关值分别高 14%~19%和 11%~19%,分段回流在产气量的提高方面有较大的潜力。对于发酵液回流的 3 个反应器,发酵过程中发酵液量的增加,前期主要与物料的降解有关,后期主要与物料之间的相互挤压有关,而发酵过程中发酵液量的减少与回灌时发酵液挥发及发酵产生的气体携带一部分水排出有关,促使发酵液增加或减少的因素一直存在于整个发酵过程,造成了不同发酵阶段发酵液量的变化。对于干式厌氧发酵反应产生的发酵液的 pH 的分析,特别是回流频率较高的反应器产生的发酵液 pH 的分析,不能够完全采纳前人所认可的湿法厌氧发酵产甲烷的最佳 pH 参考值,还要结合反应过程中发酵液的产生量及其他相关指标变化进行分析，以确定发酵反应进行得顺利与否。在整个发酵周期内，2#反应器（发酵液回流频率为 1 天 1 次）氨氮浓度一直低于其他两个反应器，降低了发酵体系氨氮抑制的风险。相对于 1#和 3#反应器（发酵液回流频率为 2 天 1 次和 1 天 2 次），2#反应器的发酵液中 TOC 的降解率最大。各反应器反应初期 VFA 浓度快速升高，由于发酵底物中牛粪的存在，增加了对酸的缓冲能力，各反应器均未受到 VFA 浓度的抑制。整个发酵过程中，2#反应器 VFA 浓度下降的最快。

4.2.2.3 牛粪与玉米秸秆混合干式厌氧发酵液 DOM 变化特性

厌氧发酵渗滤液是厌氧发酵系统微生物对固体物料中的有机物降解产生的，厌氧发酵渗滤液具有复杂性和高污染性，利用传统的理化指标（如 TOC 等）不能全面反映厌氧发酵液 DOM 物质的转化特性，而结合其他技术，如具有测试时间短、灵敏度高、不破坏样品、预处理简单等优点的紫外和荧光技术，对污染物组分和结构变化进行表征，将会促进厌氧发酵物料的降解转化研究的发展。

以中温干式厌氧发酵不同阶段所产生的发酵渗滤液中的水溶性有机物为研究对象，采用光谱技术对厌氧发酵液中溶解性有机质进行表征，初步分析厌氧发酵液中 DOM 的物质迁移转化规律，并结合中温干式厌氧发酵不同阶段发酵渗滤液的 TOC、VFA 和 DOM 的特征光谱值的相关性，探讨利用光谱技术快速测定 DOM 组分的可行性。这对于反映厌氧发酵物料的降解转化程度及选择合适调控措施，具有重要的指导意义。

1. 发酵液 TOC 和 VFA 浓度变化分析

反应初期即反应的前 8 天内，样品 TOC 浓度呈上升趋势，这是由易降解物质的降解造成的，之后样品的 TOC 浓度迅速下降至平稳，TOC 浓度迅速下降是由于降解物质被产甲烷微生物利用，发酵反应后期易降解物质的减少和产甲烷菌利用基质的速率降低，也造成了后期 TOC 浓度的缓慢下降。发酵物质的转化过程中同时存在有机质的降解和腐殖化，从整个发酵过程来看，发酵液 DOM 随着发酵时间增加，腐殖化程度不断增加。

2#反应器不同发酵阶段发酵液 VFA 浓度变化曲线图如图 4-21 所示，在发酵反应的前 8 天内，发酵液 VFA 浓度迅速升高，并于第 8 天达到整个发酵过程的最大值 16 171mg/L，说明反应器前期水解顺利，发酵物料中易降解有机物不断得到降解。到发酵反应的第 19 天，由于反应初期水解产物被产甲烷菌及时利用，发酵液 VFA 浓度迅速下降；从发酵反应的第 19 天到第 33 天，发酵液 VFA 浓度出现了一个小幅度的上升，这可能与发酵液不断地回流促进相关微生物与未完全降解的物料接触有关；第 33 天至发酵结束，VFA 浓度缓慢下降并趋于稳定，说明后期易降解产酸物质不断减少，复杂的腐殖质物质不断形成。

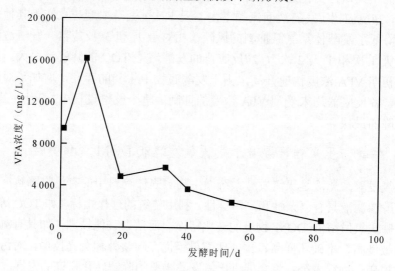

图 4-21　发酵液 VFA 浓度变化

2. 发酵液 DOM 紫外光谱分析

由厌氧发酵的原料性质可知，发酵渗滤液中的有机污染物的种类主要为腐殖质、碳水化合物、蛋白质、脂肪等，由于上述物质大多具有芳香烃或双键、羰基等共轭体系，具有这些结构的物质在紫外光区有强烈的吸收，因此可以利用样品的紫外吸光度（ultraviolet absorption，UVA）间接定量的表征有机物的污染程度。采用常规化学分析方法结合现代光谱学技术，可以有效地对组分和结构的变化进行表征，从而能全面的研究厌氧发酵过程中物质的转化特性。

1）发酵液 DOM 紫外吸收曲线变化分析

2#反应器不同发酵时期发酵渗滤液在 200～400nm 波长范围内的紫外吸收光谱图如图 4-22 所示，可以看出随着波长的不断增大，不同时段发酵渗滤液样品的紫外吸收强度都呈现出下降的趋势。从图 4-22 中可以看出，在 200nm 处，7#样品有一个较强的吸收峰，根据物质分子的电子能级类型与光吸收特性，此处的吸收峰主要是由溶解氧、水分子和饱和有机化合物吸收能量产生的，因此 200nm 处的紫外区一般不用于表征污水中有机物的含量。发酵渗滤液中水溶性有机物种类多且结构复杂，多为带共轭双键和苯环的有机物，这些物质的电子能级跃迁所要吸收的能量多在 200～300nm 的近紫外区，因此可以用该波长范围的光吸收表征样品中的有机污染物，但由于无机离子可能在波长 200～226nm 范围存在强吸收，如硝酸盐在 220nm 以下波长就有相当强的紫外吸收。所以一般用 220～300nm 波长范围的光吸收来表征有机污染物的量。

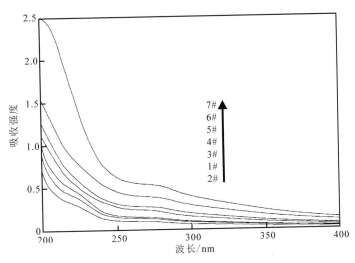

图 4-22　紫外吸收光谱叠加图

1#~3#样品均在 215~226nm 出现了一个吸收平台,推断 1#~3#样品中可能含有无机离子。从图中可以看出所有样品在 220~300nm 波长范围内均有吸收,且 1#~8#样品均在 250~280nm 波长范围出现了一个吸收平台,研究表明化合物在 250~290nm 波长范围显示中等强度的吸收,说明化合物中存在含苯环的芳香族化合物。随着发酵反应时间的增加,反应前 8 天两个样品(1#和 2#)的紫外吸收强度降低,第 8 天后其余样品的紫外吸收强度均有明显的增加。发酵的前 8 天VAF 浓度一直不断增大,并于第 8 天达到最大值,之后 VFA 的浓度呈递减趋势。因此,可以推断前 8 天的两个样品紫外吸收强度的降低可能与反应底物水解产生大量的有机酸有关,而第 8 天后样品紫外吸收强度的增大表明样品中腐殖质的芳香度在不断增加。

2)发酵液 DOM 特征光谱吸收值变化分析

以发酵液样品的 $SUVA_{254}$、$A_{226~400}$ 和 E_{253}/E_{203} 三个紫外吸收参数的变化趋势为基础,分析厌氧发酵过程中物质的转化特性。样品相关紫外参数如表4-6所示。

表 4-6　发酵液 DOM 紫外吸收参数值

样品号	$SUVA_{254}$	$A_{226~400}$	E_{253}/E_{203}
1	0.001 14	15.017	0.192
2	0.000 63	10.566	0.175
3	0.001 31	16.974	0.188
4	0.003 01	28.332	0.215
5	0.005 05	31.844	0.252

续表

样品号	$SUVA_{254}$	$A_{226\sim400}$	E_{253}/E_{203}
6	0.008 74	48.138	0.300
7	0.017 13	68.334	0.238

相同浓度的有机物在波长 254nm 处紫外吸收强度的增大，表示样品中含有的非腐殖质不断向腐殖质转化。在发酵的前 8 天，发酵液 DOM 的 $SUVA_{254}$ 值从 0.001 14 下降到 0.000 63，结合 VFA 浓度的变化趋势图可知，这可能与易降解有机物不断被降解，VFA 浓度的增大有关；第 8 天之后发酵液 DOM 的 $SUVA_{254}$ 值呈逐渐上升的趋势，这说明随着发酵反应的进行，难降解有机物不断增多，样品中的芳香族化合物不断增多，非腐殖质物质不断转化为腐殖质类物质。

紫外吸收光谱中，在波长 200nm 附近的吸收峰，一般是由溶解氧、水分的紫外吸收引起的，在波长 200~226nm 范围内，由于可能存在硝酸盐等无机离子的强吸收，因此，波长 226nm 以下的吸收值不适宜用作表征水体中有机物的特性。波长 226~400nm 的紫外吸收光谱，基本反映了有机质的吸收光谱特性。本书对所取发酵液的 DOM 在波长 226~400nm 的吸光度进行积分得到 $A_{226\sim400}$ 的参数值，并进行分析。$A_{226\sim400}$ 参数值的变化规律与 $SUVA_{254}$ 变化规律一致，发酵反应的前 8 天，$A_{226\sim400}$ 的参数值从 15.017 降到了 10.566，第 8 天之后，随着发酵反应的进行，$A_{226\sim400}$ 的参数值呈不断上升的趋势，说明发酵液 DOM 中苯环化合物不断增多，易降解有机物被不断利用而减少，难降解有机物不断积累而增多。

E_{253}/E_{203} 为有机物在 253nm 与 203nm 处的紫外吸光度的比值。当有机物的芳环结构上的脂肪链含量相对较高时，E_{253}/E_{203} 值变小，当芳环结构上主要为羰基、羧基、羟基、酯类等取代基时，E_{253}/E_{203} 值增大，在发酵的前 8 天，样品的 E_{253}/E_{203} 值从 0.192 下降到 0.175，同期发酵底物中易降解的有机物得到降解，VFA 的浓度不断增大，基质中脂肪链也相应增多，所以样品的 E_{253}/E_{203} 值有了一定的降低；第 8 天后，从 2#样品到 6#样品的 E_{253}/E_{203} 值是逐步增加的，说明样品 DOM 中苯环类化合物上取代基中的脂肪链不断被氧化分解利用，其他的如羰基、羧基、羟基、酯类等芳环取代基不断增多。反应后期的两个样品（从 6#到 7#），E_{253}/E_{203} 值突然降低，说明 E_{253}/E_{203} 值还有可能与其他的一些因素有关，该值不能绝对的反映有机物结构的变化。

3）不同阶段发酵液 DOM 紫外特征参数与常规理化参数相关性分析

从上述紫外特征吸收参数的分析可知，不同发酵时间段发酵液 DOM 紫外吸收特征参数与常规表征物质变化的指标有一定的相关性，为了进一步量化其相关性的大小，对上述紫外吸收特征参数和常规理化参数（TOC 和 VFA）的浓度进行了相关性分析，结果如表 4-7 所示。

表 4-7　发酵液 DOM 不同紫外吸收参数的相关性分析

相关系数	$SUVA_{254}$	$A_{226\sim400}$	E_{253}/E_{203}	TOC 浓度	VFA 浓度
$SUVA_{254}$	1	0.982**	0.604	−0.852*	−0.700
$A_{226\sim400}$	0.982**	1	0.715	−0.916**	−0.781*
E_{253}/E_{203}	0.604	0.715	1	−0.860*	−0.710
TOC 浓度	−0.852*	−0.916**	−0.860*	1	0.896*
VFA 浓度	−0.700	−0.781*	−0.710	0.896*	1

注：相关性系数的取值范围为−1～1。当相关性系数小于 0 时，称为负相关；大于 0 时，称为正相关；等于 0 时，称为零相关。*越多表示相关性越大。

由表 4-7 可知，3 个紫外吸收特征参数均达到了正相关；紫外吸收特征参数 $SUVA_{254}$、$A_{226\sim400}$ 和 E_{253}/E_{203} 均与 TOC 浓度达到了负相关，且 $A_{226\sim400}$ 与 TOC 浓度的相关性最大；对于 VFA 浓度，只有 TOC 浓度与其正相关；此外，VFA 浓度与 TOC 浓度之间还成正相关。可以看出发酵渗滤液的紫外吸收特征参数 $A_{226\sim400}$ 的值与 TOC 浓度成显著负相关，由于 $A_{226\sim400}$ 是一个波段有机物紫外吸收的积分，所以其更能全面的表征发酵液中有机物的量，因此，在以后的厌氧发酵的监测过程中可以考虑用 $A_{226\sim400}$ 的值表征发酵液中有机物的变化。

3. 发酵液 DOM 荧光光谱分析

利用三维荧光光谱能够同时得到激发波长和发射波长变化时的荧光强度信息，且对复杂体系中多组分重叠的荧光光谱也可以进行识别和表征。不同来源的溶解性有机物具有不同的荧光基团，反映到荧光谱图上，表现出不同的荧光峰位置和荧光强度，利用上述信息就可以判断溶解性有机物的组成及其污染程度。

1）发酵液 DOM 同步荧光光谱分析

由于发酵过程不同时间段发酵液 DOM 的同步荧光光谱图相差不大，各样品的特征荧光峰的个数相同，且各特征荧光峰出现的位置大致相同，因此下面以 1#样品的同步荧光光谱图对发酵过程中不同时间段发酵液 DOM 的同步荧光特性进行分析。如图 4-23 所示，样品在 280nm 附近出现了一个较强的荧光峰，说明发酵液 DOM 中含有类蛋白质，另外，样品在 340nm 及 490nm 处也各出现了一个荧光峰，此处的荧光峰是由腐殖质产生的，相比之下，类腐殖质峰的强度要比类蛋白峰的强度要低得多，说明厌氧发酵初期，发酵液 DOM 主要由类蛋白质组成。

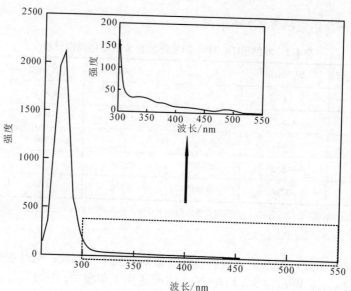

图 4-23   1#样品发酵液 DOM 的同步荧光光谱图

　　不同发酵时间段发酵液 DOM 同步荧光特征峰波长及强度变化情况如表 4-8 所示，可以看出，在发酵的前 8 天内样品的类蛋白特征峰的荧光强度有了一定的增大，之后特征峰的荧光强度逐渐变弱，这可能与发酵底物微生物对易降解有机物进行不断降解，难降解有机质出现累积有关。样品中出现的两种类腐殖质峰，在发酵过程中峰强度的变化情况与类蛋白峰强度的变化情况正好相反，反应后期的类腐殖质峰强度明显大于反应初期的峰强度，这也与发酵底物中相关微生物的生命活动有关。

表 4-8   发酵液 DOM 同步荧光特征峰波长及强度变化情况

样品号	类蛋白峰（250~280nm）		类腐殖质峰（330~340nm）		类腐殖质峰（460~490nm）	
	特征峰波长	特征峰强度	特征峰波长	特征峰强度	特征峰波长	特征峰强度
1	278	2201	337	35	487	10
2	278	2629	336	29	489	8
3	279	2530	339	42	494	12
4	279	2301	339	57	495	20
5	279	2154	340	63	495	28
6	280	697	341	68	492	33
7	281	612	341	86	493	42

　　样品的类蛋白特征峰荧光强度的变化与 TOC 和 VFA 浓度变化结果相符，将同步荧光波长为 280nm、340nm、480nm 处的峰强度分别与 TOC 和 VFA 的浓度进行相关性分析，分析结果如表 4-9 所示。

表 4-9　同步荧光特征峰（280nm、340nm、480nm）强度与 TOC 和 VFA 浓度的相关性分析

相关系数	280nm	340nm	480nm
TOC 浓度	0.803*	−0.965**	−0.971**
VFA 浓度	0.603	−0.867*	−0.896*

注：*越多表示相关性越大。

由表 4-9 可知，TOC 的浓度与波长 280nm 处的同步荧光峰强度成正比，而 VFA 的浓度与波长 280nm 处的同步荧光峰强度的相关性不是很高，说明同步荧光扫描光谱中测定的类蛋白质不完全来源于水解产生的 VFA。另外，还可以看出，TOC 与 VFA 的浓度均与波长 340nm 和 480nm 处的同步荧光强度成反比，且 TOC 的浓度与波长 340nm 和 480nm 处的同步荧光强度的相关性更高些，因此可以考虑采用波长 340nm 和 480nm 处的同步荧光强度为厌氧发酵液中 TOC 浓度变化的快速测定提供参考。

2）发酵液 DOM 三维荧光光谱分析

利用三维荧光光谱技术可以得到完整的溶解性有机物中荧光基团的光谱信息，用于分析判断 DOM 的有机污染组成及强度。通常，天然环境中溶解性有机物的 Ex/Em 荧光峰的位置可陈列如下：Class Ⅰ，Ex 为 350～440nm，Em 为 430～510nm；Class Ⅱ，Ex 为 310～360nm，Em 为 370～450nm；ClassⅢ，Ex 为 240～290nm，Em 为 300～350nm；ClassⅣ，Ex 为 240～270nm，Em 为 370～440nm。其中 Class Ⅰ 用来表示类腐殖酸荧光，Class Ⅱ 和 ClassⅣ 表示类富里酸荧光，Class Ⅲ 表示类蛋白荧光。可以看出，不同种类的有机物在三维荧光图中有相应的位置，可以此分析不同来源样品的组成，并且利用荧光峰的强度来判断样品有机污染程度。

选取 2 号反应器第 1、4、7、13、19、25、30、33、36 次取样的厌氧发酵液样品（分别命名为 1#、2#、3#、4#、5#、6#、7#、8#、9#），研究厌氧发酵过程中发酵液的三维荧光特性，各样品的三维荧光光谱图如图 4-24 所示。前两个样品分别出现了两个峰（Peak A 和 Peak B），Peak A 在 Ex 为 270～280nm，Em 为 310～340nm 范围内，Peak B 在 Ex 为 220～230nm，Em 为 310～340nm 范围内，如前面所述，Ex 为 240～290nm，Em 为 300～350nm 范围内的荧光峰为类蛋白荧光，所以 Peak A 为类蛋白荧光峰。另外，Ex 为 220～240nm，Em 为 280～350nm 范围内产生的荧光峰是由微生物降解产生的类蛋白质引起的，所以 Peak B 也为类蛋白峰。所有的样品均有 Peak A 和 Peak B，随着发酵反应的不断进行，Peak A 和 Peak B 的荧光强度整体上不断减弱，且随着反应的进行，特征峰产生了一定的红移，说明 Peak A 和 Peak B 复杂化程度有所增加。除了 5#样品，从 3#到 9#样品都出现了另外一种峰 Peak C，Peak C 处于 Ex 为 270～285nm，Em 为 400～420nm 范围内，为 ClassⅣ 的类富里酸荧光峰。5#样品 Peak C 消失的原因有待考证。从 6#样品到 9#样品,又出现了另外一种峰 Peak D,Peak D 为 Class II 的类富里酸荧光峰。所有样品均未出现类腐殖酸荧光峰,可能是由样品过滤时分子量大的类腐殖酸截留在滤纸表面造成的。可以看出,在整个发酵过程中,随着反应时间的增长,发酵液 DOM 中两种类蛋白峰强度逐渐减弱,两种类富里酸峰出现并逐渐增强,说明厌氧发酵渗滤液 DOM 中的类蛋白质易被微生物降解利用,而类富里酸物质不易降解,会出现累积。

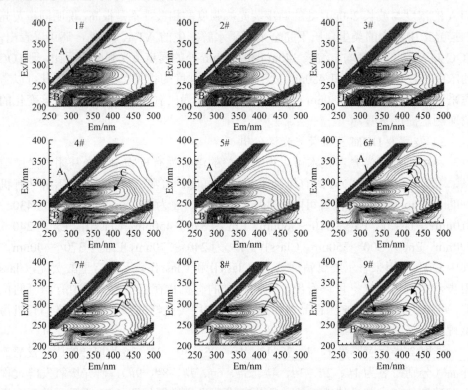

图 4-24 不同发酵阶段三维荧光光谱图

发酵物质的转化过程中同时存在有机质的降解和腐殖化,从整个发酵过程来看,随着发酵时间的增加,易降解产酸物质不断减少,复杂的腐殖质物质不断形成,发酵液 DOM 的腐殖化程度不断加深。样品的紫外吸收强度与 VAF 和 TOC 浓度的变化趋势相反。反应初期样品易降解有机物不断被降解,特征吸收光谱参数 $SUVA_{254}$ 值减少,之后其值又呈逐渐上升的趋势,说明随着发酵反应的进行,难降解有机物不断增多,样品中的芳香族化合物不断增多,非腐殖质物质不断转化为腐殖质类物质。紫外吸收特征参数 $SUVA_{254}$、$A_{226\sim400}$ 和 E_{253}/E_{203} 均与 TOC 浓度达到了负相关;对于 VFA 浓度,只有紫外吸收特征参数 $A_{226\sim400}$ 与其成负相关。所以在以后的厌氧发酵的监测过程中可以用 $A_{226\sim400}$ 的值表征发酵液中有机物的变化。

在样品的同步荧光扫描图中，在波长 280nm 附近出现了一个较强的荧光峰，为类蛋白质荧光峰；样品在波长 340nm 及 490nm 处也各出现了一个荧光峰，此处的荧光峰为腐殖质产生的。厌氧发酵初期，类腐殖质峰的强度比类蛋白峰的强度低得多，反应后期类腐殖质峰强度逐渐增强，而类蛋白峰逐渐减弱。波长 280nm 处的同步荧光峰强度与 TOC 的浓度成正比，与 VFA 的浓度相关性不是很高，说明同步荧光扫描光谱中测定的类蛋白质不完全来源于水解产生的 VFA。相对于 VFA 的浓度，TOC 的浓度与波长 340nm 和 480nm 处的同步荧光强度的相关性更高，因此考虑采用波长 340nm 和 480nm 处的同步荧光强度为厌氧发酵液中 TOC 浓度变化快速测定提供参考。随着发酵反应时间的增长，发酵液 DOM 中两种类蛋白峰强度逐渐减弱，两种类富里酸峰出现并逐渐增强，说明随着发酵反应的进行，厌氧发酵渗滤液 DOM 中的类蛋白质不断被微生物降解利用，类富里酸物质由于不易降解而出现了累积。

4.2.2.4　牛粪与玉米秸秆混合干式厌氧发酵微生物群落结构变化规律

为了全面解析厌氧发酵系统，本研究利用分子生物学技术从微观方面研究厌氧发酵过程相关微生物菌群结构的变化，确定了影响厌氧发酵微生物群落结构演变的关系，为厌氧发酵的人工调控提供了更加全面的理论依据，进而能不断地提高发酵的产气效率，发挥厌氧发酵的最大产气潜能。

1. 细菌和古细菌 DGGE 图谱分析

把在发酵反应的第 1、3、4、5、6、7、8、9、11、12 周从反应器内取得的固态发酵物料作为分析样品，上述十个样品分别对应于 DGGE 图谱上端编号 1～10。需切胶回收的条带由上端的低变性梯度到下端的高变性梯度选取。

利用凝胶成像系统得到的反应器不同发酵时期细菌和古细菌的 DGGE 图谱如图 4-25 和图 4-26 所示。

不同发酵时段，条带数目均在 20 条以上，条带分布相对比较均匀，条带的位置基本一致，在整个发酵过程中，反应器中细菌的多样性十分丰富，种类也比较稳定。

PCR-DGGE 图谱中处于不同位置的 DNA 条带及其亮度的强弱代表微生物群落中某一特定微生物及其在群落中的相对丰度，条带数目越多表示细菌种类越丰富。从细菌的 DGGE 图谱可以看出，发酵初期的样品条带很多，且有许多条带较亮，说明发酵反应初期，反应器中细菌的种类较多，且有明显的优势菌群。在 DGGE 图谱中，有些条带贯穿于整个发酵过程中，如条带 2、3、4、5、9、10、16、17，且条带较亮，说明这些条带代表为整个发酵反应过程中的优势菌群，可以推断这些条带代表的菌群是反应器稳定运行不可缺少的。从图中还可以看出，在发酵的过程中,每个阶段都有其特定的优势条带,整体看来呈现出优势条带的更迭现象,说明在厌氧发酵过程中,细菌群落丰度有明显的动态变化,这与厌氧发酵过程不同阶段都有其特定的优势微生物有关。

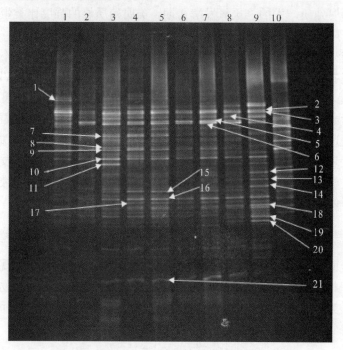

图 4-25　细菌 DGGE 图谱

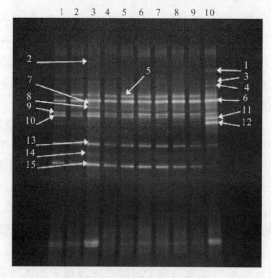

图 4-26　古细菌 DGGE 图谱

由图 4-26 可知，样品的条带数均在 8 条以上，条带都比较清晰明亮，菌群的多样性丰富。在整个发酵过程中，除了发酵后期的最后一个样品，其他样品条带的亮度及位置均相差不大，古细菌群落结构比较稳定，这可能与产甲烷菌种类较少、同源性较高有关。发酵后期条带数略微增大多，可能与后期发酵液减少且不进行回流，反应器内的古细菌微生物的生存环境减少了扰动有关。

从细菌和古细菌的 DGGE 图谱分析可知：整个干式厌氧发酵过程中，微生物种类十分丰富，且细菌的多样性要大于古细菌的多样性。细菌种群结构比较稳定，不同发酵阶段既有共有优势条带，又有其特定的优势条带，细菌群落的丰度有明显的动态变化。古细菌群落结构比较稳定，这可能与产甲烷菌种类较少，同源性较高有关。

2. 厌氧发酵过程中微生物群落多样性分析

细菌多样性指数演替趋势如图 4-27 所示，样品的 Simpson 指数变化不大，为 0.92 ± 0.30，说明发酵过程中反应器中细菌的种类十分丰富，Shannon-Weiner 指数（香浓指数）发生了明显的变化，呈现先降低后升高再趋于稳定的态势，1#样品的香浓指数为 3.00，到 2#样品时降低到 2.53，之后又上升到 3.00 附近。说明发酵初期，混合物料所含的细菌种类多样性十分丰富，随着发酵反应的进行，一部分细菌在驯化过程中被淘汰，多样性指数降低，留下来的细菌的优势随着发酵反应的进行逐渐得以体现，因此后期多样性指数趋于稳定。

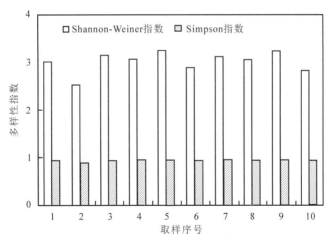

图 4-27　细菌多样性指数演替趋势

如表 4-10 所示，从 2#反应器细菌的聚类分析可以看出，4#和 6#样品的聚类指数为 0.76，菌群结构差别不明显，表明这两个样品所取发酵阶段，反应器中的细菌群落较为接近。同时从表中可以看出 4#和 6#样品的戴斯系数最大为 76.3%。

还可以看出发酵反应中期的样品 3#、4#、5#、6#、7#和 8#聚为一类，发酵反应前期的两个样品 1#和 2#以及发酵反应后期的两个样品 9#和 10#与发酵反应中期的样品的聚类指数较低，表现出一定的差异，从 DGGE 图谱中也可以看出，前后期样品与中期样品的条带数目和优势条带也有显著的差异，这与发酵过程中不同阶段细菌群落的动态变化一致。

表 4-10 样品细菌基于戴斯系数的相似性矩阵

取样序号	1	2	3	4	5	6	7	8	9	10
1	100.0	37.2	51.0	46.9	60.8	47.7	51.8	54.9	59.3	42.9
2	37.2	100.0	51.0	49.0	42.2	49.8	44.6	36.4	28.0	21.5
3	51.0	51.0	100.0	53.4	55.1	50.4	54.2	48.8	37.6	26.8
4	46.9	49.0	53.4	100.0	63.2	76.3	64.9	49.8	49.1	43.1
5	60.8	42.2	55.1	63.2	100.0	65.8	62.5	52.2	51.2	38.8
6	47.7	49.8	50.4	76.3	65.8	100.0	75.1	54.5	48.6	38.2
7	51.8	44.6	54.2	64.9	62.5	75.1	100.0	68.0	55.5	35.6
8	54.9	36.4	48.8	49.8	52.2	54.5	68.0	100.0	54.3	31.1
9	59.3	28.0	37.6	49.1	51.2	48.6	55.5	54.3	100.0	43.1
10	42.9	21.5	26.8	43.1	38.8	38.2	35.6	31.1	43.1	100.0

样品古细菌的 Shannon-Weiner 指数和 Simpson 指数最大值分别为 2.16 和 0.87，其中古细菌的 Shannon-Weiner 指数远小于细菌的最小值 2.53，古细菌的 Simpson 指数小于细菌的最小值 0.89，说明发酵过程中古细菌群落的丰富度和均匀度要小于细菌群落。如图 4-28 所示，古细菌的 Simpson 指数变化不明显，而 Shannon-Weiner 指数呈现一定的变化规律，从发酵初期的 2.16 缓慢波动降到 6#样品的 1.64，之后缓慢波动上升至平稳，和细菌一样，随着发酵反应的进行，部分古细菌在驯化过程中成为了优势菌种。

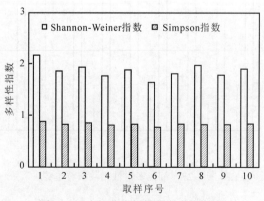

图 4-28 古细菌多样性指数演替趋势

相对于厌氧发酵过程中的细菌，由于古细菌的种类较少，所以各样品间条带的相似性较高。如图 4-29 所示，7#和 9#样品的聚类指数最高，为 0.84；如表 4-11

所示,两者的戴斯系数最大为84.5%。4#和5#样品的聚类指数为0.78,两者的戴斯系数最大为78.4%,说明7#和9#以及4#和5#样品古细菌群落差别很小。另外还可以看出发酵反应前期的两个样品 1#和 2#与发酵反应中后期的样品的聚类指数较低,表现出一定的差异性。这与发酵反应前期主要是水解酸化菌占优势,发酵反应中后期产甲烷菌占优势的微生物发酵理论相一致。

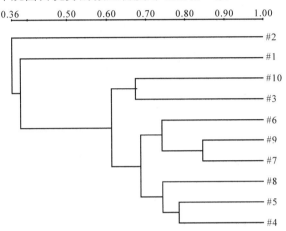

图 4-29 古细菌聚类分析图谱

表 4-11 样品古细菌基于戴斯系数的相似性矩阵

取样序号	1	2	3	4	5	6	7	8	9	10
1	100.0	33.2	35.3	34.5	41.6	33.3	38.7	43.0	37.7	41.3
2	33.2	100.0	29.3	29.4	34.4	42.8	34.0	40.6	36.8	43.3
3	35.3	29.3	100.0	52.1	61.1	60.6	62.8	60.7	66.5	67.3
4	34.5	29.4	52.1	100.0	78.4	67.7	56.2	72.2	60.2	55.9
5	41.6	34.4	61.1	78.4	100.0	71.5	73.8	76.3	76.5	62.0
6	33.3	42.8	60.6	67.7	71.5	100.0	73.0	72.1	75.3	62.8
7	38.7	34.0	62.8	56.2	73.8	73.0	100.0	64.1	84.5	58.9
8	43.0	40.6	60.7	72.2	76.3	72.1	64.1	100.0	75.2	68.2
9	37.7	36.8	66.5	60.2	76.5	75.3	84.5	75.2	100.0	63.3
10	41.3	43.3	67.3	55.9	62.0	62.8	58.9	68.2	63.3	100.0

3. 厌氧发酵过程中优势群落分析

把细菌的测序结果与 Gen Bank 数据库中已有序列进行对比分析,获取相似性最大的菌属 16S rDNA 序列,比对结果如表4-12所示。其中条带5与数据库中已有序列的相似度为96%,可能为对应属下的新物种,其余条带克隆序列与 Gen Bank

数据库中已有序列的相似度均大于 97%。

表 4-12 细菌 DGGE 图谱优势条带比对结果

条带编号	登录号	相似性最大的种属（最高相似度菌株名称）	相似性/%
1	JQ169930.1	uncultured bacterium clone J2_3_754	99
2	JF417927.1	uncultured bacterium clone 1-1B-36	99
3	HQ224833.1	uncultured bacterium clone ABRB45	99
4	GQ135230.1	uncultured bacterium clone 3h09	98
5	JQ102909.1	uncultured bacterium clone J2_3_13	96
6	HQ698243.1	uncultured bacterium clone SPAD94	100
7	GQ133738.1	uncultured bacterium clone 03d07	97
8	EU551094.1	uncultured bacterium clone S3	99
9	JQ337063.1	uncultured bacterium clone NT-2-33	100
10	CU922012.1	uncultured spirochaetes bacterium 16S rRNA gene from cloneQEDR3BG05	100
11	AM183016.1	uncultured bacterium partial 16S rRNA gene，clone SMA25	100
12	JN399170.1	uncultured bacterium clone 95	99
13	FN667326.1	uncultured compost bacterium partial 16S rRNA gene，clone PS2431	100
14	CU925464.1	uncultured actinobacteria bacterium 16S rRNA gene from cloneQEDN3DD05.	99
15	FN667332.1	uncultured compost bacterium partial16S rRNA gene，clone PS2453.	99
16	JF417897.1	uncultured bacterium clone 1-1B-06	100
17	EF016642.1	uncultured bacterium clone SB9	100
18	JQ152090.1	uncultured bacterium clone J2_4_877	100
19	GQ265318.1	uncultured clostridium sp. clone CO5-72	100
20	AM947526.1	uncultured bacterium partial 16S rRNA gene，clone 2d_2FB17.	98
21	GQ132239.1	uncultured bacterium clone 01e08	100

在整个发酵过程中，样品共有的条带为 2、3、4、5、9、10、16、17。其余条带为厌氧发酵过程不同阶段特有的优势条带。从以上条带比对结果可以看出，大部分条带克隆序列均为未培养的细菌，也有一些与数据库已有序列相似度高的条带克隆序列属于拟杆菌门（Bacteroidetes）和梭菌属（Clostridium）。拟杆菌在纤维素的降解中扮演着重要的角色，对于纤维素含量高的发酵物料，在其干式厌氧发酵过程中加强对拟杆菌生存环境的优化，能有效的解决厌氧发酵水解阶段对整个发酵过程限速的影响。

把古细菌的测序结果与 Gen Bank 数据库中已有序列进行对比分析，获取相似性最大的菌属 16S rDNA 序列，比对结果如表 4-13 所示。可以看出条带克隆的序列与数据库中已有序列的相似度较高，均为99%以上。从条带比对结果可以看出，条带克隆序列为未培养的古细菌（uncultured archaea）、甲烷鬃毛菌（*Methanosaetaceae*）和甲烷囊菌属（*Methanoculleus*）。从优势条带的测序结果可知，干式厌氧发酵体系中既存在以乙酸为营养基质的甲烷鬃毛菌，又存在以 H_2 和 CO_2 为营养基质的甲烷囊菌属，且乙酸营养型的产甲烷菌比氢营养型的产甲烷菌的种类要多。

表 4-13　古细菌 DGGE 图谱优势条带比对结果

条带编号	登录号	相似性最大的种属（最高相似度菌株名称）	相似性/%
1	AB533504.1	uncultured archaeon gene for 16S rRNA, partial sequence, clone:RSA-5.	99
2	GU388906.1	uncultured archaeon clone NBLA23C	99
3	CU916668.1	uncultured environmental samples 16S rRNA gene from clone QEED1BH111	100
4	EU447668.1	uncultured archaeon clone BA8-EN5128A-LBR10	99
5	JF980441.1	uncultured archaeon clone ADP9	100
6	JN651998.1	uncultured methanosaetaceae archaeon clone BSL34A-1	100
7	FR845731.	uncultured archaeon partial 16S rRNA gene, clone A151.	99
8	GU475173.1	uncultured methanoculleus sp. clone R60	99
9	AY570673.1	uncultured archaeon clone PL-10D12	100
10	HQ224855.1	uncultured archaeon clone ABRA01	99
11	GU996971.1	uncultured archaeon clone MO686arcC11	100
12	HQ141846.1	uncultured methanoculleus sp. clone Ar378	99
13	FJ977567.1	methanoculleus sp. HC	99
14	AB541837.1	uncultured archaeon gene for 16S rRNA, partial sequence, clone:K 09-16-16.	100
15	FJ222200.1	uncultured archaeon clone ATB-EN-4007-R003	99

　　研究表明：在整个干式厌氧发酵过程中，微生物种类十分丰富，且细菌的多样性要大于古细菌的多样性。对于细菌的 DGGE 图谱，从条带比对结果可以看出，条带克隆序列为未培养的细菌（uncultured bacterium）、拟杆菌门（Bacteroidetes）和梭菌属（*Clostridium*）。对于古细菌的 DGGE 图谱，从条带比对结果可以看出，条带克隆序列为未培养的古细菌、甲烷鬃毛菌和甲烷囊菌属。

4.2.2.5　干式厌氧发酵物质变化规律

　　以禽畜粪便、有机垃圾及农作物秸秆为原料，揭示干式厌氧过程中发酵物质变化规律。采用两水平三因素的均匀正交设计，分别测定 4 组实验中全过程的日产沼气量、甲烷量、总固体物质（TS）质量分数、挥发性固体物质（VS）质量分数以及氨氮（NH4+-N）体积分数等常规指标，分析发酵液中化学需氧量（COD）

和发酵物料溶解性有机碳（DOC）等有机成分在全过程的变化情况，在此基础上分析并探讨干式厌氧发酵过程中有机质在发酵停留时间内的变化规律和机理；分析最优组的发酵固体样品的光谱特性变化情况，包括溶解性有机物质（DOM）的紫外光谱和荧光光谱以及发酵原料红外光谱的测试，从发酵物料的内部结构的变化过程中进一步探索干式厌氧发酵过程的有机质的变化规律。

本研究设置 4 组实验，牛粪、秸秆、垃圾按 4：1：1、4：2：0（质量比）配比，TS 质量分数为 25%、35% 两种水平，接种量为 30%、50% 两种水平，按正交法进行实验，采用均匀正交设计如表 4-14 所示。

表 4-14　干式厌氧发酵实验设计表

实验编号	接种量/%	牛粪：秸秆：垃圾	TS 质量分数/%
实验 1	30	4：1：1	25
实验 2	30	4：2：0	35
实验 3	50	4：1：1	35
实验 4	50	4：2：0	25

1. 发酵物料 pH 变化情况

通过对以上 4 组实验干式厌氧发酵物质变化规律的研究，分析了发酵全过程的 pH、产气量、COD、DOC 以及 NH_4^+-N 等指标，并从物质结构上分析了发酵物料的荧光、紫外和红外光谱特性的变化，得出以下结论。

实验 1、实验 2、实验 3、实验 4 运行全过程（共计 60 天）pH 变化曲线图如图 4-30～图 4-33 所示。

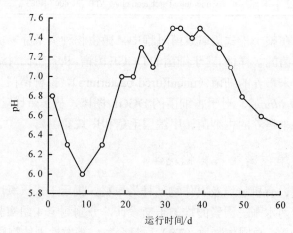

图 4-30　实验 1 pH 变化曲线图

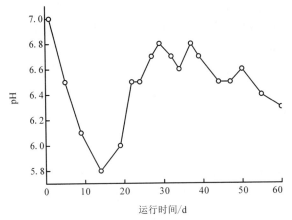

图 4-31　实验 2 pH 变化曲线图

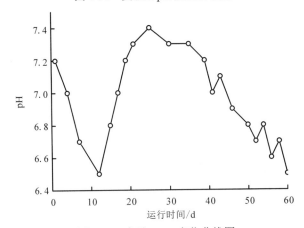

图 4-32　实验 3 pH 变化曲线图

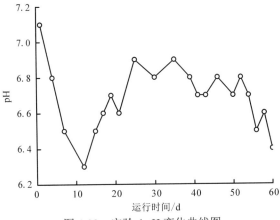

图 4-33　实验 4 pH 变化曲线图

通过以上 4 组实验的 pH 分析，仅实验 2 的 pH 出现了较为严重的酸中毒，经过系统调节,可恢复到正常的产气状况,表现出反应装置良好的稳定性。4 组实验在发酵过程中的 pH 变化表现为初期阶段逐渐下降,这是由于水解产酸菌的作用使之生成了更多的酸类物质;随后又开始缓慢上升,是因为脱氨基作用产生的氨中和了酸性环境;之后再逐渐稳定,经过酸碱中和后,酸类与氨氮的生成处于动态平衡状态,表现为 pH 的变化稳定,仅在末期阶段略微降低,大体呈先降后升最后趋于稳定的 "S" 形变化态势,这种变化也基本符合厌氧发酵三阶段理论。

2. 发酵液中产气量变化情况

4 组实验中的日产气量均分为两个产气阶段如图 4-34～图 4-37 所示,但变化趋势有差异。实验 1 出现了两个明显的产气高峰;实验 2 在运行过程中出现了酸中毒现象,并没有产生明显的第二个产气高峰,在 30 天内的日产气量比较稳定;实验 3 和实验 4 的第一个产气高峰不明显,原因可能是 50%的接种量使更多的厌氧微生物形成的竞争效应缩短了调整期,微生物对物料的利用提前。

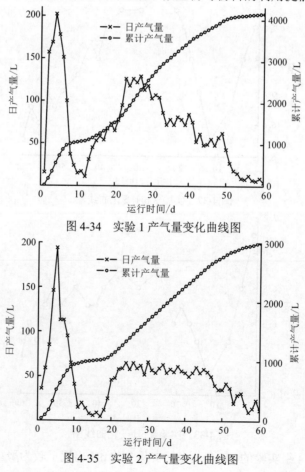

图 4-34 实验 1 产气量变化曲线图

图 4-35 实验 2 产气量变化曲线图

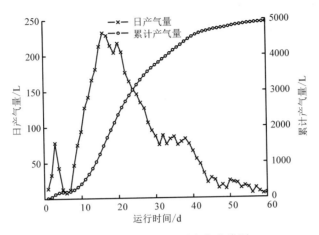

图 4-36　实验 3 产气量变化曲线图

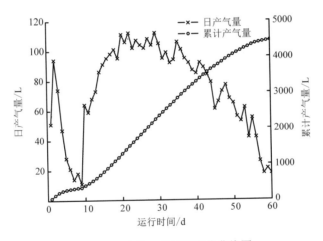

图 4-37　实验 4 产气量变化曲线图

3. 发酵液中 COD 含量的变化情况

4 组实验发酵液的 COD 含量都随着淋溶作用在水解酸化阶段逐渐增加，而在反应刚进入产甲烷阶段，产甲烷菌的活性增加导致 COD 的降解非常明显，随着反应继续进行，产气高峰期之后的 COD 的降解不太明显，4 组实验中除实验 2 因酸化影响了微生物对有机物质的利用（降解率 31.0%），其他 3 组的 COD 去除率都大于 60%，降解效果比较明显。如图 4-38～图 4-41 所示。

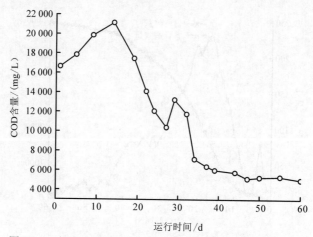

图 4-38　实验 1 物料运行过程发酵液 COD 含量变化曲线图

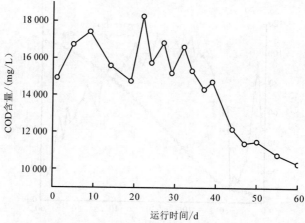

图 4-39　实验 2 物料运行过程发酵液 COD 含量变化曲线图

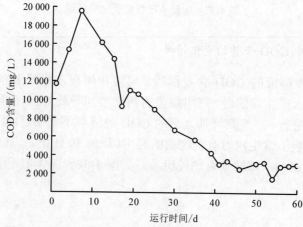

图 4-40　实验 3 物料运行过程发酵液 COD 含量变化曲线图

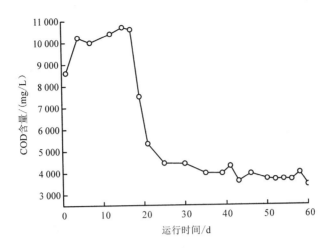

图 4-41　实验 4 物料运行过程发酵液 COD 含量变化曲线图

4. 发酵物料 DOC 含量的变化情况

4 组实验物料在水解酸化阶段由于有机物质的溶出使 DOC 含量降低，与发酵液 COD 逐渐上升的趋势为负相关，进入稳定产气阶段之后，微生物对 DOC 的消耗趋于稳定。如图 4-42～图 4-45 所示。

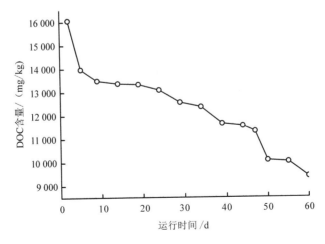

图 4-42　实验 1 发酵过程物料 DOC 含量变化曲线图

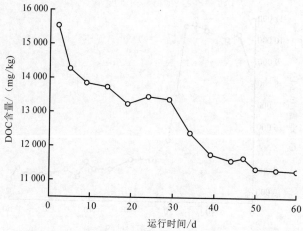

图 4-43 实验 2 发酵过程物料 DOC 含量变化曲线图

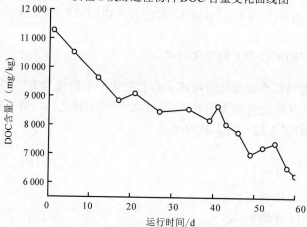

图 4-44 实验 3 发酵过程物料 DOC 含量变化曲线图

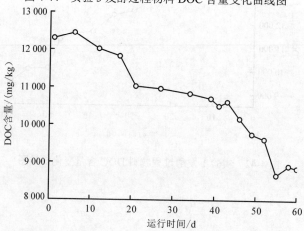

图 4-45 实验 4 发酵过程物料 DOC 含量变化曲线图

5. 氨氮（NH₄⁺-N）浓度变化情况

厌氧发酵运行过程中实验 1 发酵液的 NH_4^+-N 浓度变化曲线如图 4-46 所示。从图 4-46 中可以看出，初始浓度为 279mg/L，整个过程中氨氮的最大累计浓度为 952mg/L，氨氮累计浓度从第 22 天起变化缓慢，第 22 天后氨氮的浓度略微升高，但是总体变化幅度不大。厌氧发酵中氨氮浓度的升高，主要是由于蛋白质类等含氮有机物质的分解，因此，发酵液中的氨氮浓度都高于进料的氨氮浓度。氨基酸分解产生的氨基和小分子酸，不断被产甲烷菌利用，氨氮也逐渐增加，因此氨氮的浓度不断升高同时伴随着甲烷的产生。第 22 天氨氮浓度变化较为缓慢的原因主要是这段时间产气逐渐稳定，产生的氨氮也变化不大。NH_4^+-N 虽然是微生物生长所必需的营养元素，但过高的 NH_4^+-N 浓度也会抑制微生物的增长，当 NH_4^+-N 浓度达到 3000mg/L，游离氨仅为 100mg/L 时，产甲烷菌活性会受到抑制。Lay 等研究表明，NH_4^+-N 浓度为 1670～3720mg/L，产甲烷菌活性下降 10%；NH_4^+-N 浓度为 4090～5550mg/L，产甲烷菌活性下降 50%；NH_4^+-N 浓度为 5880～6600mg/L，产甲烷菌完全失去活性，本实验运行中未出现氨氮抑制产甲烷菌活性现象（Lay and Li, 1997）。

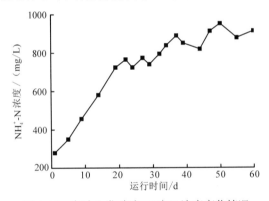

图 4-46　实验 1 发酵液 NH_4^+-N 浓度变化情况

厌氧发酵运行过程中实验 2 发酵液的 NH_4^+-N 浓度变化曲线如图 4-47 所示，初始浓度为 326mg/L，整个过程中氨氮的最大累计浓度为 746mg/L，反应在运行初期阶段（第 1 天至 9 天）氨氮浓度出现逐渐上升的趋势，但是在第 9 天后，氨氮的浓度变化不大，并出现略微下降的趋势，一直持续到第 22 天，才又逐渐升高。相较于其他实验，实验 2 后期运行过程中氨氮浓度低，是由于出现了酸化现象，导致产甲烷菌的活性被抑制，对含氮类有机物质的利用率也降低了。

厌氧发酵运行过程中实验 3 发酵液的 NH_4^+-N 浓度变化曲线如图 4-48 所示。可以看出，初始浓度为 355mg/L，整个过程中氨氮的最大累计浓度为 1201mg/L，整体变化趋势呈现先上升后稳定的态势。氨氮在厌氧发酵系统中的变化主要是由微生物生长代谢和氨基酸等有机物质的分解转化两方面共同作用造成的。由于厌氧微生物细胞增殖很少，氨氮的产生主要是由于氨基酸类等有机氮被还原，因此运行过程中，发酵液后一阶段的氨氮浓度会高于前一阶段的氨氮浓度。反应运行后期，氨氮浓度较稳定的原因是厌氧微生物处于稳定期，微生物的增殖处于动态平衡过程，对氨氮氮源的利用稳定。

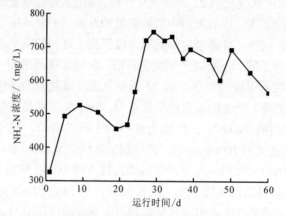

图 4-47　实验 2 发酵液 NH_4^+-N 浓度变化情况

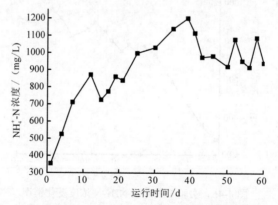

图 4-48　实验 3 发酵液 NH_4^+-N 浓度变化情况

厌氧发酵运行过程中实验 4 发酵液的 NH_4^+-N 浓度变化曲线如图 4-49 所示。可以看出，初始浓度为 294mg/L，整个过程中氨氮的最大累计浓度为 1061mg/L，从第 12 天至第 17 天，出现短暂下降，第 17 天后又迅速升高。出现短暂下降的原因可能是 pH 在此阶段逐渐升高，使部分铵根离子逐渐向产生氨气的方向移动，产生的氨气随之溢出系统外。之后又急剧上升的原因可能是甲烷的活性逐渐增强，对含氮类的有机物质利用率增大，分解此类物质时伴随着更多的氨氮的产生。在第 21 天后，系统的氨氮浓度变化不大。

氨氮浓度低于 1000mg/L，对厌氧反应器中微生物不会产生不利影响，接种量为 50% 的两组实验运行过程中 NH_4^+-N 累计浓度均超过了 1000mg/L，但并未出现氨抑制作用；实验2的pH自动调节后20天恢复产气，这些都表明反应器有良好的自动调节作用。

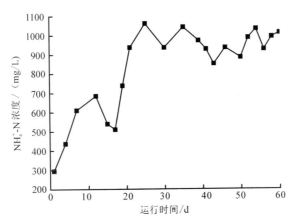

图4-49 实验4发酵液NH₄-N浓度变化情况

6. 最优组的光谱特性分析

1）发酵物料中DOM荧光光谱分析

实验1发酵过程中不同运行时间同步荧光光谱特性如图4-50所示。同步荧光可以用于分析水溶性有机质的结构和组分，如图4-50所示，不同运行时间均出现了两个荧光峰，Peak A和Peak B。根据相关研究，波长在200～300nm范围内的波峰与蛋白质类物质有关，波长在300～550nm范围内的波峰与腐殖质类物质有关，即在较短波长范围内有较强的荧光强度，由分子量较低、结构较为简单的有机物质构成。Ahmad等研究氨基酸和下水道污水的同步荧光时，发现在波长280nm处存在一个主要是可生物降解的芳香族氨基酸的强荧光峰，在波长340nm处产生的荧光峰是由溶解态的腐殖质形成的（Ahmad and Reynolds，1995）。从第1天到第7天，Peak A处的波长变短，荧光强度迅速增强，溶解质中产生了极强的类蛋白质；而随着反应的继续进行，从第7天至第60天，波长又逐渐变长，荧光强度也随之减弱。在反应的前天，荧光强度迅速增强的原因可能是这段时间水解细菌开始适应环境，活跃起来，不断分解物料，将大分子的物质逐渐水解出来，形成了更多蛋白质类物质；而第7天之后荧光强度逐渐减弱是由于产甲烷菌逐渐活跃起来，对小分子酸类物质利用效率增强，导致更多被水解出来的蛋白质继续分解，造成蛋白质的含量降低。Peak A处蛋白质含量不断降低的趋势与前面关于有机质含量逐渐降低的推论一致。Peak B处荧光强度在水解酸化后期出现类腐殖酸，但荧光强度一直较低，表明有机物质被不断分解为小分子简单物质，同时有少量难降解的类腐殖酸生成。

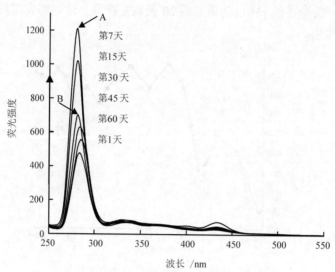

图 4-50　发酵过程中不同运行时间同步荧光光谱特性

　　荧光光谱分析结果显示，反应运行的初期（第 1～7 天）为酸化水解阶段，发酵物料中类蛋白质的荧光峰强度和复杂化程度大，有机物主要以类蛋白质为主；而在产甲烷阶段，简单有机物逐渐增多，类蛋白质的荧光吸收强度逐渐减弱，蛋白质类的物质逐渐被消耗，不饱和键的荧光强度也逐渐减弱。

　　2）发酵物料中 DOM 紫外光谱分析

　　实验 1 发酵过程中混合物料 DOM 的紫外光谱图如图 4-51 所示。DOM 的紫外光谱吸收主要是由不饱和共轭键引起的，图 4-51 为厌氧发酵反应运行过程中固样经浸提得到的 DOM 的紫外光谱叠加图，从图中可以看出不同时间段 DOM 的吸收曲线差别不大。从整体趋势看，吸光度都随着波长的增加而逐渐减小；就单个趋势比较来看，吸光度随着反应时间段的延续呈现先增大后逐渐减小的趋势，这主要是由发酵物料 DOM 中发色基团和助色基团的增加所致。在波长 280nm 附近出现一个吸收平台，为共轭分子的特征吸收带，由共轭体系分子中的电子的 π～π* 跃迁产生，这主要是由腐殖质中的木质素磺酸及其衍生物所形成的吸收峰。对比第 1 天与第 7 天的紫外吸收光谱曲线，可以看出红外吸光度有较为明显的增加，这是由于紫外光谱吸收主要与有机物质中不饱和的共轭双键结构有关，大分子的芳香度和不饱和共轭键具有更高的摩尔吸收强度，因此吸光度也随之增强。而对比第 7 天、21 天、39 天和 58 天的紫外吸收曲线，其吸光度却正好相反，有略微减弱的趋势，但是变化并不大。这可能是由于羧酸和其他双键物质随着酸化反应和甲烷合成过程的继续进行，不饱和键逐渐断裂，共轭作用减弱，吸光度也随之减弱，直至反应结束。本研究随着反应时间的递增，发酵物质的芳香度和不饱和度有少量的增加，但增幅并不明显。在发酵结束时变化减弱并趋于稳定。

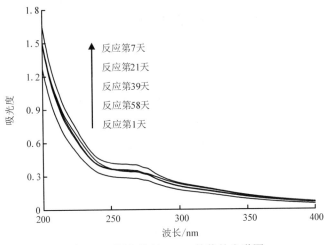

图 4-51　混合物料 DOM 的紫外光谱图

紫外光谱分析结果表明，在波长 280nm 附近出现一个由 π～π*跃迁产生的共轭分子的吸收平台，反应第 1～7 天不饱和的共轭双键结构增加导致红外吸光度增强；而第 7 天之后的吸光度，略微减弱，发酵物料中的芳香度和不饱和度有少量的增加，发酵结束时变化减弱并趋于稳定。

3）发酵物料红外光谱特性变化分析

实验 1 发酵过程中混合物料运行始末红外光谱特性变化图如图 4-52 所示。分别对原混合物料，堆沤 7 天后的物料，以及发酵至第 7 天、21 天、39 天和 60 天的混合物料进行红外光谱分析，可以看出，堆沤和发酵反应前后物料具有相似的红外光谱特性，表明主体成分的变化并不大，只是吸收强度有所变化，这说明发酵反应前后的官能团含量发生了变化。

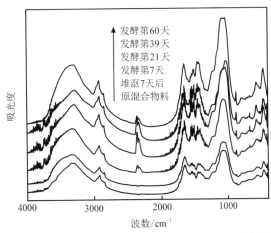

图 4-52　实验 1 发酵过程中混合物料运行始末红外光谱特性变化图

各吸收峰归属情况如表 4-15 所示。波长 $3280 \sim 3334 \text{cm}^{-1}$ 范围内是纤维素、淀粉和糖类等的—OH 中氢键以及蛋白质和酰胺化合物中—NH 的氢键伸缩振动产生的吸收峰，经复合菌剂堆沤预处理之后的波数段吸收强度增强，表明厌氧微生物分解了纤维素聚合体，破坏了其晶体结构，导致氢键活动减弱，表明糖类和蛋白质增多；经过厌氧发酵后的物料，随着反应时间的延续，在此处的峰强度逐渐减弱，这是由于连接在苯环上的羟基由于和苯环形成了 p-π 共轭，而其中的氧原子的电子云偏向苯环，发酵过程中可能是由于厌氧微生物作用，氢键因氢氧间作用力减弱而断裂，导致氢键的吸收强度减弱，纤维素、碳水化合物和蛋白质因结构被破坏而逐渐分解，含量随之降低。波数 $2920 \sim 2921 \text{cm}^{-1}$ 范围内是—CH_2 中的氢键反对称伸缩振动产生的吸收峰，堆沤预处理和发酵过程均使纤维素聚糖类物质脱聚和降解，吸收峰强度增大，表明大量小分子的物质（如酸和醇类）不断生成，增强了该处的吸收峰。波数 $2850 \sim 2851 \text{cm}^{-1}$ 范围内是—CH_2 中的氢键对称伸缩振动产生的吸收峰，此处吸收峰强度变化不明显。波数 2359cm^{-1} 处在厌氧发酵开始后出现吸收振动，可能是木质素中的 C 与 N 以 C≡N 基团形式结合在一起产生的振动，经过厌氧发酵，吸光度先增后减，对应 C≡N 基团产生后又被分解。波数 1652cm^{-1} 处是酰胺羰基中 C=O 伸缩振动产生的吸收峰，此处的吸收强度增大，表明羧基分解而导致 C=O 增多。波数 1540cm^{-1} 处和波数 $1507 \sim 1514 \text{cm}^{-1}$ 范围内是酰胺 II 带中 N—H 平面振动和木质素芳环骨架的 C—C 伸缩振动吸收峰，堆沤期间在此处的吸收强度增大，表明含氮类物质增多，即蛋白质的含量增多，发酵反应开始后，吸收强度又逐渐降低，表明蛋白质被逐渐分解利用。波数 $1455 \sim 1456 \text{cm}^{-1}$ 范围内是聚糖 C—H 键产生的不对称弯曲振动峰，吸收峰强度减弱，表明聚糖逐步被微生物分解，含量降低。波数 $1029 \sim 1076 \text{cm}^{-1}$ 范围内是糖类的 C=O 键伸缩振动产生的吸收峰，堆沤和发酵后该处的吸收强度增强，表明纤维素聚合体分解产生更多低分子糖类，厌氧发酵中后期变化不大，说明糖类产生和利用达到平衡。堆沤和发酵后，波数 872cm^{-1} 处出现了新的吸收峰，属于纤维素中的 C—H 弯曲振动，表明纤维素的降解和小分子的新物质的产生。

表 4-15　厌氧发酵反应运行始末的红外特征峰及归属

波数/cm⁻¹						归属
原混合物料	堆沤7天后	发酵第7天	发酵第21天	发酵第39天	发酵第60天	
3321	3334	3308	3291	3280	3306	分子内羟基 O—H 键伸缩振动
2920	2920	2920	2920	2921	2921	脂肪族亚甲基 C—H 键伸缩振动
2851	2851	2851	2851	2851	2851	脂肪族—CH_2 对称伸缩振动

续表

波数/cm⁻¹						归属
原混合物料	堆沤7天后	发酵第7天	发酵第21天	发酵第39天	发酵第60天	
—	—	2359	2359	2359	2359	C≡N 的伸缩振动（蛋白质和氨基酸、铵盐类吸收带）
1652	1652	1652	1652	1652	1652	芳族 C—C 伸缩振动和 C≡O 伸缩振动
1540	1540	1540	1540	1540	1540	N—H 键弯曲（酰胺Ⅱ带）
1510	1510	1507	1506	1514	1507	芳环 C—C 伸缩振动
1456	1456	1456	1456	1455	1456	木质素和多糖的 C—H 平面弯曲振动
1048	1076	1074	1036	1029	1037	多糖 C≡O 伸缩振动（纤维、纤维素）
872	872	872	872	872	872	纤维素中的 C—H 弯曲振动

注：红外光谱分析结果表明，堆沤预处理主要是使聚糖脱聚，纤维素结晶度降低，蛋白质逐渐增多；厌氧发酵过程主要是使脱聚糖降解，脂肪和蛋白质等有机物质剧烈降解。

4.2.3　牛粪与秸秆协同发酵产热促进北方冬季湿地保温增温技术

以芦苇、粪便混合材料开展好氧发酵产热小试实验，在小试阶段，选定发酵装置尺寸、物料的种类、物料间的配比梯度、物料含水率等设计参数，考察不同碳氮比对物料产热的影响，同时观察产热过程中物料的温度、有机质、氨氮、总氮、有机碳等的变化，并通过荧光光谱扫描对样品进行深入分析研究，以期得到不同碳氮比物料的有机化合物结构变化与热量释放之间的相关联系。如图4-53所示。

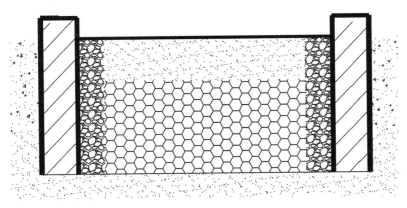

图 4-53　混合物发酵持续产热增温保温示意图

发酵产热物料包括新鲜牛粪和芦苇秸秆。新鲜牛粪取自北京市顺义区赵全营镇北郎中种猪厂，调理剂芦苇秸秆取自河北省白洋淀，秸秆经粉碎机粉碎后过 1cm 孔径筛备用。如表 4-16 所示。

表 4-16　发酵物料的基本性质

原料	TC 含量/%	TN 含量/%	VS 含量/%	MC（含水率）/%	CV（热值）/（kJ/g）
牛粪	34.44	2.77	68.56	63.23	16 589.93
芦苇秸秆	45.07	0.78	92.68	4.20	16 293.37

模拟实验在内径长、宽、高分别为 37cm、25cm 和 34cm，壁厚 2.5cm 的泡沫箱中进行，箱子每个侧面各开两个 2cm×2cm 的方孔，以使堆体保持好氧状态，箱盖封闭，只在翻堆或取样时打开，初始含水率都保持在 60% 左右。实验共设 10 个处理组（Ⅰ～Ⅹ），处理组Ⅰ和Ⅹ分别为纯牛粪、纯秸秆发酵产热，处理组Ⅱ～Ⅸ是牛粪与秸秆混合物料发酵产热。如图 4-54、图 4-55 所示。

图 4-54　好氧发酵产热实物图

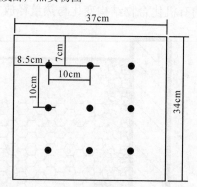

（a）主视图　　　　　　　（b）纵断面图

图 4-55　测定区域与测定点分布图

（a）为基质的上、中、下三层；（b）为纵剖面测定区域，黑点代表温度监测点

4.2.3.1 人工湿地增温提供可持续热量的最佳碳氮比

通过分析混合物料发酵产热过程中温度、挥发分及热值的变化,确定了牛粪和芦苇秸秆混合物料发酵产热为人工湿地保温增温提供可持续热量的最佳碳氮比。

1. 对温度变化的影响

根据基质温度空间格局改进工艺,提高产热效率,为北方冬季环境处理系统的增温技术的研发提供有价值的参考。根据处理组在不同产热阶段从堆体 9 个温度监测点所获得的数据,利用数理统计学中克立格插值法,对堆体其余部位温度进行最优内插估计,绘制温度等值线分布图。

如图 4-56 所示,在所有的处理组中,中间层的温度是最高的,可能是因为中间层比上下层的热损失要少一些,更主要的原因是中间层的有机物比上下层有机物分解的更多,释放的热量也更多,可见上下层物料可以回收继续利用。处理组 II 中间层有最高的温度 49.4℃,说明这层聚集的微生物在相同的时间内分解了更多的有机物。纯秸秆发酵产热处理组的温度分布几乎是均匀的,且略高于外界环境的温度,说明有机物几乎没有被微生物分解,或者说微生物分解有机物产生的热量不足以弥补损失的热量,说明微生物的活性很弱。

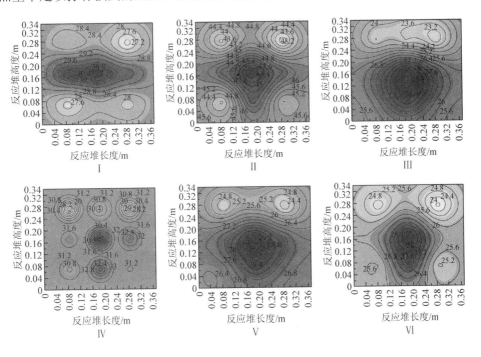

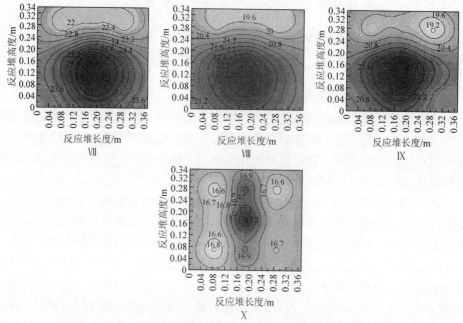

图 4-56 不同碳氮比牛粪发酵产热堆体纵剖面的温度等值线分布特征

2. 对挥发分变化的影响

发酵过程中微生物的活动使物料中的有机物得以降解，同时释放出大量热量使堆体温度升高，如图 4-57 所示。在发酵过程中处理组的发酵物料有机质含量整体呈降低趋势，均表现为在初始阶段 VS 含量降低的最快，显然处理组 I ～III 中 VS 含量减少的更多，其中处理组 I 中起始物料的 VS 含量为 68.56%，发酵后物料的 VS 含量减少到 28.50%，说明牛粪中 VS 含量减少了 40.06%，而处理组 X 中 VS 含量几乎没有变化，可能是由于处理组 I 中含有最多的活性微生物与 NDS（中性洗涤剂溶解物），处理组 X 中几乎没有活性微生物与简单易分解的有机物。

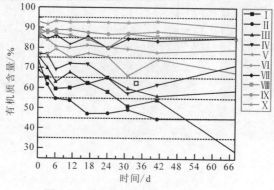

图 4-57 不同处理组有机质含量变化

3. 对热值变化的影响

利用氧弹量热仪测量发酵产热过程中物料的热值。发酵产热过程中不同阶段样品的热值如图 4-58 所示。可知处理组物料热值总体趋势与物料有机质含量的变化趋势是一致的，由相关性分析可知物料热值与有机质含量具有高度正相关性（$p<0.01$）。纯牛粪发酵物料起始热值为 16.590kJ/g，经过 68 天发酵后降为 7.728kJ/g，纯秸秆发酵物料热值几乎不变，纯牛粪发酵释放了最多的热量，1g 干牛粪在整个实验期间释放了 8.862kJ 的热量，纯秸秆发酵几乎没有热量被释放。如图 4-59 所示，物料释放的热量随着处理组碳氮比的增大而减小，由相关性分析可知他们之间具有高度负相关性（$p<0.01$）。

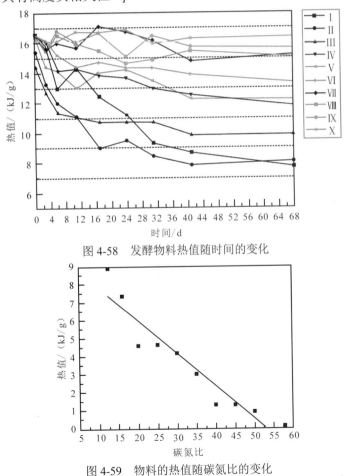

图 4-58　发酵物料热值随时间的变化

图 4-59　物料的热值随碳氮比的变化

VS 含量的变化与热值的变化基本保持一致，所有处理组的热值和 VS 的损失量如表 4-17 所示。

表 4-17 降解 VS 产生的能量

处理组	VS 降解（λ）/（g/g）	产生能量（μ）/（kJ/g）	EVS/（kJ/g VS）*	EVS/（kJ/g VS）**
I	0.401	8.86	22.09	16.59
II	0.284	7.47	26.30	15.43
III	0.178	4.60	25.84	14.47
IV	0.103	4.27	41.58	16.42
V	0.061	4.14	68.45	16.38
VI	0.069	2.75	40.11	16.36
VII	0.026	1.48	56.15	16.46
VIII	0.024	1.08	44.60	16.32
IX	0.021	0.84	40.20	16.52
X	—	—	—	16.29

注：EVS 表示通过降解 VS 产生能量；* 表示以实际降解 VS 为基础（μ/λ）；** 表示以实际降解 VS（包括不易降解化合物）为基础。

以实际降解的 VS 为基础计算通过降解 VS 产生的能量，EVS（kJ/g VS）*的变化范围为 22.09～68.45kJ/g VS，其中纯牛粪发酵产热中降解 1gVS 产生的能量最少，而 EVS（kJ/g VS）**的变化范围为 14.47～16.59kJ/g VS，1g 以实际降解的 VS 为基础产生的能量明显高于以实际降解的 VS（包括不易降解化合物）为基础产生的能量。

4.2.3.2 不同碳氮比物料发酵产热后的腐殖化程度

通过分析混合物料发酵产热过程中堆料温度、有机质含量、氨氮含量、总氮含量的变化情况，揭示了不同碳氮比物料发酵产热后的腐殖化变化规律。

1. 温度的变化情况

发酵产热过程中堆料的温度变化对微生物的活力影响显著，在一定温度范围内，温度每升高 10℃，有机体的生化反应速率提高一倍。在发酵产热过程中，温度升高到 55℃以上，并保持一定的时间，可以消灭堆料中的病原菌及蛔虫卵，从而满足堆料的无害化处理要求。

由实验结果可知，所有处理组的温度都高于外界温度，不同碳氮比的各个处理组所测量的温度变化趋势大致相同，各个处理组温度的变化依次为升温期、高温期和降温期，所不同的只是堆体的升温速度、高温持续时间以及降温速度。前期，每次翻堆过后，处理组温度短暂迅速上升，可能是因为堆体内的厌氧区域由于翻堆而暂时消除，堆体内氧气浓度相对增加，激发了好氧微生物的活性，增强了其降解有机物的能力，产生的热量也随之增加，致使堆体温度上升。各处理组的温度在中后期明显低于前期，原因可能是前期易降解有机质充足，微生物大量繁殖，代谢活性高，释放大量热量，而后期，堆肥中主要是难降解的木质素、纤维素、半纤维素等物质，微生物代谢活性低，难以保持堆料的高温。处理组Ⅰ温度一直保持在 30℃左右达 60 天，没有起到高温灭菌的效果，其腐熟效果不理想，处理组Ⅱ、Ⅲ、Ⅳ最高温度分别达到 67℃、55℃、54℃，处理组Ⅱ具有最高的产热温度，其高温持续时间最长达到 20 天，最有利于物料的发酵和腐熟，但是其后期堆体降温速度最快，平均堆体温度不高，腐殖化程度不高。

　　2. 有机质的变化情况

　　如图 4-60 所示，堆料中不同碳氮比对有机质的降解有较大影响，产热结束时处理组的发酵物料有机质含量整体趋于降低，均表现为在初始阶段 VS 含量降低的最快，显然处理组Ⅰ、Ⅱ中 VS 含量减少的最多，牛粪中 VS 含量减少了 58.42%，处理组Ⅱ中 VS 含量减少了 27.77%，而其他处理中 VS 含量没有多大的变化，可能是由于处理组Ⅰ、Ⅱ中含有较多的活性微生物与 NDS（中性洗漆剂溶解物），其他处理组中含有较少活性微生物与简单易分解的有机物。如图 4-61 所示，处理组Ⅰ、Ⅱ相比，显然处理组Ⅱ在物料腐熟后期，有机质含量变化渐趋平稳，其余处理组中有机质含量更加稳定，腐殖化程度更高。

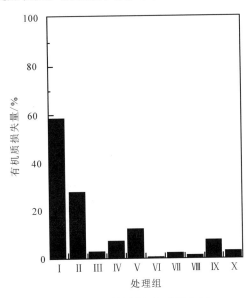

图 4-60　发酵物料有机质损失量

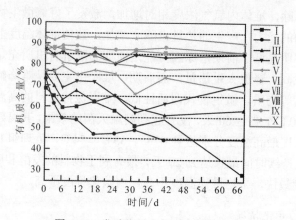

图 4-61　发酵物料有机质含量的变化

3. 氨氮含量的变化情况

如图 4-62 所示，各处理组的 NH_4^+-N 含量变化趋势是一致的，都经历了升高-降低的过程。在升温期，由于粪便中不稳定氮化合物蛋白质被微生物大量降解，NH_4^+-N 大量产生，导致堆体内 NH_4^+-N 含量增加。随着时间延长，可被微生物降解的氮成分含量减少，NH_4^+-N 的产生量也就随之降低；同时，在降温期 NH_4^+-N 因 pH 升高而随通风作用挥发,在物料腐熟期 NH_4^+-N 被消化细菌转化为 NO_3^--N，NH_4^+-N 含量逐步减少。腐熟期内，各堆肥处理组中 NH_4^+-N 含量继续减小，趋于稳定。

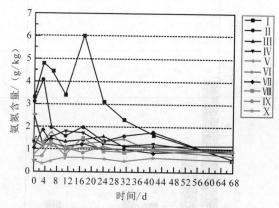

图 4-62　各处理组的 NH_4^+-N 含量变化趋势

从图中可以看出，处理组 I、II 中 NH_4^+-N 含量变化最大，说明其微生物非常活跃，其物料腐殖化程度较高，其他各组变化不大，堆制 68 天后处理组 I 和处理组 II 的 NH_4^+-N，含量分别为 0.55g/kg、0.51g/kg，虽然处理组 II 腐殖化程度较高，但是两组均未达堆肥腐熟标准。

4. 总氮含量的变化情况

在整个发酵产热过程中，堆料中不同碳氮比对全氮的降解有较大影响，产热结束时处理组中的混合物料的有机质含量整体趋于降低。由于在发酵产热过程中，氮可能以气态或气态的形式从堆体中流失，堆体中总氮含量在不断减少，总体上来说干物质质量的减少幅度要小于 NH_3 挥发所导致的减少幅度，最终导致了总氮含量的相对减少。处理组 I 中总氮含量在最后一个月下降的最多，可能是因为水分蒸发其含水率下降，促进了 NH_3 挥发。

4.2.3.3　热量的产生与有机物结构关系

利用三维荧光光谱分析技术阐明热量的产生与有机物 DOM 结构组成之间的关系及有机物稳定性分析。

1. 三维荧光光谱分析

光谱图如图 4-63 所示，两个主荧光峰（T1，T2）一直都能被观察到。荧光峰 T1 位于激发波长 220～225nm，发射波长 325～350nm 范围内，荧光峰 T2 集中在激发波长 275nm，发射波长 335nm 附近。T1、T2 均为类蛋白荧光峰，荧光峰 T1 为类酪氨酸荧光峰，与酪氨酸及其代谢产物有关；荧光峰 T2 为类色氨酸峰，除了与色氨酸有关外，一些可溶性的微生物代谢副产物和苯酚类物质也在该处出现荧光峰。当色氨酸在荧光峰 T2 位置处出现荧光峰时，与其存在形态无关，即色氨酸无论是游离态，还是以结合态形式存在于多肽、蛋白质或腐殖质类物质中，均会在荧光峰 T2 的位置处出现荧光峰，由于在三维荧光光谱图中未出现与腐殖质有关的荧光峰-类腐殖质峰，因此，T2 中的色氨酸只能为游离态或结合在非腐殖质物质上。

三维荧光光谱中类蛋白荧光峰的出现与微生物活动有关，可以通过环境中微生物的活动形成，因此，图谱中 T1、T2 两个荧光峰的出现，表明在处理组中微生物活跃，随着纯牛粪含量的减少微生物活性也降低，其水溶性有机物中含有大量的降解产物。纯牛粪发酵产热过程中，类蛋白质最多，但是随着实验的进行未能充分降解，其降解率较低。发酵进行到第 6 天，处理组 II 中突然出现了第 3 个峰 A，位于激发波长 220～225nm，发射波长 380～425nm 范围内，峰 A 是类富里酸物质，随着实验的进行，峰 A 的强度逐渐减少，类富里酸物质逐渐被分解，显示在发酵后期，除了类蛋白质外，堆体内还含有类胡敏酸物质、腐殖酸物质，说明处理组 II 进入了腐殖化过程。类胡敏酸物质的出现表明了有机化合物的稳定性，也就是说处理组 II 的稳定性是最好的。事实上，所有处理组中类胡敏酸物质都是增加的，但是强度相对较低的荧光峰很可能不能在荧光图谱中显示出来，这个事实也被后面的 FRI 法所证明。

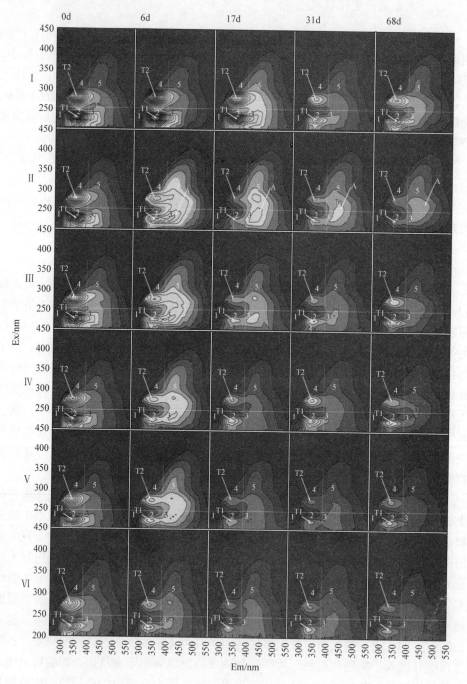

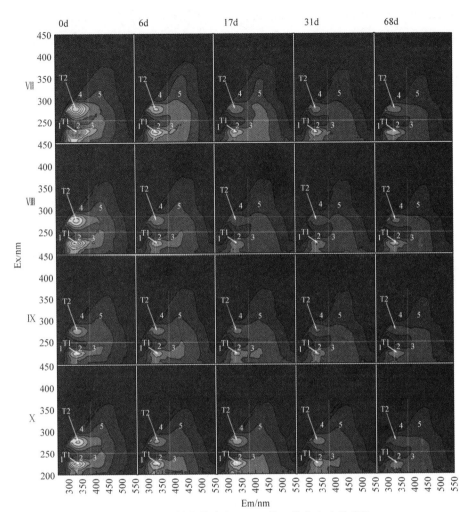

图 4-63　不同的产热阶段 DOM 的三维荧光光谱变化

Region 1，类酪氨酸有机化合物；Region 2，类色氨酸有机化合物；Region 3，类富里酸物质；

Region 4，类可溶性微生物分解产物；Region 5，类胡敏酸物质

　　如图 4-64、表 4-18 所示，所有处理组中，$P_{i,n}$ 值的变化都代表着 DOM 样品中有机化合物结构的转化。很明显，前 5 组中各个组分的 $P_{i,n}$ 值变化较大，后 5 组 $P_{i,n}$ 值几乎没有变化，说明前 5 组中有机物结构变化较大，微生物活性较高，后 5 组中有机物结构几乎没有变化。从整体上看，在发酵产热过程中，前 5 组中 Region 1，Region 2 和 Region 4 的 $P_{i,n}$ 值都有所减小，Region3，Region 5 的 $P_{i,n}$ 值增大，说明产热过程中类蛋白质和可溶性微生物代谢副产品减少，类富里酸与类胡敏酸物质增加，有机质可生化性不断降低，稳定度增高，即腐熟度加强，其中处理组 II 中

类胡敏酸物质增加最多，说明其腐熟度最高。其中 Region 3 的 $P_{i,n}$ 值变化不稳定，可能因为生物氧化分解与生成了类富里酸物质。堆肥过程中，活跃期 Region 3 的 $P_{i,n}$ 值增加，后期 Region 3 的 $P_{i,n}$ 值减小。通过生物氧化分解富里酸很容易使之被破坏并转换为更为稳定的其他物质。

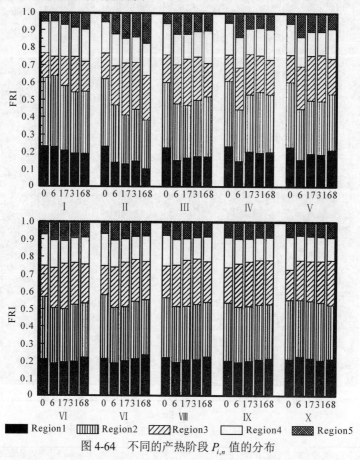

图 4-64　不同的产热阶段 $P_{i,n}$ 值的分布

Region 1，类酪氨酸有机化合物；Region 2，类色氨酸有机化合物；Region 3，类富里酸物质；
Region 4，可溶性微生物分解副产物；Region 5，类胡敏酸物质

表 4-18　不同的产热阶段 $P_{i,n}$ 值的分布

处理组	时间/d	$P_{1,n}$	$P_{2,n}$	$P_{3,n}$	$P_{4,n}$	$P_{5,n}$
I	0	0.231	0.394	0.140	0.184	0.051
	6	0.228	0.409	0.110	0.202	0.050
	17	0.207	0.372	0.168	0.182	0.069
	31	0.190	0.352	0.205	0.165	0.088
	68	0.189	0.357	0.173	0.185	0.097

处理组	时间/d	$P_{1,n}$	$P_{2,n}$	$P_{3,n}$	$P_{4,n}$	$P_{5,n}$
II	0	0.231	0.388	0.149	0.178	0.054
	6	0.139	0.328	0.227	0.183	0.123
	17	0.130	0.279	0.300	0.142	0.148
	31	0.145	0.299	0.272	0.147	0.138
	68	0.102	0.282	0.258	0.182	0.176
III	0	0.225	0.375	0.157	0.181	0.062
	6	0.149	0.327	0.224	0.177	0.123
	17	0.166	0.302	0.268	0.144	0.122
	31	0.175	0.322	0.250	0.146	0.108
	68	0.173	0.344	0.194	0.187	0.103
IV	0	0.232	0.377	0.151	0.182	0.058
	6	0.145	0.299	0.242	0.174	0.140
	17	0.201	0.329	0.232	0.148	0.090
	31	0.195	0.349	0.212	0.157	0.087
	68	0.198	0.333	0.198	0.175	0.095
V	0	0.227	0.374	0.157	0.179	0.062
	6	0.153	0.296	0.246	0.168	0.137
	17	0.191	0.306	0.258	0.138	0.106
	31	0.187	0.308	0.265	0.134	0.107
	68	0.212	0.323	0.204	0.169	0.092
VI	0	0.209	0.358	0.180	0.178	0.075
	6	0.184	0.318	0.231	0.159	0.107
	17	0.190	0.305	0.262	0.132	0.110
	31	0.195	0.328	0.242	0.142	0.094
	68	0.219	0.311	0.224	0.155	0.090
VII	0	0.213	0.368	0.165	0.184	0.070
	6	0.186	0.320	0.233	0.156	0.105
	17	0.199	0.311	0.256	0.135	0.100
	31	0.213	0.328	0.241	0.134	0.084
	68	0.234	0.316	0.219	0.150	0.081
VIII	0	0.218	0.345	0.181	0.177	0.079
	6	0.190	0.322	0.240	0.148	0.101
	17	0.205	0.310	0.263	0.125	0.096
	31	0.209	0.316	0.261	0.125	0.089
	68	0.223	0.313	0.236	0.142	0.086

处理组	时间/d	$P_{1,n}$	$P_{2,n}$	$P_{3,n}$	$P_{4,n}$	$P_{5,n}$
IX	0	0.200	0.334	0.203	0.171	0.092
	6	0.191	0.318	0.249	0.142	0.099
	17	0.198	0.316	0.256	0.134	0.096
	31	0.207	0.316	0.255	0.132	0.091
	68	0.214	0.312	0.253	0.130	0.090
X	0	0.209	0.341	0.177	0.187	0.086
	6	0.226	0.326	0.226	0.145	0.077
	17	0.216	0.329	0.229	0.146	0.081
	31	0.204	0.332	0.238	0.142	0.084
	68	0.212	0.311	0.256	0.131	0.090

2. 相关性分析

利用 Spss16.0 开展不同发酵产热阶段物料的热值与三维荧光光谱中不同区域的荧光峰强度变化相关分析发现,除了纯秸秆发酵产热外,其他处理组中区域的荧光峰强度、总强度与物料的热值之间有一定的相关性,说明他们之间存在紧密的联系。如表 4-19 所示。

表 4-19 不同区域荧光峰强度与热值的相关性分析

			R1	R2	R3	R4	R5	TI
I	热值	皮尔森相关系数	0.938	0.968*	0.864	0.838	−0.898	0.974*
		双尾检验	0.062	0.032	0.136	0.162	0.102	0.026
II	热值	皮尔森相关系数	0.962*	0.990**	0.815	0.984*	−0.289	0.819
		双尾检验	0.038	0.010	0.185	0.016	0.711	0.181
III	热值	皮尔森相关系数	0.993**	0.979*	0.931	0.941	0.324	0.882
		双尾检验	0.007	0.021	0.096	0.059	0.676	0.118
IV	热值	皮尔森相关系数	0.877	0.955*	0.975*	0.992**	0.312	0.910
		双尾检验	0.123	0.045	0.025	0.008	0.688	0.090
V	热值	皮尔森相关系数	0.911	0.957*	0.923	0.897	0.327	0.818
		双尾检验	0.089	0.043	0.077	0.103	0.673	0.182
VI	热值	皮尔森相关系数	0.896	0.961*	0.945	0.949	0.865	0.986*
		双尾检验	0.104	0.039	0.055	0.051	0.135	0.014
VII	热值	皮尔森相关系数	0.620	0.773	0.713	0.686	0.599	0.729
		双尾检验	0.380	0.227	0.287	0.314	0.401	0.271

续表

			R1	R2	R3	R4	R5	TI
Ⅷ	热值	皮尔森相关系数	0.468	0.719	0.669	0.795	0.884	0.894
		双尾检验	0.532	0.281	0.331	0.205	0.116	0.106
Ⅸ	热值	皮尔森相关系数	0.988*	0.944	0.735	0.676	0.685	0.917
		双尾检验	0.012	0.056	0.265	0.324	0.315	0.083
Ⅹ	热值	皮尔森相关系数	−0.215	−0.310	−0.957*	0.051	0.046	−0.311
		双尾检验	0.785	0.669	0.043	0.949	0.954	0.689

注：R1 表示类酪氨酸有机化合物；R2 表示类色氨酸有机化合物；R3 表示类富里酸物质；R4 表示可溶性微生物分解副产物；R5 表示类胡敏酸物质；* 表示显著性水平为 0.05，即 $P<0.05$；** 表示显著性水平为 0.01，即 $P<0.01$。

相关性系数取值范围为−1～1。当相关性系数小于 0 时，称为负相关；大于 0 时，称为正相关；等于 0 时，称为零相关。

处理组Ⅱ中的类色氨酸有机化合物，处理组Ⅲ中的类酪氨酸有机化合物和处理组Ⅳ中的可溶性微生物代谢副产品物质与相应物料的热值有极高的相关性，用 ** 标注，对应的皮尔森相关系数与 Sig 值分别为（0.990，0.010）、（0.993，0.007）、（0.992，0.008）；相应物料热值与纯牛粪发酵物料中的类色氨酸有机化合物，处理组Ⅱ中的可溶性微生物代谢副产品物质以及处理组Ⅱ、Ⅲ、Ⅳ、Ⅴ、Ⅵ中的类酪氨酸有机化合物有显著性相关，用*标注，对应的皮尔森相关系数与 Sig 值分别为（0.984，0.016）、（0.962，0.038）、（0.993，0.007）、（0.877，0.123）、（0.911，0.089）、（0.896，0.104）；物料的不同碳氮比对类蛋白质有机化合物和水溶性微生物代谢副产品与物料热值的相关性影响不大。可以得出以下结论：微生物主要是通过分解一些简单分子结构的有机化合物和一些容易被微生物吸收利用的有机物而释放出大量的热量，例如类蛋白质有机化合物、可溶性微生物代谢副产品等。

4.3　北方寒冷缺水型村镇固体废物处理和资源化利用技术集成

4.3.1　秸秆保温、功能菌剂强化低温产沼气技术集成

我国北方地区冬季普遍温度较低，保温性能较差的户用沼气池冬季一般难以运转，冬季的低温成为制约北方生态发展的重要因素。如何在保持产沼气效率的前提下，降低对保温条件的要求，成为亟待解决的突出问题。本书通过对多种沼

气发酵微生物抗低温能力的研究，筛选出耐低温且在低温状态活性较高的沼气微生物，并研究了适宜低温条件下菌群富集的物质材料、装置，通过菌群组合形成功能性菌剂。

4.3.1.1 沼气低温菌的筛选、培养和发酵工艺条件

自然界有机质的种类很多，主要针对沼气池中常见的发酵物料如动物粪便和作物下脚料如秸秆类物质进行筛选。筛选的目标是从秸秆堆腐物和粪便中分离出生长速度快，具有高蛋白酶活性，高纤维素酶活性，能迅速降解大分子有机质的细菌。从济南近郊地区采集腐烂秸秆、长期堆积秸秆的土壤、粪便与秸秆一起堆沤的样品及冬季低温产气良好的沼气池内部填料等作为分离源。堆沤过程中每隔一定时间从不同的位置取一部分待分离样品作为样品来源。

1. 高产蛋白酶和纤维素酶细菌的筛选

1）材料和方法

（1）材料包括以下几类。

蛋白酶活性筛选培养基：每 1L 含葡萄糖 10g，酵母粉 4g，酪蛋白 10g，$MgSO_4·7H_2O$ 12g，K_2HPO_4 1g，琼脂 20g，pH7.0，定容至 1L。

纤维素酶活性筛选培养基：CMC-Na 10g；葡萄糖 5g；琼脂 20g；Mandels 无机营养盐 1000mL；自然 pH。

复筛及固态发酵培养基（优化前）：在麸皮 5g、稻草 5g 组成的混合物中加入 30mL 的 Mandels 营养盐。

主要试剂：用于 PCR 扩增的全套试剂及扩增引物均购自上海生物工程技术服务有限公司，酪蛋白为 SIGMA 产品，其余试剂均为国产分析纯。

（2）有蛋白酶活性的细菌的分离筛选。采用稀释涂布平板法。称取 10g 新鲜样品，放入有 90mL 灭菌蒸馏水的三角瓶中，以 200 转/分的转速振荡 30 分钟，使样品分散均匀，稀释至浓度 10^{-4} 和 10^{-6}，涂于脱脂牛奶平板上，37℃培养，挑取周围有透明圈的菌落，纯化培养并保存。

（3）有纤维素酶活性的细菌的分离筛选。分离方法与（2）基本相同，样品稀释后涂到（2）的培养基上，37℃培养，挑选周围有透明圈的菌落，纯化培养并保存。

（4）菌种复筛和选育生产出菌株。将初筛得到的菌株（有明显的蛋白酶透明圈或纤维素酶透明圈）进一步筛选出适合大规模生产和性能稳定的菌株。选育的原则：低温条件（15℃）下，容易培养和生长速率快，产生活性酶的时间短，菌株性能稳定。

（5）菌种生理生化鉴定。生理生化实验按照文献《伯杰细菌鉴定手册（第八版）》的方法进行碳源利用实验、氮源利用实验、甲基红实验（methyl red test，MR）、

乙酰甲醇实验（vapex-proskauer，V-P）、接触酶实验等。

分子生物学实验为扩增微生物的 16S rDNA（细菌）或 18S rDNA（真菌）片段，并与 Genbank 数据（http://www.ncbi.nlm.nih.gov/genbank）进行同源性比对，进一步确定样品中不同微生物的具体分类信息。

2）初筛结果

在蛋白酶和纤维素酶选择性培养基上，根据透明圈的大小初步分离出有蛋白酶和纤维素酶活性细菌 13 株，分别编号为 sd1～sd13。再从中选育出适合大规模生产和使用的菌株。

3）复筛结果

分别接种 PDA 培养基和 LB 培养基，在 15℃条件下培养，每隔 8h 观察初筛的 13 株菌在上面的生长速度。经过反复实验，sd2 和 sd3 在 18h 以内就形成单菌落，并且在羧甲基纤维素平板和脱脂牛奶的平板上形成透明圈稳定，多次传代后不丢失蛋白酶和纤维素酶活性。将其多次纯化后进行保存和鉴定。

2. 低温条件下产淀粉水解酶的菌株筛选

淀粉酶是能催化淀粉水解转化成葡萄糖、麦芽糖及其他低聚糖的一群酶的总称（胡学智，2001）。低温淀粉酶（coldtemperature-amylase）是一个相对的概念，相对于嗜温淀粉酶来说，其最适反应温度比嗜温淀粉酶要低 20～30℃，而且在 4℃有一定的酶活。低温淀粉酶能在低温下有效发挥催化作用的特点，使其在生物工程领域及解决现代能源危机中有着广泛的应用前景（曹军卫和沈萍，2004）。Fellert 等和 Kimura 等（Feller et al.，1994；Kimura and Horikoshi，1990）对低温淀粉酶进行了研究；国内有人从黄海、东海海底淤泥样品中分离出产低温淀粉酶菌株 penicillum sp. FS010441，并对其进行了研究（吴虹和郑惠平，2001）。本书从冬季产气好的沼气池的填料筛选出 1 株低温淀粉酶产生菌株解淀粉类芽孢杆菌（B. amylolyticus），对其生长特性进行了研究。

1）材料和方法

（1）材料。

样品：章丘和潍坊等地冬季产气好的沼气池的填料。

培养基包括以下几种。

富集培养基：可溶性淀粉 3g/L，蛋白胨 1g/L，牛肉膏 0.5g/L，NH_4NO_3 1g/L，KH_2PO_4 1g/L，$MgSO_4 \cdot 7H_2O$ 0.5g/L，$FeSO_4 \cdot 7H_2O$ 0.01g/L，KCl 0.5g/L，自然 pH。

固体平板分离培养基：可溶性淀粉 3g/L，蛋白胨 8g/L，酵母膏 5g/L，K_2HPO_4 3g/L，$FeSO_4 \cdot 7H_2O$ 微量，$MgSO_4 \cdot 7H_2O$ 微量，琼脂 15～20g/L，pH 为 7.0。

种子培养基：蛋白胨 8g/L，酵母膏 5g/L，葡萄糖 1g/L，K_2HPO_4 3g/L，pH 为 7.0。

复筛培养基：对水中污染物有较好的吸附去除效果，能有效吸附水中氨氮，可溶性淀粉 5g/L，蛋白胨 5g/L，酵母膏 5g/L，NaCl 1g/L，$FeSO_4 \cdot 7H_2O$，$MgSO_4 \cdot 7H_2O$ 微量，pH 为 7.0。

（2）样品的富集培养。

鉴于低温淀粉酶作用条件的特殊性，先将采集的样品进行富集培养。首先将土样加入无菌水中，充分振荡摇匀后静置片刻，取上清液加入富集培养液中，在温度 30℃，转速 200r/min 下振荡培养 2～3 天。

（3）初筛。

将培养液涂于固体分离平板中，30℃恒温培养，产淀粉酶能力强的菌株，在培养基上生长后，会分解培养基中的淀粉，加入稀碘液后菌落周围有大小不一的透明圈。

（4）复筛。

将得到的 22 株菌株分别编号为 sk1～sk22，将这 22 株菌株培养液梯度稀释后，涂于固体分离平板中，分别进行 10℃、15℃、20℃恒温培养。观察其菌落生长情况，及淀粉酶透明圈的大小。

2）初筛结果

根据菌体生长与透明圈的大小，挑选出 22 株具有低温淀粉酶活力的菌株，进行复筛。

3）复筛结果

分别接种 PDA 培养基和 LB 培养基，在 15℃条件下培养，每隔 8h 观察初筛的 13 个菌株在上面的生长速度。经过反复实验，sk9、sk16、sk19、sk21 四株菌落较大，说明在低温条件下这些菌株生长速度较快；其中在 15℃、20℃条件下，菌株 sk9 生长时透明圈最大，说明淀粉酶活性较高。如表 4-20 所示。

表 4-20　低温条件下各菌株生长及产淀粉酶情况

细菌菌株	淀粉酶透明圈大小			生长描述
	10℃	15℃	20℃	
sk1	—	—	—	未生长
sk2	—	—	—	未生长
sk3	—	—	—	未生长
sk4	—	—	+	生长缓慢，但能生长
sk5	—	+	+	生长缓慢，但能生长
sk6	—	+	+	生长缓慢，但能生长

续表

细菌菌株	淀粉酶透明圈大小			生长描述
	10℃	15℃	20℃	
sk7	—	+	+	生长缓慢，但能生长
sk8	—	+	+	生长缓慢，但能生长
sk9	+	++	++	生长良好
sk10	—	+	+	生长缓慢，但能生长
sk11	—	—	—	未生长
sk12	—	—	—	未生长
sk13	—	+	+	生长缓慢，但能生长
sk14	—	—	—	未生长
sk15	—	—	—	未生长
sk16	+	+	+	生长良好
sk17	—	+	+	生长缓慢，但能生长
sk18	—	—	—	未生长
sk19	+	+	+	生长良好
sk20	—	—	—	生长缓慢，但能生长
sk21	+	+	+	生长良好
sk22	—	—	—	生长缓慢，但能生长

3. 沼气微生物菌的鉴定

1）微生物生理生化鉴定

（1）sd2 主要特征：sd2 为革兰氏阳性杆菌，长度为 1.0～1.2μm，宽度为 3～5μm。产生中生到次端生的椭圆形芽孢，包囊不膨大。在 7%氯化钠溶液中和厌氧培养基中生长。水解淀粉，从葡萄糖产酸，从阿拉伯糖、木糖和甘露醇不产酸，能利用柠檬酸。接触酶阳性，V-P 反应呈阳性。产卵磷脂酶，能还原硝酸盐成亚硝酸盐。肉汁琼脂平板培养：菌落大，粗糙，扁平，不规则，边缘有鞭状枝条，微白色，表面具特征性斑纹。肉汁琼脂斜面培养：生长旺盛，粗糙，不透明，淡白色，非黏着的，扩展，边缘不规则，有鞭状枝条。马铃薯块斜面培养：生长旺盛，厚，扩展，软，乳白色有时带有淡粉红色。如图 4-65 所示。

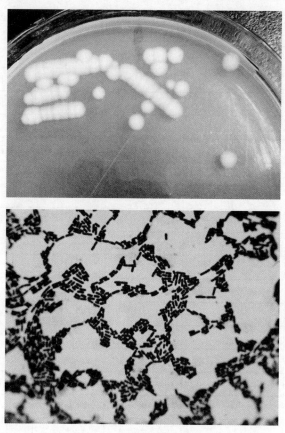

图 4-65　sd2 菌的菌落形态

　　（2）sd3 的主要特征：sd3 为革兰氏阳性杆菌，直径≥1μm。产生中生到次端生的椭圆形及圆柱形芽孢，壁薄，多数在 48h 内形成。在 7%氯化钠溶液中和厌氧培养基中生长。不水解淀粉，从葡萄糖、阿拉伯糖、木糖和甘露醇产酸，能利用柠檬酸。接触酶阳性，V-P 反应呈阳性。肉汁琼脂平板培养：菌落粗糙，不透明，不闪光，蔓延，污白色。肉汁琼脂斜面培养：生长丰厚，粗糙，不透明，不闪光，蜡质，蔓延，奶油色至微褐色。马铃薯块斜面培养：生长浓厚，生皱到褶叠，蔓延，污白色。如图 4-66 所示。

　　（3）sk9 的主要特征：菌体呈短杆状，染色均匀，革兰氏染色呈阳性，为革兰氏阳性杆菌。具有运动性，厌氧，可形成内生芽孢，包囊膨大，产生中生到次端生的椭圆形芽孢，游离芽孢表面着色弱。水解淀粉，从葡萄糖产酸，从阿拉伯糖、木糖和甘露醇不产酸，能利用柠檬酸。接触酶呈阳性，V-P 反应呈阳性。在 LB 培养基中呈蔓延状不透明白色菌落，表面粗糙，边缘不规整，在 LB 培养基、肉汁琼脂、马铃薯块斜面培养均不产生色素。如图 4-67 所示。

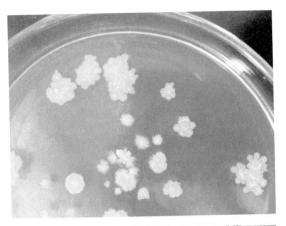

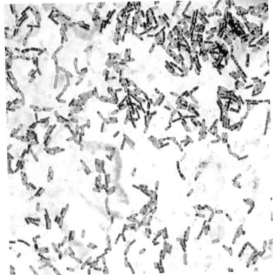

图 4-66　sd3 菌的菌落形态

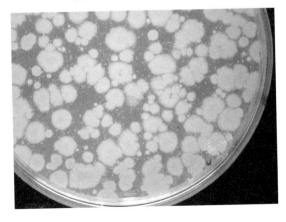

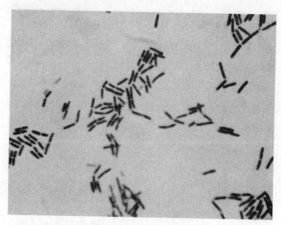

图 4-67　sk9 菌的菌落形态

2）微生物分子生物学鉴定

把三株菌 sd2、sd3 和 sk9 的 16S rDNA 序列测序结果与 Gen Bank 数据库中已有序列进行比对分析，获取同源性最大的菌属，比对结果如表 4-21 所示。可见 sd2、sd3 和 sk9 的 16S rDNA 分别与数据库中蜡状芽孢杆菌、枯草芽孢杆菌、解淀粉芽孢杆菌的序列有 99%的相似性。结合前面的微生物生理生化鉴定，本书中筛选的菌株可初步鉴定为：sd2，*Bacillus cereus* 蜡状芽孢杆菌；sd3，*Bacillus subtilis* 枯草芽孢杆菌；sk9，*Bacillus amyloliquifaciens* 解淀粉芽孢杆菌。

表 4-21　细菌的 16S rDNA 序列同源性比对结果

菌株编号	相似性最大的种属（最高相似度菌株名称）	中文名称	相似性/%
sd2	bacillus cereus ATCC 14579	蜡状芽孢杆菌	99
sd3	bacillus subtilis subsp. subtilis str. SC-8	枯草芽孢杆菌	99
sk9	bacillus amyloliquefaciens LFB112	解淀粉芽孢杆菌	99

4. 小结

（1）筛选得到了三株耐低温（15℃）沼气发酵菌株 sd2、sd3 和 sk9，这三株菌分别具备较强的蛋白质、纤维素、淀粉分解能力。

（2）经微生物生理生化和分子生物学鉴定，sd2、sd3 和 sk9 分别为 *Bacillus cereus* 蜡状芽孢杆菌、*Bacillus subtilis* 枯草芽孢杆菌、*Bacillus amyloliquifaciens* 解淀粉芽孢杆菌。

4.3.1.2　沼气微生物菌剂的生产技术

选择优异的菌株 sd2、sd3 和 sk9 进行培养实验研究，研究其规模化生产技术和生产工艺。通过实验室内、中试规模和与大规模生产的联合研究，掌握了该微生物菌剂的菌种的生产技术、液体发酵技术及固体菌剂的制备技术。

1. 工艺流程

（1）筛选出低温沼气菌种—斜面菌种培养活化—摇瓶扩大培养。

（2）一级种子发酵罐液体发酵—二级种子发酵罐液体发酵—规模化液体发酵生产—按一定的比例混合发酵液—加入脱脂奶粉及羧甲基纤维素—低温冷冻蒸发除去水分—获得固体混合菌剂。

2. 培养基的选择

微生物菌体的数量、活性及发酵周期的长短很大程度上由选择的培养基决定。

（1）sd3 的培养基。

采用两种培养基进行比较，第一种包括牛肉膏 5g、蛋白胨 5g、氯化钠 5g、酵母粉 1g、KH_2PO_4 0.5g、$MgSO_4$ 0.5g、自来水 1000mL，pH7.0～7.5 第二种包括马铃薯（去皮、煮熟）200g、蔗糖（葡萄糖）20g、蒸馏水 1000mL，pH6.0～6.5。在摇床培养 24h，接种到发酵罐中再培养 36h，无论是在摇床还是在发酵罐，牛肉膏培养基中的活菌数都要大于马铃薯培养基中的，说明第一种配比作为 sd3 的培养基效果更佳。

（2）sd2 的培养基。

采用 LB 培养基作为菌种保存的培养基。繁殖培养基组成为：葡萄糖 3%、牛肉膏 1%、$NaNO_3$ 0.3%、$MgSO_4 \cdot 7H_2O$ 0.03%、KCl 0.03%、K_2HPO_4 0.15%，pH6.0～6.5。

（3）sk9 的培养基。

采用 LB 培养基作为菌种保存的培养基。繁殖培养基组成为：蛋白胨 8g/L、酵母膏 5g/L、葡萄糖 1g/L、牛肉膏 3g/L，pH7.0。

3. 发酵工艺参数的研究

（1）sd3 的发酵培养。

微生物是一个活的生命体，发酵过程中的温度、酸碱度、氧的需求等变化影响着产品的数量和质量。微生物发酵的生产水平不仅取决于生产菌种本身的性能，而且要有合适的环境条件才能使其生产能力充分展现。通过对比实验研究，了解 sd3 菌种对环境条件的要求，在发酵的不同时间取样测定菌体浓度，以 OD_{600} 值为检测指标，采用传感器测定发酵容器中的温度和溶解氧等参数，实验结果表明：培养（发酵）时间以 26h 为佳，培养（发酵）温度为 26℃，转速为 200r/min，通气量为 1∶1（与发酵液的体积比）。

（2）sd2 的发酵培养。

通过对比实验研究，了解 sd2 菌种对环境条件的要求，在发酵的不同时间取样测定菌体浓度，以 OD_{600} 值为检测指标，采用传感器测定发酵容器中的温度和溶解氧等参数，实验结果表明：培养（发酵）时间以 28h 为佳，培养（发酵）温度为 24℃，转速为 160r/min，通气量为 1：1（与发酵液的体积比）。

（3）sk9 的发酵培养。

通过对比实验研究，了解 sk9 菌种对环境条件的要求，在发酵的不同时间取样测定菌体浓度，以 OD_{600} 值为检测指标，采用传感器测定发酵容器中的温度和溶解氧等参数，实验结果表明：培养（发酵）时间以 24h 为佳，培养（发酵）温度为 24℃，转速为 160r/min，通气量为 1：1（与发酵液的体积比）。

4. 液体发酵菌剂的混合比例

分别检测不同混合比例下放置不同时间后的活菌数，确定菌液组合时的最佳比例为 sd2 40%、sd3 30%、sk9 30%。如表 4-22 所示。

表 4-22　发酵液混合比例实验

实验 物质及数量/mL	1	2	3	4	5	6	7	8	9
sd2	100	200	300	400	500	600	700	800	900
sd3	700	400	200	300	400	100	150	120	50
sk9	200	400	500	300	100	300	150	100	50

5. 固态菌剂的制备

将前面获得的液体发酵混合菌剂，在−20℃的低温状态下进行冷冻干燥，并加入脱脂奶粉作为保护剂，羧甲基纤维素作为保护剂。获得的粉末状固态菌剂，无菌状态下真空保存。该菌剂活菌数为 109cfu/g，常温状态下活性可维持 1 年。

6. 小结

（1）分别获得了菌株 sd2、sd3、sk9 的最佳发酵培养参数，以及三株菌液态培养物的最佳混合比例（sd2 40%、sd3 30%、sk9 30%），此比例混合物中活菌数最高。

（2）获得了粉末状固体混合菌剂，常温条件下，该菌剂活菌数为 109cfu/g，性活可维持一年时间。

4.3.1.3 开展了沼气低温微生物菌剂添加量效果实验

实验分为 5 组，菌剂投加量分别设定为 100mg、150mg、200mg、250mg 和

300mg，每组进行 3 个平行实验。发酵物料为牛粪，均按 TS 含量（总固体）为 12%配置，设计接种率（接种污泥 TS 为发酵物料 TS 的百分数）为 30%，发酵温度设置为 15℃，进行低温厌氧发酵实验，实验装置如图 4-68 所示，物料投加量如表 4-23 所示。主要对低温厌氧发酵过程中的产气情况进行测定，研究菌剂加入量对低温厌氧发酵产气性能的影响，确定沼气低温微生物菌剂的最佳投入量，为示范工程运行提供参考依据。

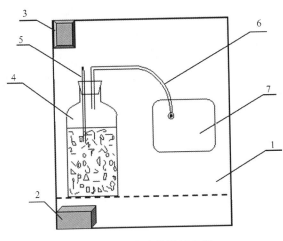

图 4-68　实验装置示意图

1.恒温柜；2.压缩机；3.温度调控面板；4.发酵瓶；5.取样管；6.导气管；7.集气袋

表 4-23　物料投加量

菌剂投加量/mg	牛粪/g	污泥/g	水/g	总物料/g
100	900	400	700	2000
150	900	400	700	2000
200	900	400	700	2000
250	900	400	700	2000
300	900	400	700	2000

1. 产气情况分析

如图 4-69、表 4-24 所示，在 50 天的低温实验过程中，低温沼气微生物菌剂的添加量对沼气日产气量及累计产气量影响较大，随着菌剂投加量从 100mg 增加到 250mg，产气量逐渐增加且变化比较明显，累计产气量增加了 2.47 倍，而当菌剂投加量从 250mg 增加到 300mg 时，累计产气量变化不大，仅增加了 1%。考虑菌剂的生产费用，菌剂的最佳投加量为每吨发酵液 125g。

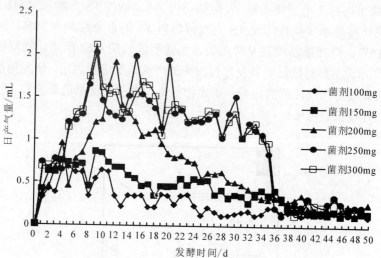

图 4-69　不同菌剂投加量对低温下发酵料液日产气量的影响

表 4-24　不同菌剂投加量对低温下发酵料液产气情况的影响

菌剂添加量/mg	累计产气量/L	日均产气量/mL	单位 TS 产气量/（L/g）	单位 VS 产气量/（L/g）
100	13.77	275.40	76.50	95.63
150	21.21	424.20	117.83	147.29
200	32.63	652.60	181.28	226.60
250	47.83	956.60	265.72	332.15
300	48.31	966.20	268.39	335.49

　　甲烷体积分数变化规律如图 4-70 所示，各实验组变化趋势基本一致，先增加，后基本不变。从厌氧发酵第 6 天以后，甲烷体积分数基本稳定在 55%～65%，且各实验组相差不大，但随着沼气微生物菌剂投加量的增加，沼气中甲烷的体积分数略有增加，表明沼气低温微生物菌剂在提高产气量的同时，也能对甲烷含量有所影响。

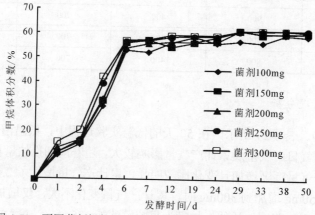

图 4-70　不同菌剂投加量对低温下发酵料液甲烷体积分数的影响

2. 发酵液 pH 情况分析

多项研究表明 pH 在 7 左右时产甲烷菌比较活跃，pH 过高或过低都会降低微生物的生长速率和沼气的产气率，破坏厌氧菌群间的平衡，甚至使微生物的形态和细胞结构发生改变。本实验各组 pH 变化情况如图 4-71 所示。各实验组 pH 变化情况均为先降低，后升高，然后趋于稳定，稳定值基本维持在 7 左右，表明菌剂的投加量对 pH 变化影响不大。

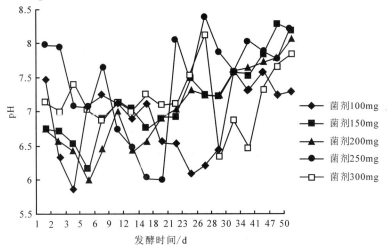

图 4-71　不同菌剂投加量对低温下发酵料液 pH 的影响

3. 小结

（1）随着菌剂投加量从 100mg 增加到 250mg，产气量逐渐增加且变化比较明显，而当菌剂投加量从 250mg 增加到 300mg 时，累计产气量仅增加了 1%。

（2）菌剂的最佳投加量为每吨发酵液 125g。

4.3.2　餐厨垃圾-牛粪-秸秆农村垃圾混合物料高协同发酵产热高效厌氧产沼处理技术集成

干式厌氧发酵处理技术有效利用了农村各种固体废物，并生产出沼气，沼气的发热值比城市液化气高，是一种可再生无污染的优质燃料，满足了农户对燃料能源的需求，生产出的沼渣作为有机肥可供农户使用，在一定程度上改善了农村卫生状况。干式厌氧发酵以其需水量小，无需动力能耗、产生的沼渣滤液少的优势，逐渐成为世界各国处理有机固体废物及生产新能源的重要选择。

目前干式厌氧发酵的应用相对较少，且干式厌氧发酵技术主要应用于生活垃圾和单一物料的处理，对混合物料处理的研究较少，相关工艺参数缺乏，因此研究混合物料干式厌氧发酵工艺运行参数，将会促进干式厌氧发酵工艺的深入研究以及推广应用。干式发酵系统发酵过程中存在传质不均、局部有机酸过量积累、发酵渗滤液污染强度高等缺点，把干式发酵过程中产生的发酵液进行回流，可提高发酵罐内底物的湿度，使养分均匀分布，加强微生物与底物的接触，促进底物的充分降解，避免干式发酵反应器内底物传质不均，进而提高产气量，同时也可以减少发酵液的排放量，降低发酵液后续处理的费用，因而加强发酵渗滤液回流的研究对干式厌氧发酵的研究十分有价值。

本研究针对北方地区农村水污染严重和水资源短缺共存的特点和厌氧发酵产气率低等问题，以北方农村普遍存在的餐厨垃圾、牛粪和玉米秸秆等有机废物为发酵物料，考虑以温度、接种量、总固体物质含量三种影响因素，采用 L9（34）三因素三水平的正交设计进行小试实验，研究干式厌氧发酵的产气效率，分析三因素的影响大小和最优发酵参数，建立累计产气量对三因素的线性回归模型，为干式厌氧发酵实验启动、反应条件设定提供有效的参考依据。再采用两水平三因素的均匀正交设计进行中试研究，分别测定四组实验中全过程的日产沼气量、产甲烷量、总固体物质含量、挥发性固体物质含量以及氨氮含量等常规指标，还测试分析了发酵液中化学需氧量（COD）和发酵物料溶解性有机碳（DOC）等有机成分在全过程的变化状况，在此基础上分析并探讨干式厌氧发酵过程中有机质在发酵停留时间内的变化规律和机理，阶段性的理论分析为农村有机固体废物的干式厌氧处理提供了依据（方少辉等，2012；方少辉，2012）。

4.3.2.1 实验材料和方法

1. 实验材料

实验材料中的畜禽粪便取自河北省乐亭县赵蔡庄村养猪场，经通风阴凉处晾晒至含水率为 65% 左右。

果蔬垃圾取自该村示范园丢弃的圆白菜，经粉碎机粉碎至粒径≤2cm。

秸秆取自该村生态示范园，经铡草机粉碎成粒径≤2cm 后，投加"绿秸灵"，再自然堆沤 7 天，预处理后秸秆表面附着白色菌丝体，有深褐色液体流出。

接种物以农业部沼气科学研究所微生物研究中心培养的菌剂进行接种。

以上实验材料的主要性质如表 4-25 所示。

表 4-25　实验主要材料物理性质

实验材料	畜禽粪便	果蔬垃圾	秸秆	菌剂
TS 含量/%	36.8	16.4	91.3	49.4
VS 含量/%	27.3	14.2	88.5	47.6
碳氮比	13∶1	17∶1	53∶1	28∶1

2. 实验装置

1）影响因素的正交实验研究

以 2.5L 广口玻璃瓶为干式厌氧发酵反应器（由于部分实验组日产气量超出 2.5L，因此需每天多次测定产气量，以累计排水量作为本组实验的总产气量），采用排饱和食盐水的方法测算产气量，反应温度由恒温水浴锅控制。正交实验装置原理图如图 4-72 所示。

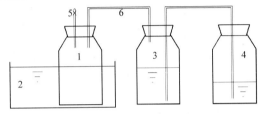

图 4-72　正交实验装置原理图

1. 干式厌氧发酵反应器；2. 恒温水浴锅；3. 排水集气瓶；4. 集水瓶；5. 气体取样口；6. 橡皮管

2）干式厌氧发酵物质变化规律

示范基地应用的干式厌氧发酵反应器为研究团队自行研发的具有自主知识产权的柱式厌氧发酵装置，该装置主体部分为有机玻璃材质的圆柱体，直径为 54cm，高度为 100cm。在罐体侧壁互成 120°角方位四等分处由上至下均匀设置三个取样口，罐底部铺设筛板，以便于过滤发酵液，发酵液每天通过蠕动泵定时回流。罐体侧面包裹着保温层，三个取样口边各设置一个加热棒插口，加热棒为 Aquamx-600 外调式控温不锈钢加热棒，功率 300W，长 29cm，棒体直径 1.5cm，温度由传感器连接的温度仪测定，产气量由流量计读出。干式厌氧发酵反应器示意图如图 4-73 所示。

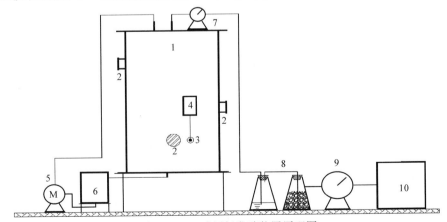

图 4-73　干式厌氧发酵装置原理图

1. 反应器罐体；2. 取样口；3. 加热棒；4. 温度仪；5. 蠕动泵；6. 发酵液缓存瓶；

7. 气体压力表；8. 冷凝干燥器（水和氯化钙）；9. 气体流量计；10. 沼气储存袋

3. 实验方案

1）影响因素正交实验

如表 4-26 所示，影响混合物料干式厌氧发酵产气效率的三个因素中温度选取常温（26℃）、中温（38℃）、高温（50℃）三个水平，接种量选取 10%、20%、30%三个水平，TS 含量选取 20%、25%、30%三个水平。先将秸秆进行复合菌剂堆沤预处理，将畜禽粪便、果蔬垃圾和秸秆按 4∶1∶1 的比例混合，再分别按照表 4-26 中 9 组实验的要求加入接种物，调节 TS 含量，再混合均匀，每一实验组均设置一组重复实验，每组取二者的平均实验结果为该组的实验结果，共计 18 个实验。每瓶物料总重调整为 1650g，按照接种量 20%、25%和 30%接种后调整三个水浴锅的温度分别为 26℃、38℃和 50℃，将其置于水浴锅进行实验。

表 4-26 温度、接种量和 TS 含量三因素三水平正交实验表

实验组	温度/℃	接种量/%	TS 含量/%
Z1	26	10	20
Z2	26	20	25
Z3	26	30	30
Z4	38	10	25
Z5	38	20	30
Z6	38	30	20
Z7	50	10	30
Z8	50	20	20
Z9	50	30	25

2）干式厌氧发酵物质变化规律

结合示范基地的禽畜粪便和果蔬垃圾实际产生量，确定畜禽粪便、果蔬垃圾和秸秆按 4∶1∶1、4∶2∶0（质量比）两种配比，TS 含量为 25%、35%两个水平，接种量为 30%、50%两个水平，按照正交法进行实验，采用均匀正交设计（汪荣鑫，2010），实验共包括四组，如表 4-27 所示。

表 4-27 干式厌氧发酵实验设计表

实验组	接种量/%	牛粪∶秸秆∶垃圾	TS 含量/%
实验一	30	4∶1∶1	25
实验二	30	4∶2∶0	35
实验三	50	4∶1∶1	35
实验四	50	4∶2∶0	25

物料总量为90kg，牛粪：秸秆：垃圾比例调整为4：1：1和4：2：0，混合均匀，并用NH_4HCO_3调节碳氮比为（20：1）～（30：1），物料初始TS含量调节至25%和35%，以农业部沼气科学研究所微生物研究中心培养的高效菌剂作为接种物进行接种，接种量为30%和50%，装罐实验，每3～5天取样一次，发酵液样品加入盐酸调节至酸性，经离心和0.45μm膜过滤预处理后，置于冰箱冷冻保存，取得的样品自然风干磨成粉末状后于4℃条件下保存。

4. 测试项目及方法

（1）pH由pH计（WTW ph3310酸度计）测定。

（2）日产沼气量由湿式气体流量计测定，每天记录一次产气量作为日产气量。

（3）沼气成分分析。

气体成分用福立GC9790Ⅱ型气相色谱仪进行分析。色谱柱：TDX-01填充柱。检测器：TCD检测器。载气：H_2。色谱条件：进样温度50℃，柱箱温度100℃，检测温度120℃。电流值为100。各组分保留时间：N_2，1.000min；CH_4，3.169min；CO_2，6.899min。

（4）TS、VS含量。

仪器：恒温干燥箱、马弗炉、瓷坩锅、干燥器、分析天平。

具体方法（苏有勇，2011）：

将洗净的瓷坩锅在600℃马弗炉中灼烧1h，待炉温降至100℃后，取出瓷坩埚并于干燥器中冷却、称重，重复以上步骤至恒重（两次误差在5mg以内），称重并记为m_1；

取反应物料充分混合的样品（质量记为m_2）置于瓷坩埚，然后将含有样品的瓷坩埚放入干燥箱，在（103～107）℃条件下干燥至恒重，质量记为m_3；

将干燥后的样品瓷坩埚放在通风橱内燃烧到无烟，然后放在600℃马弗炉内灼烧2h，取出瓷坩埚并在干燥器内冷却，称重，质量计为m_4。

按以下公式进行计算。

$$TS含量 = \frac{m_3 - m_1}{m_2 - m_1} \times 100\%$$

$$灰分含量 = \frac{m_4 - m_1}{m_2 - m_1} \times 100\%$$

$$VS含量 = TS含量 - 灰分含量 = \frac{m_3 - m_1}{m_2 - m_1} \times 100\%$$

（5）化学需氧量（COD）采用重铬酸盐/硫酸快速测定法测定，仪器为Lovibond Spectro Direct COD。

（6）溶解性有机碳（DOC）。

固体样品按 0.1g/mL 溶于水，经振荡离心后，上清液过 0.45μm 滤膜，稀释至100 倍，用岛津 TOC-VCPH 仪测定浸提液有机碳浓度。

（7）氨态氮的测定采用纳氏试剂比色法，参照中华人民共和国国家环境保护标准 HJ535-2009。

①试剂包括以下几种。

纳氏试剂：称取 16g NaOH，溶于 50mL 水中，充分冷却至室温；称取 7g KI 和 10g HgI$_2$ 溶于水，然后将此溶液在搅拌下徐徐加入上述 50mL NaOH 溶液中，稀释至 100mL，倒入聚乙烯瓶，密塞保存。

酒石酸钾钠溶液（$\rho=500g/L$）：称取 50g 酒石酸钾钠溶于 100mL 水中，加热煮沸以除去氨，充分冷却后稀释至 100mL。

氨氮标准溶液：氨氮标准贮备溶液（$\rho_N=1000\mu g/L$），称取 3.189g NH$_4$Cl（优级纯）溶于水中，移入 1000mL 容量瓶中，稀释至刻度线；氨氮标准使用溶液（$\rho_N=10\mu g/L$），吸取 5mL 氨氮标准贮备溶液于 500mL 容量瓶中，稀释至刻度线。

②标准曲线的绘制：

分别吸取 0mL、0.5mL、1mL、2mL、4mL、6mL、8mL 和 10mL 铵标准使用液于 50mL 比色管中，加水至标线，加 1mL 酒石酸钾钠溶液，混匀。再加入 1mL 纳氏试剂，混匀。放置 10min 后，在波长 420nm 处，用光程 10mm 比色皿，以水为参比，测定吸光度，由测得的吸光度，减去零浓度空白管的吸光度后，得到校正吸光度，得出氨氮浓度 C 对吸光度 A 的标准曲线函数为 C=5.0604A+0.0115，R^2=0.9997。

③水样的测定：

分取适量经絮凝沉淀预处理后的水样 100μL 加入至 50mL 比色管中，稀释至标线（稀释 500 倍），按与校准曲线相同的步骤测量吸光度。

④空白实验：

以无氨水代替水样，作全程序空白测定。

⑤计算：

由水样测得的吸光度减去空白实验的吸光度后，从标准曲线上计算得到氨氮含量（mg/L）。

（8）碳氮比测定具体方法（苏有勇，2011）（C 含量以 VS 含量估算，C 含量=0.47×VS 含量，N 含量以凯氏测氮法测定）：

称取 0.2～1g 待测物，精确至 0.0001g，无损失地转入清洗干净的 100mL 定量消化管中，加入 H$_2$SO$_4$ 8～10mL，摇匀。将装有待测物的定量消化管移至消化管架上，套上装有密封圈的排气管，再装上弹簧夹。

将上述装置移至消化炉上，接通电源和水源。电压为 220V，煮 10min，当消化管大量冒烟、消化液呈酱油色时将排气管提出，稍加冷却，打开其上部瓶塞，加入 3mL H_2O_2。将电压调至 150～180V，重新转入消化炉煮 2～3min。仍用上法，向消化管内加 H_2O_2 至消化液呈无色后，再继续煮 5～15min（控制电压仍为 150～180V），冷却至室温。

取消化液定容至 200mL，移至凯式烧瓶中，加入 100mL 40%的 NaOH 溶液，加数颗玻璃珠、2～3 颗锌粒后蒸馏。蒸出液用 50mL 2%的硼酸溶液吸收，直至蒸出液为烧瓶中液体的 2/3 时移开锥形瓶，停止加热，并用蒸馏水冲洗冷凝管，集洗涤水于锥形瓶中。

向装有蒸出液的锥形瓶中加两滴甲基橙指示剂，用 0.1mol/L 的标准盐酸溶液滴定，其由黄色变为橙色时为终点，则其含氮量计算公式为

$$N含量 - \frac{C \times V \times 14.01 \times 0.001}{M} \times 100\%$$

式中，C——盐酸标准溶液的浓度；

　　　M——样品质量；

　　　V——滴定时盐酸的消耗量；

　　　14.01——氮原子的摩尔质量；

　　　0.001——单位转换系数。

固体发酵物红外光谱特性分析：

将取得的发酵固体样品经过自然风干（约一周）后，经小型高速粉碎机粉碎后，过 100 目筛，所得的粉末状样品于 4℃条件下冷藏备用。

红外光谱分析采用 Nicolet 6700 型傅里叶红外光谱仪，取适量样品与干燥的 KBr（光谱纯）磨细混匀后压片，放入含有 P_2O_5 的干燥器中干燥 24h，在 $10t/cm^2$ 压强下压成薄片 1min，使之表面光滑，用 FT-IR 光谱仪扫描测定，扫描间隔为 2 nm，记录其光谱。

（9）DOM 紫外光谱分析。

按粉末状干物质质量与双蒸水体积比 0.1g/mL 加双蒸水，以 300r/min 的速度振荡 4h，然后在 4℃，11 000r/min 条件下离心 20min［离心机型号：上海安亭（飞鸽牌）TGL-16gR 高速冷冻离心机］，上清液过 0.45μm 滤膜，滤液中的有机物即为 DOM，测定其有机碳含量，用蒸馏水将碳（水溶性有机碳）浓度调节一致后冰冻干燥备用（杨天学等，2009）。

紫外光谱分析采用 UV-4802 紫外光谱仪，扫描波长范围为 200～700nm，扫描间距为 0.5nm，取上述待测样进行分析测试。

（10）DOM 荧光光谱分析。

三维荧光 DOM 的提取与紫外光谱 DOM 提取过程相同。荧光光谱分析采

用 Hitachi FL7000 荧光光谱分析仪,以二次蒸馏水为空白,取上述经提取的 DOM 溶液进行测试分析。具体光谱条件:同步荧光光谱扫描激发波长范围为 250~600nm,发射波长 Em=268nm,设定扫描速度为 240nm/min,$\Delta\lambda$=30nm;三维荧光光谱,扫描波长 Ex 的范围为 200~450nm,激发波长 Em 的范围为 280~520nm,设定扫描速度为 2400nm/min 三维荧光光谱图的绘制采用等高线图的形式。

4.3.2.2 不同影响因素正交实验

1. 正交实验甲烷含量的变化

反应共计运行了 46 天,9 组实验的甲烷含量变化如图 4-74 所示,实验组 Z9 在第 17 天甲烷含量达到 63.4%,Z8 在第 19 天甲烷含量达到 63.6%,其他组甲烷含量均在第 21 天及之后超过 60%。在发酵周期内,Z8 的甲烷含量于第 29 天达到 74.8%。反应中止时,9 组实验甲烷的含量都维持在 60% 左右,沼气质量良好。

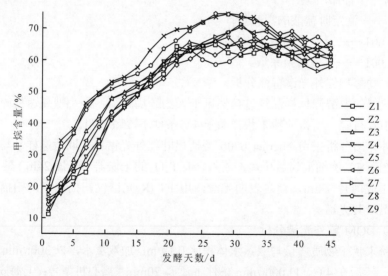

图 4-74　正交实验甲烷含量变化曲线图

2. 正交实验产气量的变化

9 组实验的日产气量变化情况如图 4-75 所示,9 组正交实验在发酵过程中都有一个明显的产气高峰,基本形成于第 20 天,仅实验组 Z9 的高峰出现较早(第 15 天)。实验组 Z1~Z9 在 45 天时仍在继续产气,但是日产气量较低,与反应开始时的产气水平相当,因此强行中止了反应。

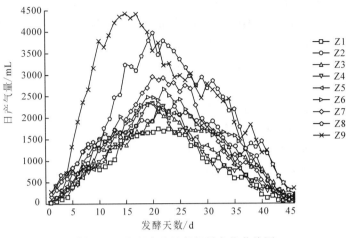

图 4-75　正交实验日产气量变化曲线图

3. 影响因素与累计产气量的关系

1）温度对累计产气量的影响分析

以温度的三个水平 26℃、38℃ 和 50℃ 为横坐标，三个水平各自对应的平均累计产气量（各水平的三组累计产气量的平均数）为纵坐标，画出温度与累计产气量的关系，如图 4-76 所示。从 26℃ 上升至 38℃ 累计产气量仅增加了 5.26%，而从 38℃ 升至 50℃ 时，累计产气量增加了 68.76%，增幅明显，温度升高促进了厌氧发酵各阶段中酶的活性（张翠丽，2008），增强微生物的新陈代谢活动，提高微生物对原料的利用率，影响产气效果，使产气量达到最大。有研究表明高温发酵的处理效果最好，产气量最大（金杰等，2008；吴满昌等，2005）。

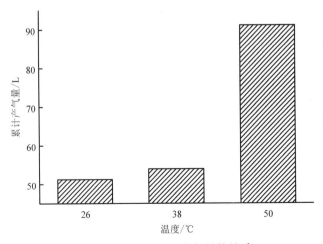

图 4-76　温度与累计产气量的关系

2）接种量对累计产气量的影响分析

以接种量的三个水平 10%、20%和 30%为横坐标，三个水平各自对应的平均累计产气量为纵坐标，画出接种量与累计产气量的关系，如图 4-77 所示。接种量从 10%上升至 20%累计产气量增加了 32.48%，从 20%升至 30%时，累计产气量增加了 11.65%。接种量增大，增加了发酵系统中的产酸和产甲烷等微生物菌群数量，增大了对原料的利用率，有研究表明加大接种量能提高原料的产气效率（陈智远等，2010；李艳宾等，2011）。其中接种量从 10%上升至 20%时累计产气量增幅较接种量从 20%升至 30%时更大，可能是由于微生物菌群之间的协同作用，造成部分接种物过剩而未能有效分解原料，使产气量增长速率减小（赵洪等，2009）。

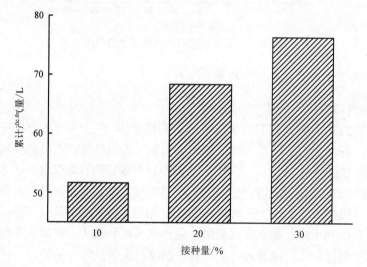

图 4-77　接种量与累计产气量的关系

3）TS 含量对累计产气量的影响分析

以 TS 含量的三个水平 20%、25%和 30%为横坐标，三个水平各自对应的平均累计产气量为纵坐标，画出 TS 含量与累计产气量的关系，如图 4-78 所示。TS 含量从 20%上升至 25%累计产气量增加了 10.08%，而从 25%升至 30%时，累计产气量却降低了 21.56%，TS 含量为 30%时，固体物质含量高，增加了有机负荷（李礼等，2011），反应传质效果差，毒性物质浓度高，影响了产气效果，导致产气效率低（张望等，2008），对稻草的干式发酵研究也说明若 TS 含量过高，产气效果差，微生物的活动受到抑制。

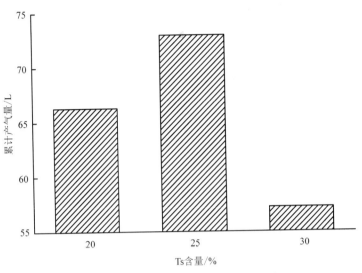

图 4-78　TS 含量与累计产气量的关系

4. 正交实验 TS 产气率分析

各组物料经过厌氧发酵前后的 TS 含量如表 4-28 所示，比较发酵前后的 TS 含量，9 组实验中出料 TS 含量均较进料 TS 含量低，这是由于原料在发酵过程中不断地被微生物分解和利用，一部分被转化为气体、水和溶解性物质等，导致原料中的 TS 含量降低。

9 组实验的单位 TS 产气率中，高温实验组的产气率都高于 300L/kg，高温提高了发酵过程中微生物和酶的活性，从而提高了产气效率，其中实验组 Z9 的效率最高，达到 333.24L/kg。

表 4-28　9 组实验产气效率

实验组	进料		出料		TS 削减量/g	单位 TS 产气量/（L/kg）
	物料/g	TS 含量/%	物料/g	TS 含量/%		
Z1	1650	20	1110	13.45	181	224.76
Z2	1650	25	940	16.35	259	231.14
Z3	1650	30	1220	21.92	228	235.04
Z4	1650	25	1070	21.45	183	257.78
Z5	1650	30	1300	23.46	190	268.64
Z6	1650	20	720	14.71	224	284.75
Z7	1650	30	1180	23.57	217	309.70
Z8	1650	20	320	11.28	294	321.17
Z9	1650	25	670	11.47	336	333.24

5. 实验的极差和正交分析

1）因素的极差分析

本研究正交实验的发酵时间为 46 天，因此累计产气量选取 46 天的产气量总和进行极差分析，计算结果如表 4-29 所示。

表 4-29　正交实验极差分析

实验组及均值	温度	接种量	TS 含量	累计产气量/L
Z1	26℃	10%	20%	40.610
Z2	26℃	20%	25%	59.825
Z3	26℃	30%	30%	53.480
Z4	38℃	10%	25%	47.165
Z5	38℃	20%	30%	51.030
Z6	38℃	30%	20%	63.815
Z7	50℃	10%	30%	67.160
Z8	50℃	20%	20%	94.395
Z9	50℃	30%	25%	111.860
k_1	51.305	51.645	66.273	—
k_2	54.003	68.417	72.950	—
k_3	91.135	76.385	57.223	—
R	39.833	24.740	15.727	—

注：k_1，k_2，k_3 表示在三种水平下产气量的平均值；R 为极差，表示实验中各因素对指标作用影响的显著性。

表中第一列 k_1 表示在温度为 26℃时的平均值，$k_1 = (40.610 + 59.825 + 53.480)/3 = 51.305$，类似地，其他行和列的平均值分别列于表中，温度因素极差 $R = \max\{k_1, k_2, k_3\} - \min\{k_1, k_2, k_3\} = 91.135 - 51.003 = 39.833$，类似地，其他因素的极差也分别列于表中。温度、接种量和 TS 含量的极差大小分别为 39.833、24.740 和 15.727，因此因素的影响作用大小为：温度＞接种量＞TS 含量。

2）因素方差分析

假设温度，接种量，TS 含量之间没有交互作用，设因素 A 为温度，在水平 26℃、38℃和 50℃上的效应分别为 a1、a2、a3，类似地，因素 B 接种量和因素 C 的 TS 含量的效应分别为 b1、b2、b3 和 c1、c2、c3。建立数学模型 $Y_n = \mu + ai + bj + ck + \varepsilon$，其中 $n \in [1, 9]$；$i, j, k \in [1, 3]$。分别作如下假设：

假设 H01：a1=a2=a3=0;

假设 H02：b1=b2=b3=0;

假设 H03：c1=c2=c3=0。

若假设 H01 成立，则表明温度对产气量无明显影响；反之，则表明温度对产气量的影响显著。同理，若假设 H02 和 H03 成立，则表明接种量和 TS 含量分别对产气量的影响不显著，若不成立，则影响显著。

A、B、C 三个因素的约束条件只有一个，因此 Q_A、Q_B、Q_C 的自由度都为 2，Q_T 的自由度为 2，方差分析计算结果如表 4-30 所示，由表可知，温度的影响显著性非常明显，接种量的影响显著性明显，TS 含量的影响显著性不明显，与之前的极差分析结果相同。

总平均数：$\overline{Y} = \dfrac{1}{9}\sum_{i=1}^{9} Y_i = 65.48$

总离差平方和：$Q_T = \sum_{i=1}^{9}\left(Y_i - \overline{Y}\right)^2 = 4331.51$

温度的离差平方和：$Q_A = 3\left[\left(k_1^A - \overline{Y}\right)^2 + \left(k_2^A - \overline{Y}\right)^2 + \left(k_3^A - \overline{Y}\right)^2\right] = 2972.98$

误差：$Q_E = Q_T - Q_A - Q_B - Q_C = 27.87$

均方离差：$S_A^2 = \dfrac{Q_A}{2} = 1486.49$，$F_A = \dfrac{S_A^2}{S_E^2} = 106.67$

表 4-30 各因素对产气效果的方差分析表

影响因素	离差	自由度	均方离差	F 值	显著性
温度	2972.98	2	1486.49	106.67	***
接种量	956.85	2	478.43	34.33	**
TS 含量	373.81	2	186.90	13.41	*
误差	27.87	2	13.94	—	—
总和	4331.51	8	—	—	—

注：*越多表示显著性越强。

3）三元线性回归分析

三元线性回归模型为 $y = \beta_0 + \beta_1 x_1 + \beta_2 x_2 + \beta_3 x_3 + \varepsilon$，其中 β_0、β_1、β_2 和 β_3 均为回归常数，x_1、x_2 和 x_3 为三个影响因素，利用 PASW Statistics 18 软件对以上 9 组实验进行三元线性回归分析，得出以下计算结果，如表 4-31 所示。

表 4-31 回归模型系数计算

	非标准化系数		标准化系数（系数 β）
	系数 b	标准差	
常数	0.298	34.709	—
温度（x_1）	1.660	0.459	0.741
接种量（x_2）	123.700	55.091	0.460
TS 含量（x_3）	−90.500	110.183	−0.168

此三元线性回归平面方程温度 $x_1 \in [26, 50]$，接种量 $x_2 \in [10\%, 30\%]$，TS 含量 $x_3 \in [20\%, 30\%]$。

经线性回归显著性检验，F 检验的显著性水平 p 值为 0.038，p 值<0.05 表明显著性明显，该回归模型成立。如表 4-32 所示。

表 4-32　线性回归分析

	离差	自由度	均方离差	F 值	p 值
回归	3420.997	3	1140.332	—	—
剩余	910.517	5	182.103	6.262	0.038
总和	4331.514	8	—	—	—

4）小结

以牛粪畜禽粪便、果蔬垃圾和秸秆为原料，选取温度、接种量和 TS 含量三因素三水平采用正交实验进行干式厌氧发酵，得出以下结论：

三因素三水平正交实验结果表明，发酵温度为 50℃，接种量为 30%，TS 含量为 25%时的产气效率最高，产气量达到 111.860L，单位 TS 产气率为 333.24 L/kg；

影响累计产气量的因素作用大小为：温度＞接种量＞TS 含量。高温（50℃）发酵时的产气量增幅明显，产气质量较好，原料利用率高；接种量 10%～20%产气量增幅更为明显；TS 含量为 25%时的产气量大。

通过正交实验分析，得出发酵物料为 1.65kg 时的线性回归方程，其中温度 $x_1 \in [26, 50]$，接种量 $x_2 \in [10\%, 30\%]$，TS 含量 $x_3 \in [20\%, 30\%]$。

4.3.2.3　干式厌氧发酵物质变化规律

1. 四组实验 pH 的变化情况

实验一运行全过程（共计 60 天）pH 变化曲线图如图 4-79 所示，从图中可以看出，实验一反应开始时 pH 为 6.8 左右，反应开始后，pH 在第 9 天达到最低值 6，随后又逐渐升高至 7，从第 22 天起，pH 的变化逐渐稳定，直至第 47 天，在此稳定时期的 pH 一直在 7～7.5 波动。从第 50 天开始 pH 又下降至 7 以下，反应末期 pH 为 6.5 左右。整个过程中的 pH 处于 6.0～7.5 的范围内，环境适宜甲烷的生长。pH 在反应初期（第 1～9 天）逐渐下降的主要原因是水解和产酸菌较快地适应环境，并开始不断地产生小分子物质，小分子物质再被产酸菌利用生成可供产甲烷菌利用的乙酸、丙酸和丁酸。酸类物质的生成引起了 pH 的下降，因此 pH 在初期阶段逐渐降低。pH 在第 9 天之后逐渐升高的原因是，产甲烷菌逐渐开始利用这些小分子酸，使 pH 又逐渐回升。

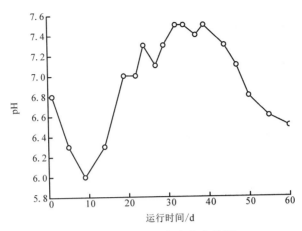

图 4-79　实验一 pH 变化曲线图

　　厌氧发酵过程中，产酸阶段有机酸的生成会造成 pH 的下降，产甲烷阶段对有机酸的利用又会造成 pH 的升高，蛋白质类等含氮类有机物质的分解又造成氨氮的生成，也会使 pH 升高。一般认为，厌氧发酵适宜的 pH 范围为 6.5～7.8，低于 6.5 或高于 7.8 的环境都会对反应运行产生抑制作用（白洁瑞等，2009；李杰等，2007）。系统一般有自动调节的功能，因为在反应的最初阶段，有机物质原料充足，水解和产酸细菌较快地适应环境，并不断地分解产生脂肪酸，脂肪酸类物质的累积导致 pH 的下降。随着产甲烷菌逐渐适应环境，利用脂肪酸的速率逐渐增大，溶液的 pH 升高。

　　实验二运行全过程 pH 变化曲线图如图 4-80 所示，实验二的 pH 从初始的 7 急剧下降，至第 14 天降到最低值 5.8，在第 20 天又逐渐升至 6，仍处于不适宜产甲烷菌生长的酸性环境，在此期间约有 10 天左右处于较低的 pH，表明反应由于酸的积累，抑制了产甲烷菌对酸和醇类等中间代谢产物的利用，导致了酸化出现。第 20 天以后由于系统自我调节，逐渐恢复至适宜的 pH 环境。在第 22 天时达到 6.5，之后 pH 一直在 6.5～6.8 范围内，反应运行末期时（第 60 天），pH 有略微下降的趋势（pH=6.3）。

　　实验三运行全过程 pH 变化曲线图如图 4-81 所示，实验三的 pH 从初始的 7.2 降至 6.5，第 12 天以后逐渐上升，此时由于进入了产甲烷阶段，产甲烷菌对产酸菌代谢产物的利用增强，导致了 pH 的升高，在第 25 天时达到最大值，在反应运行末期又降至 6.5。全过程 pH 的变化均处于产甲烷菌适宜的波动区间，并未出现实验一和实验二的酸化现象。

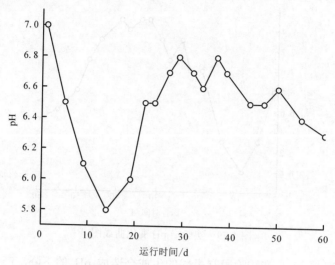

图 4-80　实验二 pH 变化曲线图

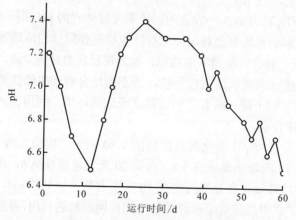

图 4-81　实验三 pH 变化曲线图

实验四运行全过程 pH 变化曲线图如图 4-82 所示，实验四的 pH 由初始的 7.1 急剧降至第 12 天的 6.3，第 19 天达到 6.7，直至反应运行至第 55 天，系统内的 pH 一直在 6.5~6.9 范围内，并未出现明显的降低趋势，表明反应处于稳定的产甲烷时期，在反应结束时，有略微的降低，整个阶段的 pH 变化并不大，产甲烷菌处于适宜的 pH 生长环境。

通过以上四组实验的 pH 分析，仅实验二的 pH 出现了较为严重的酸中毒，经过系统调节，均可恢复到正常的产气状况，表现了反应装置良好的稳定性。四组实验在发酵过程中的 pH 变化表现为初期逐渐下降，这是由于水解产酸菌的作用生成了更多的酸类物质；随后又开始缓慢上升，此过程由于脱氨基作用产生的氨中和了酸性环境；之后再逐渐稳定，经过酸碱中和后，酸类与氨氮的生成处于动态平衡，表现为 pH 的稳定变化，仅在末期有略微降低的趋势，大体呈先降后升，最后趋于稳定的"S"型变化趋势，宁桂兴等（宁桂兴等，2009）在开展厌氧发酵实验研究时，也表明 pH 的变化具有相同的变化趋势，这种变化基本符合厌氧发酵三阶段理论。

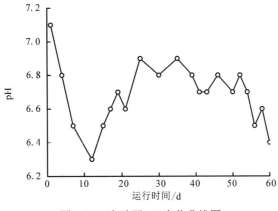

图 4-82　实验四 pH 变化曲线图

2. 四组实验产气量的变化情况

实验一产气量变化曲线图如图 4-83 所示，实验一运行时间为 60 天，累计产气量为 4149L，单位产气率为 248.25L/kg，整个运行过程共出现了两个产气高峰，第一个产气高峰处于第 4 天，日产气量达到 202L；第二个产气高峰处于第 27 天，日产气量为 129L。第一个产气高峰持续时间并不长，而此阶段的甲烷成分含量并不高，相反二氧化碳的含量较高，说明该阶段产甲烷菌并不活跃，非产甲烷菌类的好氧微生物活动起主导作用，而第二个产气高峰，甲烷的含量很高并一直持续，说明产甲烷菌开始活跃起来，反应进入稳定产甲烷时期，王延昌等（王延昌等，2009）研究餐厨垃圾的厌氧发酵特性也出现了两个产气高峰。

在运行过程中，出现了两个产气高峰，第一个产气高峰的出现，是由于在产酸阶段小分子物质被分解的代谢产物中的 CO_2、H_2 及少量 H_2S、CH_4 等气体类物质快速生产造成的；第二个产气高峰的出现，是由于产酸阶段的代谢产物乙酸、CO_2 和 H_2 被产甲烷菌利用产生了甲烷。第 54 天之后日产气量又逐渐降低，日产气量低于 10L。这可能是此阶段氨氮的升高，中间代谢产物酸类物质的利用率降低及物料中有机物质的降低等原因，使系统内的生存环境不利于产甲烷菌的生存，导致日产气量的降低。反应全过程出现第二次产气高峰且持续了较长一段时间的原因可能是第一次产气高峰后的调整期，非产甲烷菌进一步对碳水化合物、脂类和蛋白质等的分解为产甲烷菌提供了更多可供利用的底物（张光明，1998），产物中氨氮的增加中和了酸性环境，这也为产甲烷菌的生长提供了更适宜的生长环境（张鸣等，2010）。

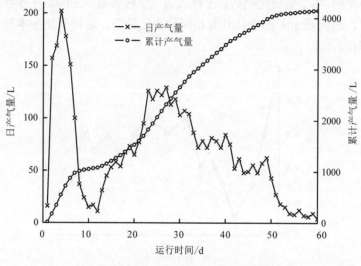

图 4-83　实验一产气量变化曲线图

实验二产气量变化曲线图如图 4-84 所示，实验二运行时间为 60 天，累计产气量为 2997L，单位产气率为 192.49L/kg，反应运行至第 5 天日产气量达到 194L，随后日产气量逐渐下降至 15L（第 11 天），在后续 10 天日产气量一直在较低水平波动（波动范围 5～25L），并未出现如实验一经过短暂的调整期后就进入了产气高峰期的现象，较长时间处于低日产气量的状况表明反应酸化。这是由于运行初期产酸细菌繁殖快，产甲烷菌繁殖慢，原料的分解消化速度超过产气速度，使池内大量有机酸 VFA 累积所致，pH 急剧增大，导致酸中毒。经过 10 天的调整后，从第 20 天开始，日产气量有略微提升，达到 46L。从第 20 天至第 52 天，日产气量并未出现明显的峰值，一直在 35～66L 范围内波动，表明反应由于受到酸化现象的影响使得部分产甲烷菌的活性受到了抑制。第 52 天之后，日产气量逐渐降低，最终反应停止。

实验三产气量变化曲线图如图 4-85 所示，实验三运行时间为 60 天，累计产气量为 4934L，单位产气率为 234.48L/kg。反应运行至第 3 天产生了一个小的峰值，相较于第 16 天出现的产气峰值（232L），并不是很明显。第 46 天时，日产气量降低至 25L，一直持续到反应结束，日产气量并未出现明显的升高，一直维持在较低的水平，标志着厌氧发酵反应的结束。

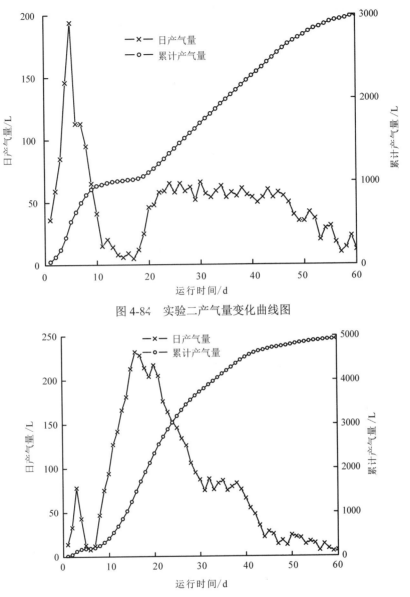

图 4-84　实验二产气量变化曲线图

图 4-85　实验三产气量变化曲线图

实验四产气量变化曲线图如图 4-86 所示，运行时间为 60 天，累计产气量为 4454L，单位产气率为 226.60L/kg。反应运行至第 2 天时，日产气量达到第一个峰值（94L），随后又逐渐降低（最低值为第 9 天，11L）。第 9 天之后又开始缓慢上升，日产气量从第 15 天开始趋于稳定，一直持续至第 42 天，在此期间的日产气量在 85～112L 的范围内波动，并未有实验三所出现的明显的峰值。第 42 天起，日产气量逐渐下降。

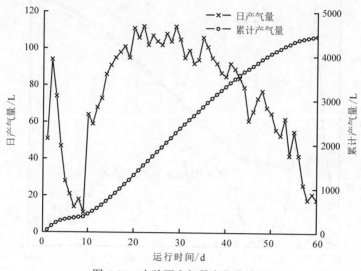

图 4-86　实验四产气量变化曲线图

　　四组实验中的日产气量均出现了两个产气阶段，但变化趋势有所差异，实验一出现了两个明显的产气高峰；实验二在运行过程中出现了酸中毒现象，并没有产生明显的第二个产气高峰，在 30 天内的日产气量比较稳定；实验三和实验四的第一个产气高峰不明显，原因可能是 50% 的接种量使更多的厌氧微生物形成的竞争效应缩短了调整期，微生物对物料的利用提前。

　　3. 四组实验发酵液中 COD 浓度的变化情况

　　实验一厌氧发酵运行过程中发酵液的 COD 浓度变化曲线如图 4-87 所示，发酵液中 COD 浓度由初始的 16 640mg/L 降低到结束时的 5000mg/L，COD 削减率达 70%。在反应第 1 天至 14 天，COD 的浓度逐渐上升，可能是由于在厌氧发酵起始阶段水解微生物的活性较强，对有机成分的分解率较高，水解微生物逐渐活跃，增加了对有机成分的分解，大分子逐渐被水解成为小分子，随着淋溶作用将水解产生的小分子类物质逐渐融入发酵液中，可溶性有机物质的生成速度大于产酸，导致起始阶段的 COD 浓度升高。从发酵的第 14 天到 24 天，发酵液中的 COD 浓度呈急剧下降的趋势，日均降解量为 471mg/L，此阶段的降解率达 42.9%。这段时间日产气量逐渐升高，表明产甲烷菌的活性增强，对有机物的利用增强，导致 COD 浓度逐渐降低。在第 29 天时，出现小幅上升，这可能是由于 pH 的变化，微生物的生长恢复至中性环境，而碳水化合物和蛋白质在中性环境时的水解效率更高。进入发酵液中的 COD 也随之增加。第 44 天后，COD 浓度的变化趋于稳定。

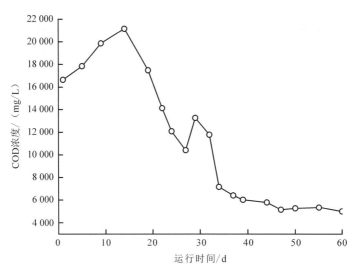

图 4-87 实验一物料运行过程发酵液 COD 浓度变化曲线图

实验二厌氧发酵运行过程中发酵液的 COD 浓度变化曲线如图 4-88 所示，实验二发酵液中 COD 浓度由初始的 14 920mg/L 降低到结束时的 10 300mg/L，COD 削减率仅为 31%。在反应初期，COD 的浓度变化如实验一，逐渐上升，随后又下降至初始水平，至反应第 39 天，COD 浓度的变化都在初始水平波动，表明产甲烷菌并未被分解，日产气量也比较低，可以得出产甲烷菌的活性受到了抑制。之后由于系统 pH 回升，抑制作用有所缓解，从第 39 天开始至第 47 天，COD 浓度出现逐步下降的趋势。之后由于 pH 和氨氮等环境条件变得不适宜产甲烷菌的生长，微生物对有机物的利用停止。

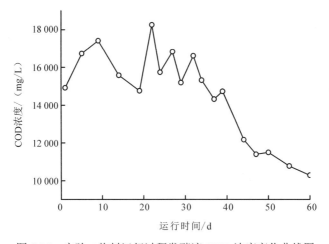

图 4-88 实验二物料运行过程发酵液 COD 浓度变化曲线图

实验三厌氧发酵运行过程中发酵液的 COD 浓度变化曲线如图 4-89 所示，发酵液中 COD 浓度由初始的 11 700mg/L 降低到结束时的 3030mg/L，COD 削减率达 74.1%，与李礼等人的研究结果（反应前后 COD 变化并不明显）不一致。在反应的第 1 天至第 7 天，COD 浓度的变化与实验一相似。从发酵的第 7 天至第 41 天，发酵液中的 COD 浓度呈稳步下降的趋势，日均降解量为 471mg/L，此阶段的降解率达 83.5%。这段时间日产气量逐渐升高，表明产甲烷菌的活性增强，对有机物的利用增强，导致 COD 浓度的逐渐降低。第 41 天后，COD 浓度的变化趋于稳定。

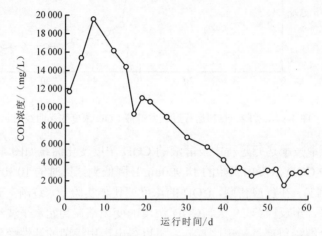

图 4-89　实验三物料运行过程发酵液 COD 浓度变化曲线图

实验四厌氧发酵运行过程中发酵液的 COD 浓度变化曲线如图 4-90 所示，发酵液中 COD 浓度由初始的 8610mg/L 降低到结束时的 3420mg/L，COD 削减率达 60.28%。在反应第 1 天至 16 天，COD 浓度呈逐渐上升的趋势，增加了 23.1%。特别是反应初期的第 1~4 天，COD 浓度急剧上升（增幅 18.8%），这是因为这一阶段水解微生物经过堆沤预处理后，已经开始适应环境，部分开始水解，进入厌氧发酵初期阶段后，大量 COD 溶出，造成 COD 浓度的升高。第 17 天后，实验四的 COD 浓度也如实验一，开始急剧下降，降解率达到 58.1%，产甲烷菌活性的增强提高了 COD 的降解效率，之后的 COD 降解速率变化不大，比较稳定。

四组实验发酵液的 COD 含量都随着淋溶作用在水解酸化阶段逐渐增加，而在反应刚进入产甲烷阶段，产甲烷菌的活性增加导致 COD 的降解非常明显，随着反应继续进行，产气高峰期之后 COD 降解不太明显，四组实验中除实验二因酸化影响了微生物对有机物质的利用（降解率 31%），其他三组实验的 COD 降解率都大于 60%，降解效果比较明显。

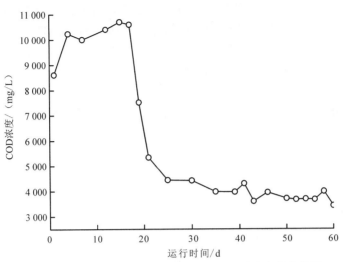

图 4-90 实验四物料运行过程发酵液 COD 浓度变化曲线图

4. 四组实验发酵物料 DOC 含量的变化情况

实验一厌氧发酵运行过程中物料 DOC 含量变化曲线如图 4-91 所示，DOC 是微生物所能利用的碳的重要来源之一，随着发酵反应的进行，发酵固体样品中的 DOC 含量呈现逐渐下降的趋势，DOC 的含量由 16 060mg/kg 降低到 9390mg/kg，降解率为 41.5%。至反应第 5 天时，下降程度最为剧烈，降解率达到 13%，之后的降解过程较为平稳。在反应运行至第 50 天左右时，DOC 含量又出现急剧降低的趋势，而此时的日产气量已经逐渐降低，产甲烷菌对有机物质的利用开始降低，这可能是由于水解微生物的活动减弱，导致 DOC 的溶出也减少直至停止。

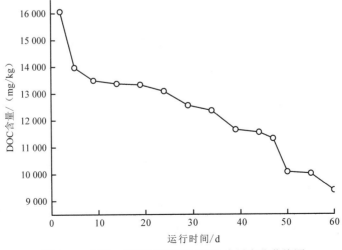

图 4-91 实验一发酵过程物料 DOC 含量变化曲线图

实验二厌氧发酵运行过程中物料 DOC 含量变化曲线如图 4-92 所示，实验二的 DOC 含量也呈现逐渐降低的趋势，DOC 的含量由 15 540mg/kg 降低到 11 280mg/kg，降解率为 27.4%。反应第 1 天至第 9 天，DOC 的降解率为 10.88%，第 9 天至第 24 天，DOC 的变化趋于平稳，此时 pH 过低，日产气量也不高，这是由于产甲烷菌活性受到抑制，产甲烷菌对 DOC 的利用率降低，溶出的 DOC 不断的积累所致。直至第 34 天 DOC 才逐渐降低，第 44 天对 DOC 的利用出现停滞现象，之后的含量变化不大。

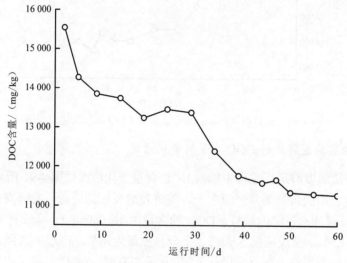

图 4-92　实验二发酵过程物料 DOC 含量变化曲线图

实验三厌氧发酵运行过程中物料 DOC 含量变化曲线如图 4-93 所示，DOC 的含量由 11 280mg/kg 降低到 6265mg/kg，DOC 含量有明显的下降趋势，降解率为 44.5%，反应的第 1 天到第 17 天，物料中 DOC 含量急剧降低，可能是由于产甲烷菌的活性增强，产甲烷菌利用有机酸的速度要大于产酸菌将大分子转化成有机酸的速度。之后随着反应的进行，DOC 的下降较为平稳，直至反应运行结束。起始阶段发酵液受重力作用致使大量的有机物质溶出到发酵液中，物料由于有机物质的损失而使得其中 DOC 含量降低，这与实验三中 COD 含量逐渐上升的趋势表现为负相关。

实验四厌氧发酵全过程 DOC 的含量变化如图 4-94 所示，运行全过程 DOC 的含量呈现逐渐下降的趋势，DOC 的含量由 12 300mg/kg 降低到 8669mg/kg，降解率为 29.5%。从第 12 天至第 21 天下降程度最为剧烈，说明这段时间产甲烷菌对 DOC 的利用率较高，第 21 天之后的变化趋势较为平缓，反应运行结束时对 DOC 的利用并未停止，说明反应运行至结束时仍有较好的利用率。

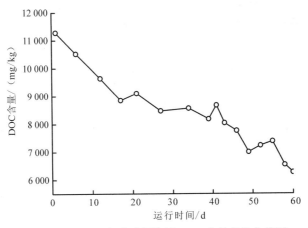

图 4-93　实验三发酵过程物料 DOC 含量变化曲线图

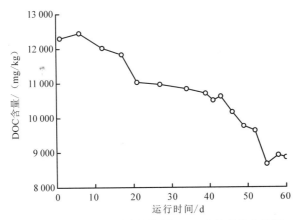

图 4-94　实验四发酵过程物料 DOC 含量变化曲线图

四组实验中物料在水解酸化阶段由于有机物质的溶出而使得其中 DOC 含量降低，与发酵液 COD 逐渐上升的趋势表现为负相关，进入稳定产期之后，微生物对 DOC 的消耗趋于稳定。

5. 四组实验的氨氮（NH_4^+-N）变化情况

实验一厌氧发酵运行过程中发酵液的氨氮浓度变化曲线如图 4-95 所示，从图中可以看出，初始浓度为 279mg/L，整个过程中氨氮的最大累计浓度为 952mg/L，氨氮累计浓度从第 22 天起变化比较缓慢，第 22 天后氨氮的浓度略微升高，但是总体变化幅度不大。厌氧发酵中氨氮浓度的升高，主要是来自于蛋白质类等含氮有机物质的分解，因此，发酵液中的氨氮浓度都高于进料的氨氮浓度。氨基酸分解产生氨基和小分子酸，小分子不断被产甲烷菌利用，氨氮也逐渐增加，因此氨氮的增加也伴随着甲烷不断的生产。第 22 天氨氮浓度变化较为缓慢原因主要是这段时间产气逐渐稳定,产生的氨氮也随之变化不大。氨氮虽然是微生物生长所必需的营养元素,但过高的氨氮浓度也会抑制微生物的增长,当氨氮浓度达到 3000mg/L,游离氨仅为 100mg/L 时,产甲烷菌活性会受到抑制(Rittmann and mc Carty,2004)。研究表明,氨氮浓度为 1670~3720mg/L,产甲烷菌活性下降 10%;氨氮浓度为 4090~5550mg/L 时,产甲烷菌活性下降 50%;氨氮浓度为 5880~6600mg/L 时,产甲烷菌完全失去活性,本实验运行中未出现氨氮抑制产甲烷菌活性现象。

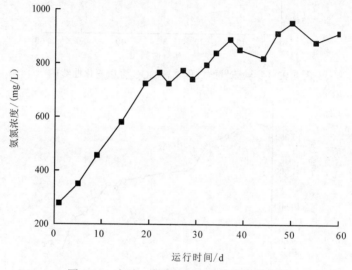

图 4-95　实验一发酵液氨氮浓度变化曲线图

实验二厌氧发酵运行过程中发酵液的氨氮浓度变化曲线如图 4-96 所示,从图中可以看出,初始浓度为 326mg/L,整个过程中氨氮的最大累计浓度为 746mg/L,在运行初期氨氮浓度逐渐上升,但是在第 9 天后,氨氮的浓度变化不大,并出现略微下降的趋势,一直持续到第 22 天,才逐渐升高。相较于其他实验的氨氮浓度,之后运行过程中氨氮浓度低,是由于出现了酸化现象,导致产甲烷菌的活性被抑制,对含氮类有机物质的利用率也降低。

实验三厌氧发酵运行过程中发酵液的氨氮浓度变化曲线如图 4-97 所示,从图中可以看出,初始浓度为 355mg/L,整个过程中氨氮的最大累计浓度为 1201mg/L,整体变化呈现先上升后处于稳定的态势。氨氮在厌氧发酵系统中的变化主要是微生物生长代谢和氨基酸等有机物质的分解转化两方面共同作用造成的。由于厌氧微生物细胞增殖很少,氨氮的产生主要是由于氨基酸类等有机氮被还原,因此运行过程中,发酵液后一阶段氨氮浓度会高于前一阶段氨氮浓度。反应运行后期,氨氮浓度较稳定的原因是厌氧微生物处于稳定期,微生物的增殖处于动态平衡过程，表现出对氨氮氮源的利用稳定的状况。

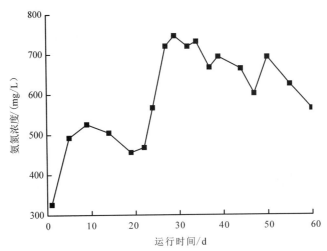

图 4-96　实验二发酵液氨氮浓度变化曲线图

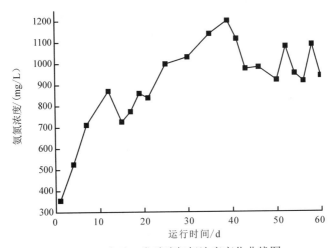

图 4-97　实验三发酵液氨氮浓度变化曲线图

　　实验四厌氧发酵运行过程中发酵液的氨氮浓度变化曲线如图 4-98 所示，从图中可以看出，初始浓度为 294mg/L，整个过程中氨氮的最大累计浓度为 1061mg/L，第 12 天至第 17 天，氨氮浓度出现短暂下降，第 17 天后又急剧升高。氨氮浓度出现短暂下降的原因可能是 pH 在此阶段逐渐升高，使部分铵根离子逐渐向产生氨气的方向移动，产生的氨气随之溢出系统外。之后氨氮浓度又急剧上升的原因可能是产甲烷菌的活性逐渐增强，对含氮类的有机物质利用率增大，分解此类物质时伴随着更多的氨氮的生成。在第 21 天后，系统的氨氮浓度变化不大。

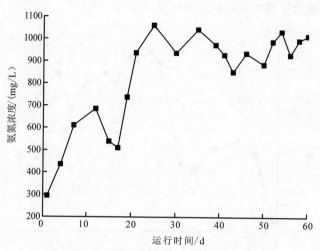

图4-98　实验四发酵液氨氮浓度变化曲线图

有关研究报道，氨氮浓度低于1000mg/L，对厌氧反应器中微生物不会产生不利影响，接种量为50%的两组实验运行过程中氨氮累计浓度均超过了1000mg/L，但并未出现氨抑制作用，前面分析实验二的pH自动调节后在第20天恢复产气，这些都表明反应器有良好的自动调节作用。

6. 产气效率分析和影响因素的极差分析

单位TS产气效率分析如表4-33所示。

表4-33　单位TS产气率的计算

| | 累计产气量/L | 进料 | | 出料 | | TS削减量/kg | 单位TS产气率/（L/kg） |
		TS含量/%	物料总重量/kg	TS含量/%	物料总重量/kg		
实验一	4149.00	25.00	90.00	21.41	78.05	5.79	248.25
实验二	2997.00	25.00	90.00	18.47	84.30	6.93	192.49
实验三	4934.00	35.00	90.00	27.54	76.40	10.46	234.48
实验四	4454.00	35.00	90.00	24.66	79.72	11.84	226.60

从表4-33中可以看出实验三的累计产气量最大，为4934L；物料发酵前后，减重最为明显的也是实验三；而单位TS产气率最高的是实验一，达到248.25L/kg，为最优产气效率组。

极差的计算和分析如表4-34所示。

表中k_1为在接种量为30%时累计产气量的平均值，$k_1=(4149+2997)/2=3573.0$，类似地，其他行和列的平均值分别为4541.5、4301.5、4694.0、3725.5和

3965.5，分别列于表中；接种量因素极差 $R = \max\{k_1, k_2\} - \min\{k_1, k_2\} = 4694.0 - 3573.0 = 1121.0$，类似地，其他因素的极差分别为 816.0，336.0，列于表格最后一行。

接种量、物料配比和 TS 含量对累计产气量的极差分别为 1121.0、816.0 和 336.0，极差越大，即累计产气量受因素影响越大，该因素对累计产气量的贡献越大，表明因素对产气量的影响更为显著。因此，影响大小为：接种量>物料配比>TS 含量。

表 4-34　四组实验极差分析表

实验组及均值	接种量	牛粪：秸秆：垃圾	TS 含量	累计产气量
实验一	30%	4：1：1	25%	4149 L
实验二	30%	4：2：0	35%	2997 L
实验三	50%	4：1：1	35%	4934 L
实验四	50%	4：2：0	25%	4454 L
k_1	3573.0	4541.5	4301.5	—
k_2	4694.0	3725.5	3965.5	—
R	1121.0	816.0	336.0	—

注：k_1，k_2 表示在两种水平下产气量的平均值；R 为极差，表示实验中各因素对指标作用影响的显著性。

7. 最优组的光谱特性分析

通过前面几节实验的分析和计算，可以看出四组实验的常规指标在厌氧发酵全过程中的差异性并不明显，实验一的单位 TS 产气率最高。因此，确定以实验一厌氧发酵过程中的光谱特性进行分析。

1）发酵物料中 DOM 荧光光谱分析

实验一发酵过程中不同运行时间同步荧光光谱特性如图 4-99 所示，同步荧光可以用于分析水溶性有机质的结构和组分（Chen et al.，2003；Hur and Kim，2009），如图所示，不同运行时间均出现了两个荧光峰，Peak A 和 Peak B。根据相关研究（Lombardi and Jardim，1999），波长在 200～300nm 范围内的波峰与蛋白质类物质有关，波长在 300～550nm 范围内的波峰与腐殖质类物质有关，即在较短波长范围内有较强的荧光强度，是由分子量较低、结构较为简单的有机物质构成。在研究氨基酸和下水道污水的同步荧光时，发现在波长 280nm 处存在一个主要为可生物降解的芳香族氨基酸的强荧光峰，在波长 340nm 处产生的荧光峰是溶解态的腐殖质形成的。从第 1 天至第 7 天，Peak A 处的波长变短，荧光强度急剧增强，溶解质中产生了极强的类蛋白质；而随着反应的继续进行，从第 7 天至第 60 天，波长又逐渐变长，荧光强度也随之减弱。在反应第 1 天至第 7 天，荧光强度急剧增强的原因可能是这段时间水解细菌开始适应环境,活跃起来,对物料不断分解,将大分子物质逐渐水解出来,形成了更多蛋白质类物质;而第 7 天之后荧光强度逐渐减弱是由于产甲烷菌逐渐开始活跃起来,对小分子酸类物质利用效率增强,导致更多被水解出来的蛋白质继续分解,造成蛋白质含量的降低。Peak A 处蛋白质含量不断降低的趋势与前面关于有机质含量逐渐降低的推论相一致。Peak B 处荧光强度一直较低,表明有机物质被不断分解为小分子简单物质,同时有少量难降解的类腐殖酸生成。

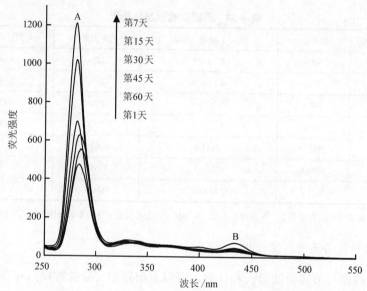

图 4-99　实验一发酵过程中不同运行时间同步荧光光谱特性

实验一发酵过程中不同运行时间的三维荧光光谱图如图 4-100 所示,采用三维荧光技术是由于 DOM 分子中含有大量 π-π^* 跃迁的芳香结构、共轭生色基团或不饱和共轭键。DOM 中一般含有氨基酸、有机酸、碳水化合物和腐殖质等。运行开始时(第 1 天),出现 2 个荧光光谱峰 Peak A 和 Peak B,Peak A 的激发波长 Ex=280nm,发射波长 Em=335nm,Peak B 的激发波长 Ex=225nm,发射波长 Em=340nm;反应运行至第 7 天,Peak A 和 Peak B 的激发波长分别为 275nm、220nm,发射波长都是 340nm,都属于类蛋白荧光峰。不同的时间的荧光峰强度不同,随着反应时间的延续,类蛋白荧光峰强度增强,表明蛋白质类物质逐渐增多。

在第 15 天、第 30 天、第 45 天和第 60 天都只出现了两个峰,Peak A 的激发波长 Ex 在 275~280nm 范围内,发射波长 Em 在 335~340nm 范围内;Peak B 的激发波长 Ex 在 220~225nm 范围内,发射波长 Em 在 330~340nm 范围内。在此时间段两个峰的强度有不同程度的降低,在波长 280nm 附近的极强荧光峰表明水溶性有机物质中类蛋白质较多。随着反应时间的延续，类蛋白质的荧光强度逐渐减弱，表明类蛋白质逐渐被分解利用，小分子物质不断生成。以往的研究显示（张军政等，2008；席北斗等，2008），较大荧光波长的特征吸收峰往往代表分子量较大，复杂程度较高的有机物质，故在波长 220nm 处出现的类蛋白峰较波长 280nm 处的分子结构简单，表明干式厌氧发酵对有机物质的降解更彻底，产物中产生的复杂成分物质较少。

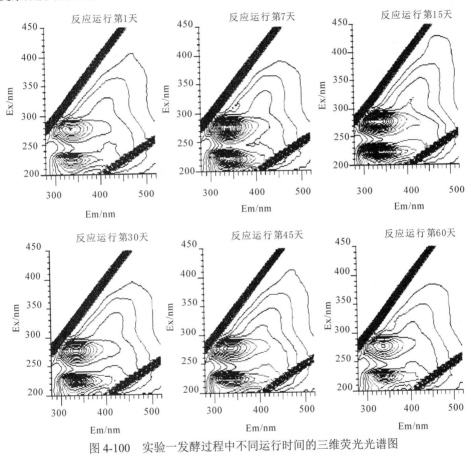

图 4-100　实验一发酵过程中不同运行时间的三维荧光光谱图

　　2）发酵物料中 DOM 紫外光谱分析

　　实验一发酵过程中混合物料 DOM 的紫外光谱图如图 4-101 所示，DOM 的紫外光谱吸收主要是由于不饱和共轭键引起的（Chin et al.，1994），图 4-101 为厌氧发酵反应运行过程中固样经浸提得到的 DOM 的紫外光谱叠加图，从图中可以看出不同时间段 DOM 的吸光度曲线差别不大。从整体趋势看，吸光度都随着波长的增加而逐渐减小；就单个趋势比较来看，吸光度随着反应时间段的延续呈现先增大后逐渐减小的趋势，这主要是发酵物料 DOM 中发色基团和助色基团的增加

所致（魏自民等，2007）。在波长 280nm 附近出现一个吸收平台（陶澍等，1990），
为共轭分子的特征吸收带，由共轭体系分子中的电子的 π-π*跃迁产生，这主要是
由腐殖质中的木质素磺酸及其衍生物所形成的吸收峰（张甲等，2003）。对比第 1
天至第 7 天的紫外吸收光谱曲线，可以看出红外吸光度有较为明显的增加，这是
由于紫外光谱吸收主要与有机物质中不饱和的共轭双键结构有关，大分子的芳香
度和不饱和共轭键具有更高的摩尔吸收强度（郭瑾和马军，2005），因此吸光度也
随之增强；而对比第 7 天、第 21 天、第 39 天和第 58 天的紫外吸收曲线，其吸光
度却正好相反，有略微减弱趋势，但是变化并不大。这可能是由于羧酸和其他双
键物质随着酸化反应和甲烷合成过程的继续进行，不饱和键逐渐断裂，共轭作用
减弱，吸光度也随之减弱，直至反应结束。本研究随着反应时间的递增，发酵物
质的芳香度和不饱和度有少量的增加，但增加并不是很明显。在发酵结束时变化
减弱，趋于稳定。

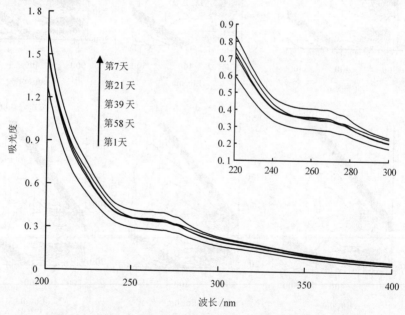

图 4-101　实验一发酵过程中混合物料 DOM 的紫外光谱图

3）发酵物料红外光谱特性变化分析

实验一发酵过程中混合物料运行始末红外光谱特性变化图如图 4-102 所示，
分别对原混合物料，堆沤 7 天后的物料，发酵至第 7 天、第 21 天、第 39 天和第
60 天的混合物料进行红外光谱分析，可以看出，堆沤和发酵反应前后具有相似的
红外光谱特性，表明主体成分的变化并不大，只是吸收强度有所变化，说明物料
发酵前后的官能团含量发生了变化。

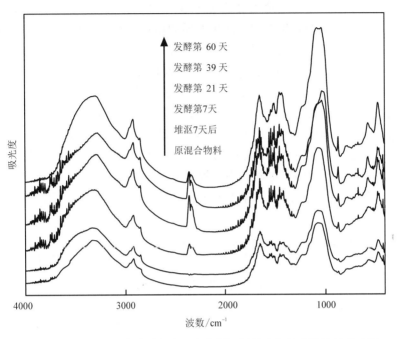

图 4-102　实验一发酵过程中混合物料运行始末红外光谱特性变化图

　　根据文献和资料（Krishnakumar et al.，2009；Lammers et al.，2009；Tseng et al.，1996），得出各吸收峰归属情况，如表 4-35 所示。波数 3280～3334cm⁻¹ 处是纤维素、淀粉和糖类等的—OH 中氢键以及蛋白质和酰胺化合物中—NH 的氢键伸缩振动产生的吸收峰，经复合菌剂堆沤预处理之后的波数段吸收强度增强，表明厌氧微生物分解了纤维素聚合体，破坏了其晶体结构，导致氢键活动减弱，说明糖类和蛋白质增多；经过厌氧发酵后的物料，随着反应时间的延续，在此处的峰强度逐渐减弱，这是由于连接在苯环上的羟基和苯环形成了 p-π 共轭，而其中氧原子的电子云偏向苯环（詹怀宇，2005），发酵过程中可能是由于厌氧微生物作用，氢键因氢氧间作用力减弱而断裂，导致氢键的吸收强度减弱，纤维素、碳水化合物和蛋白质类物质因结构被破坏而逐渐分解，含量随之降低；波数 2920～2921cm⁻¹ 范围内是—CH₂ 中的氢键反对称伸缩振动产生的吸收峰，堆沤预处理和发酵过程均使纤维素聚糖类物质脱聚和降解（梁越敢等，2011），吸收峰强度增大，表明大量小分子物质（如酸和醇类）不断生成，增强了该处的吸收峰；波数 2850～2851cm⁻¹ 范围内是—CH₂ 中的氢键对称伸缩振动，此处吸收峰强度变化不明显；波数 2359cm⁻¹ 处在厌氧发酵开始后出现吸收振动，可能是木质素中的 C 与 N 以 C≡N 基团形式结合在一起产生的振动，经过厌氧发酵，吸光度先增后减对应 C≡N 基团产生后又被分解；波数 1652cm⁻¹ 处是酰胺羰基中 C=O 伸缩振动产生的吸收峰，此处的吸收强度增大，表明羧基由于分解而导致 C＝O 增多；波数 1540cm^{-1} 处和 1507～1514cm^{-1} 范围内是酰胺Ⅱ带中 N—H 平面振动和木质素芳环骨架的 C—C 伸缩振动吸收峰，堆沤期间在此处的吸收强度增大，表明含氨类物质增多，说明蛋白质类物质的含量增多，发酵反应开始后，吸收强度又逐渐开始降低，表明蛋白质被逐渐分解利用；波数 1455～1456cm^{-1} 范围内是聚糖 C—H 键产生的不对称弯曲振动峰，吸收峰强度减弱，表明聚糖逐步被微生物分解，含量降低；波数 1029～1076cm^{-1} 范围内是糖类的 C＝O 伸缩振动产生的吸收峰，堆沤和发酵后该处的吸收强度增强，表明纤维素聚合体分解产生更多低分子糖类，厌氧发酵中后期变化不大，表明糖类的产生和利用达到平衡。堆沤和发酵后，波数 872cm^{-1} 处出现了新的吸收峰，属于纤维素中的 C—H 弯曲振动，表明纤维素的降解和小分子的新物质的产生。

表 4-35　实验一厌氧发酵反应运行始末的红外特征峰及归属

波数/cm^{-1}						归属
原混合物料	堆沤7天后	发酵第 7 天	发酵第 21 天	发酵第 39 天	发酵第 60 天	
3321	3334	3308	3291	3280	3306	分子内羟基 O—H 伸缩振动
2920	2920	2920	2920	2921	2921	脂肪族亚甲基 C—H 伸缩振动
2851	2851	2851	2851	2851	2851	脂肪族—CH$_2$ 对称伸缩振动
—	—	2359	2359	2359	2359	C≡N 的伸缩振动（蛋白质和氨基酸、铵盐类吸收带）
1652	1652	1652	1652	1652	1652	芳族 C—C 伸缩振动和 C＝O 伸缩振动
1540	1540	1540	1540	1540	1540	N—H 弯曲（酰胺Ⅱ带）
1510	1510	1507	1506	1514	1507	芳环 C—C 伸缩振动
1456	1456	1456	1456	1455	1456	木质素和多糖的 C—H 平面弯曲振动
1048	1076	1074	1036	1029	1037	多糖 C＝O 伸缩振动（纤维、半纤维素）
872	872	872	872	872	872	纤维素中的 C—H 弯曲振动

8. 小结

通过对以上四组实验干式厌氧发酵物质变化规律的研究，分别分析了发酵全过程的 pH、产气量、COD 含量、DOC 含量以及氨氮浓度等指标，并从物质结构方面分析了发酵物料的荧光、紫外和红外光谱特性的变化，得出以下结论：

（1）四组实验在发酵过程中的 pH 大体呈"S"型变化趋势。表现为初期阶段逐渐下降，随后又开始缓慢上升，后期再逐渐稳定并有略微下降，这种变化基本符合厌氧发酵三阶段理论。

（2）四组实验发酵液的 COD 含量都随着淋溶作用在水解酸化阶段逐渐增加，DOC 含量却降低，两者的变化表现为负相关。而在反应刚进入产甲烷阶段，产甲烷菌的活性增加导致 COD 和 DOC 的降解非常明显，随着反应继续进行，产气高峰期之后的 COD 和 DOC 的降解不太明显。

（3）氨氮的产生对 pH 影响系统酸碱环境起到了良好的调节作用，氨氮浓度在反应过程中逐渐上升。

（4）实验三的累计产气量和削减量都最大，实验一的单位 TS 产气率达到 248.25L/kg，各实验因素中对产气效率影响大小为：接种量＞物料配比＞TS 含量。

（5）荧光光谱分析结果显示，反应运行的初期（第 1 天至第 7 天）为酸化水解阶段，发酵物料中类蛋白质的荧光峰强度和复杂化程度较大，有机物主要以类蛋白质为主；而产甲烷阶段，简单有机物逐渐增多，类蛋白质的荧光吸收强度逐渐减弱，蛋白质类物质逐渐被消耗，不饱和键的荧光强度也逐渐减弱。

（6）紫外光谱分析结果表明，在波长 280nm 附近出现一个由 π-π*跃迁产生的共轭分子的吸收平台，反应第 1～7 天不饱和的共轭双键结构增加导致红外吸光度增加，第 7 天之后的吸光度与之相反，略微减弱，发酵物料中的芳香度和不饱和度有少量的增加，发酵结束时的变化趋于稳定。

（7）红外光谱分析结果表明，堆沤预处理主要是使聚糖脱聚，纤维素结晶度降低，蛋白质逐渐增多；厌氧发酵过程主要是使脱聚糖降解，脂肪和蛋白质等有机物质剧烈降解。

第5章 北方寒冷缺水型村镇环境综合整治与资源化利用技术工程示范

5.1 北方寒冷缺水型村镇污水处理技术示范

5.1.1 粉煤灰分子筛强化砂生物滤池生活污水处理技术示范

山东是水资源缺乏地区，水资源总量严重不足，全省多年平均淡水资源总量为 303 亿 m^3，仅占全国水资源总量的 1.1%，人均占有水资源量仅 334m^3（按 2000 年末统计人口数计算），不到全国人均占有量的 1/6，位居全国各省（市、自治区）倒数第三位。而目前已经推广的农村生活污水处理技术对氨氮和磷的去除效果较差，出水不能达到回用标准。

为了解决这一问题，满足不同类型农村生活污水处理需求，研究团队在进行了大量实验室实验的基础上，研发了粉煤灰分子筛强化砂生物滤池生活污水处理技术，在章丘市普集镇乐家村建设示范工程。

5.1.1.1 示范点——章丘市普集镇乐家村基本情况

章丘市普集镇乐家村现有 120 户，共 400 人，人均水资源量为 424m^3，人均用水量达到 80L，村民产生的生活污水通过管道收集，污水产生量为每天 16～20t，村民产生的生活垃圾经过源头分类后，有机生活垃圾进入厌氧干发酵示范工程，其他垃圾转运填埋，生活垃圾人均产生量为 0.6kg，有机生活垃圾人均产生量为 0.4kg。

5.1.1.2 示范工程设计

本示范工程在章丘市普集镇乐家村进行，设计了粉煤灰分子筛强化砂生物滤池生活污水处理示范工程，该工程占地面积 300m^2，主要处理乐家村的生活污水，使出水达到《城镇污水处理厂污染物排放标准》一级标准的 A 标准，出水回用于池塘养鱼。工艺流程如图 5-1 所示，具体建设内容如图 5-2、表 5-1～表 5-3 所示。

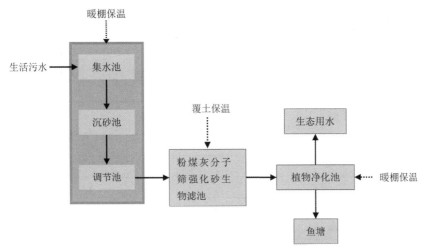

图 5-1　乐家村生活污水示范工程工艺流程图

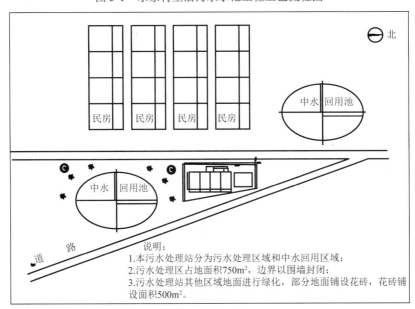

图 5-2　乐家村生活污水示范工程平面布置图

表 5-1　构筑物一览表

序号	建设内容	容积	单位	备注
1	集水池	2	m^3	砖混
2	沉砂池	6	m^3	砖混
3	投配池	16	m^3	砖混
4	植物净化池	75	m^3	砖混
5	粉煤灰分子筛强化砂生物滤池	288	m^3	砖混

表 5-2　设备一览表

序号	建设设备	型号	数量
1	格栅	非标，栅距 3mm	2
2	污水泵	兰格（longer pump）	4
3	布水管及其他管件	—	若干

表 5-3　其他建设内容

序号	建设内容	数量	单位	备注
1	黄砂	120	t	—
2	粉煤灰分子筛	24	t	—
3	卵石	63	t	—
4	暖棚	—	m²	阳光板
5	草坪	240	m²	—

5.1.1.3 示范工程建设

研究团队研发的粉煤灰分子筛强化砂生物滤池生活污水回用处理技术的核心"粉煤灰分子筛强化砂生物滤池"采用功能化粉煤灰分子筛 CS/MCM-41-A 与黄砂作为滤料。粉煤灰分子筛是一种新型的材料，对水中污染物有较好的吸附去除效果，能有效吸附水中氨氮，可以在较短时间内高效去除水中的污染物质，能提高生活污水污染物去除效率。本工程建设时粉煤灰分子筛与黄砂滤料的添加比例为 1∶5。示范工程建设如图 5-3 所示。

图 5-3　示范工程建设图

5.1.1.4 示范工程运行效果

1. 示范效果设计

在章丘市普集镇乐家村选择已建成的砂滤-植物耦合生活污水处理示范工程，于 2015 年 3 月 20 日开始，每隔 10 天取一次水样，所取水样为每天取 4 次水样的混合样，一直持续到 2015 年 11 月，所取样品放在乐家村村委会保存，然后带回山东省农业科学院农业资源与环境研究所测定。

2. 测定项目与方法

用温度测定仪测定示范工程水温和环境温度，用哈希 COD 测定仪测定水样中 COD 含量，用凯氏定氮仪测定氨氮含量，用过硫酸钾氧化-紫外分光光度法测定总氮含量，用钼酸铵比色法测定总磷含量。

3. 结果与讨论

1）各构筑物运行环境

自 2015 年 10 月 20 日开始，在示范工程点测定环境温度及进出水温度，测定时间为每天上午 8 点和下午 2 点，构筑物进出水温度随气温变化情况如图 5-4 所示。可以看出，早上 8 点环境温度较低且变化较大，最高达到 18.6℃，而最低仅有 −18℃，在环境温度变化比较大的情况下，进水温度仍能保持在 10℃以上，出水温度在 13℃以上；从下午 2 点的温度变化可以看出，环境温度最高为 24.5℃，最低达到−10℃，指标测定期间，进水温度在 10℃以上，出水温度在 16℃以上。该示范工程集水池等采用阳光板保温，滤池也采取了覆土和四周保温的措施，出水经过植物净化池，而植物净化池也采用了阳光板保温，这些保温措施能使进出水保持较高温度。2015 年 1 月 23 日是近几年同期气温最低的一天，最高气温−10℃，最低气温−18℃，在这种恶劣天气下，工程仍能正常运行，进出水温度达到 10℃以上。

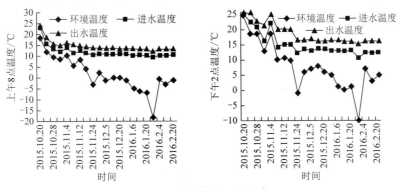

图 5-4 各构筑物运行温度

2）有机物的去除

示范工程运行期间，系统运行稳定，进水、集水池出水、滤池出水和植物池出水的化学需氧量（COD）浓度随时间变化及各构筑物对 COD 去除效果如图 5-5 所示。可以看出，示范工程自 3 月 20 日正常运行以来，滤池出水 COD 浓度能达到 50mg/L 以下，最终植物净化池出水 COD 浓度平均值为 15mg/L，能达到《城镇污水处理厂污染物排放标准》一级标准的 A 标准。从各构筑物去除效果来看，整个示范工程对 COD 的平均去除率为 96.17%，集水池、滤池和植物净化池对 COD 的平均去除率分别为 23.41%、87.72%和 57.80%，进入 11 月以后示范区环境温度有所下降，对示范工程去除效果稍有影响，但影响不大。

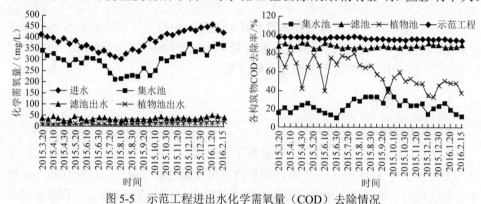

图 5-5　示范工程进出水化学需氧量（COD）去除情况

在该示范工程中，集水池兼备了沉淀池的作用，生活污水经集水池（沉淀池）沉淀后，污水中一些洗菜或洗衣服带来的泥砂及一些大的悬浮物就会被去除，在降解部分有机物的同时，避免了对后续粉煤灰分子筛强化砂生物滤池的堵塞。粉煤灰分子筛强化砂生物滤池对生活污水中有机物的高效去除主要是依靠粉煤灰分子筛的高效吸附性能、砂粒的物理截留作用和砂粒表面形成的生物膜的接触絮凝、生物氧化作用。可见集中式粉煤灰分子筛强化砂生物滤池生活污水示范工程对废水中有机物有非常好的去除效果。

3）氨氮（NH_4^+-N）的去除

如图 5-6 所示，示范工程运行期间，废水进水氨氮的浓度平均值分别为 29.89mg/L，经系统各构筑物处理后，集水池、滤池和植物净化池出水氨氮浓度平均值分别为 25.66mg/L、2.34mg/L 和 2.02mg/L，出水氨氮达到《城镇污水处理厂污染物排放标准》一级标准 A 标准。各构筑物对氨氮的去除率差异较大，示范工程对氨氮的平均去除率为 93.39%，而集水池、滤池和植物净化池对氨氮的平均去除率分别为 15.13%、90.90% 和 14.73%，滤池对氨氮去除效果贡献最大。滤池对氨氮的去除主要得益于粉煤灰分子筛的高效作用，课题组研究的粉煤灰分子筛具有结晶度高，孔道高度有序排列，孔壁坚实，孔径均一适中，通过扫描电镜、透射电镜、比表面积测定等手段分析测试确定壳聚糖的最佳包覆量为质量分数 10%等特点，能高效的吸附生活污水中的氨氮。

因氨氮的去除受温度影响较大，从图 5-6 中可以看出，11 月以后气温比夏季低，氨氮去除率较夏季略有降低，但去除效果仍较好。

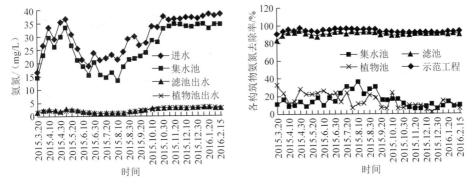

图 5-6　示范工程进出水氨氮（$NH_4^+ - N$）去除情况

4）总氮（TN）的去除

如图 5-7 所示，示范工程运行期间，废水进水总氮的浓度平均值为 35.23mg/L，经系统各构筑物处理后，集水池、滤池和植物净化池出水总氮浓度平均值分别为 31.32mg/L、6.58mg/L 和 5.74mg/L，出水总氮达到《城镇污水处理厂污染物排放标准》一级标准 A 标准。从各构筑物对总氮的去除率来看，示范工程对总氮的平均去除率达到 83.92%，而集水池、滤池和植物净化池对总氮的平均去除率分别为 11.27%、79.05%和 13.50%，同样，滤池对总氮去除效果贡献最大。

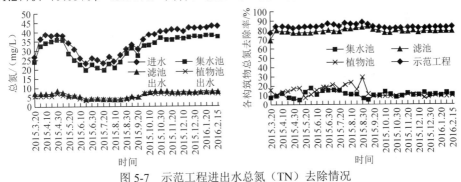

图 5-7　示范工程进出水总氮（TN）去除情况

5）总磷（TP）的去除

如图 5-8 所示，示范工程生活污水进水总磷浓度平均值为 3.04mg/L，系统出水总磷浓度平均值为 0.34mg/L，去除率为 88.94%。而其他构筑物集水池和滤池出水总磷浓度平均值分别为 2.57mg/L、0.40mg/L 和 0.34mg/L，集水池、滤池和植物净化池对生活污水总磷平均去除率分别达到 15.82%、84.39%和 16.01%。去除率与温度变化也有一定关系。生活污水中的磷主要来自于洗涤剂和食物残余等，主要以溶解态和颗粒态存在，粉煤灰分子筛强化砂生物滤池对磷的去除主要依靠粉煤灰分子筛的高效吸附作用，微生物的生物化学作用。在污水进入滤池系统的过程中，与滤池中的粉煤灰分子筛直接接触，废水中的可溶性磷酸盐被吸附，从而达到去除磷的目的。

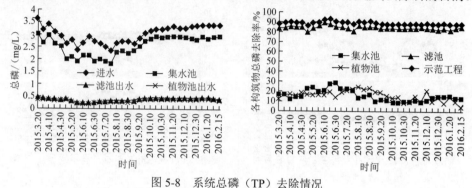

图 5-8　系统总磷（TP）去除情况

5.1.1.5　示范工程经济性指标

根据分子筛的加工制备工艺，其价格为 2000 元/t。本项目所用分子筛可再生 5 次计算，若污水处理量为 100m³/d，单独使用分子筛将氨氮从一级 A 标准（5mg/L）降到地表水四类（1.5mg/L），吨水处理成本（分子筛费用）为 0.056 元/m³。本工程中砂生物滤池处理单元分子筛所占质量比为 1.43%。

建设成本：乐家村示范工程每天处理水量 16～20t，按照 20t 设计，示范工程建设总费用为（包含分子筛）10.6 万元，则建设成本为每吨水 5300 元。

运行成本：水泵耗电 1.8kw·h/d，电费按 0.56 元/（kw·h）计算，每天电费 1.0 元；人工为兼职，每月补助 100 元，每天 3.3 元；分子筛每 10 年再生一次，花费 6000 元，每天 1.64 元，则污水处理工程每天运行费用为 1.0+3.33+1.64=5.97 元，运行成本为每天每吨水 0.3 元。

5.1.1.6　结论

（1）粉煤灰分子筛强化砂生物滤池系统对农村生活污水中有机物 COD、NH_4^+-N、TN 和 TP 的去除效果都非常好，平均去除率分别达到 96.17%、93.39%、83.92% 和 88.94%，能达到《城镇污水处理厂污染物排放标准》一级标准 A 标准。

（2）粉煤灰分子筛强化砂生物滤池系统适于在农村推广使用。

5.1.2　地埋式高效微曝气生物膜 AO 生活污水净化技术示范

近几年，随着经济的不断发展和农民收入的不断增加，农村生活设施、居住环境和消费方式也发生了较大的变化，自来水管网、卫生淋浴等设备逐渐进入百姓家庭，生活污水排放量急剧增加。长期以来，由于受经济发展、环保意识等原因的影响，大多数农村没有污水收集及处理系统，绝大部分生活污水随意排放，严重污染了水、大气和土壤环境，而目前常用的传统的污水处理设施建设成本高、运行维护复杂，很难在经济条件相对较差的农村推广使用。

　　针对这些问题，研究团队在研究了大量微曝气的基础上，在章丘市宁家埠镇向高村建设了地埋式高效微曝气生物膜 AO 生活污水净化示范工程，主体工程采用微曝气装置进行曝气，内部填料采用软性填料碳素纤维。

5.1.2.1　示范点——章丘市宁家埠镇向高村基本情况

　　章丘市宁家埠镇向高村现有 700 户，共 2500 人，人均水资源量为 424m³，人均用水量达到 85L，村民产生的生活污水通过管道收集，污水产生量为每天 100～120t，村民产生的生活垃圾直接进行转运填埋，宁家埠镇建有垃圾转运中转站，生活垃圾人均产生量为 0.6kg。

5.1.2.2　示范工程设计

　　本示范工程在章丘市宁家埠镇向高村进行，设计了地埋式高效能微曝气生物膜 AO 生活污水净化技术示范工程，该工程共 2 处，占地面积 300m²，主要处理向高村 2500 口人的生活污水，使出水达到《城镇污水处理厂污染物排放标准》一级标准的 B 标准，出水经河道用于农田灌溉。工艺流程如图 5-9 所示，构筑物一览表如表 5-4 所示。

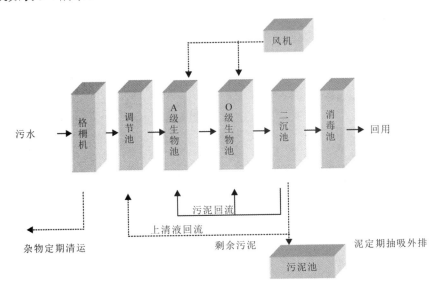

图 5-9　向高村生活污水示范工程工艺流程图

表5-4　构筑物一览表

序号	建设内容	容积	单位	备注
1	调节池	50	m³	砖混
2	A池	10	m³	玻璃钢
3	O池	20	m³	玻璃钢
4	二沉池	5	m³	玻璃钢
5	消毒池	5	m³	玻璃钢
6	污泥池	10	m³	砖混

5.1.2.3 示范工程建设

在实验室的模拟环境条件下,通过对曝气生物膜反应器处理生活污水情况进行实验研究,深入研究微曝气的净化原理,找出曝气生物膜反应器高效处理农村生活污水的原因,从而确定地埋式高效微曝气生物膜 AO 技术处理农村生活污水的最佳工艺条件,为实际的示范工程提供运行参数及理论依据。在章丘市宁家埠镇向高村建成日处理 60m³ 农村生活污水的地埋式高效微曝气生物膜 AO 生活污水示范工程 2 处,反应池采用微曝气装置进行曝气,反应池添加填料,填料采用软性填料碳素纤维。示范工程建设如图 5-10 所示。

图 5-10　向高村示范工程建设图

5.1.2.4 示范工程运行效果

1. 示范效果设计

在章丘市宁家埠镇向高村选择已建成的地埋式高效能微曝气生物膜生活污水净化技术工程，于 2015 年 3 月 20 日开始，每隔 10 天取一次水样，所取水样为每天取 4 次水样的混合样，一直持续到 2015 年 11 月。所取样品放在向高村村委会保存，然后带回山东省农业科学院农业资源与环境研究所测定。

2. 测定项目与方法

用温度测定仪测定示范工程环境温度及进出水温度，用哈希 COD 测定仪测定水样中 COD 含量，用凯氏定氮仪测定氨氮含量，用过硫酸钾氧化-紫外分光光度法测定总氮含量，用钼酸铵比色法测定总磷含量。

3. 结果与讨论

1）各构筑物运行环境

自 2015 年 10 月 20 日开始，在示范工程点测定环境温度及进出水温度，测定时间为每天上午 8 点和下午 2 点，构筑物进出水温度随气温变化情况如图 5-11 所示。可以看出，早上 8 点环境温度较低且变化较大，最高达到 18.8℃，而最低仅有−18℃，但进水温度能保持在 11℃以上，而出水温度与进水温度相差不大，低于乐家村示范工程出水温度；从下午 2 点的温度变化可以看出，环境温度范围在 −10～24.6℃，而进水温度在 12℃以上，出水温度与进水温度相差不大。分析该示范工程整个为地埋式，对进出水有一定的保温效果。

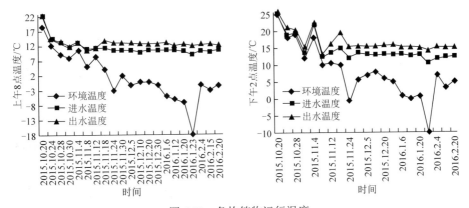

图 5-11　各构筑物运行温度

2）有机物的去除

示范工程运行期间，系统运行稳定，进出水的化学需氧量（COD）浓度随时间变化情况如图 5-12 所示。在该示范工程中，生活污水经处理后，COD 浓度由435.90mg/L 降到 23.62mg/L，平均去除率达到 94.67%。可见该示范工程对废水中有机物的去除效果都非常好，出水 COD 能达到《城镇污水处理厂污染物排放标准》一级标准的 A 标准。该工程对污染物的去除主要依靠反应池内软性填料碳素纤维，上面附着微生物膜，同时采用微曝气装置进行曝气，达到好的去除效果。

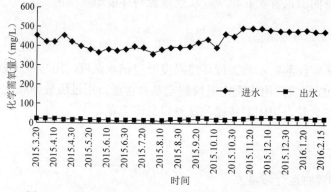

图 5-12　示范工程进出水化学需氧量（COD）变化情况

3）氨氮（NH₄⁺-N）和总氮（TN）的去除

如图 5-13 所示，示范工程运行期间，生活污水进水氨氮和总氮的浓度平均值分别为 31.62mg/L 和 42.56mg/L，经该地埋式高效微曝气生物膜 AO 技术处理后，出水氨氮和总氮的浓度平均值分别达到 3.53mg/L 和 6.79mg/L，去除率分别达到88.94% 和 84.03%，出水达到《城镇污水处理厂污染物排放标准》一级标准的 A 标准。

地埋式高效微曝气生物膜 AO 工艺技术，采用微曝气的 AO 工艺，在节约曝气成本的同时，对氨氮和总氮具有很好的去除效果。

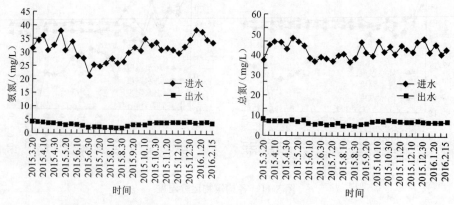

图 5-13　示范工程进出水氨氮（NH₄⁺-N）和总氮（TN）变化情况

4）总磷（TP）的去除

如图 5-14 所示，示范工程运行期间，生活污水进水总磷的浓度平均值为 3.16mg/L，经该地埋式高效微曝气生物膜 AO 技术处理后，出水总磷浓度平均值为 0.95mg/L，去除率达到 69.87%，出水达到《城镇污水处理厂污染物排放标准》一级标准的 B 标准。地埋式高效微曝气生物膜 AO 工艺技术，采用微曝气的 AO 工艺，对总磷去除效果较差。

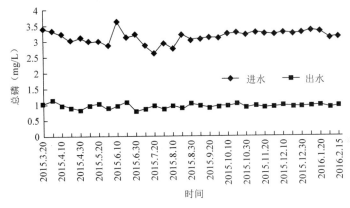

图 5-14　示范工程进出水总磷（TP）变化情况

5）各指标去除率

地埋式高效微曝气生物膜 AO 工艺技术对生活污水中各污染物的去除率如图 5-15 所示。可以看出，该示范工程农村生活污水中化学需氧量、氨氮和总氮的去除率较高，平均值分别达到 95.25%、89.65% 和 84.16%，工程运行期间的温度对去除效果影响较小，但该工程对总磷的去除效果稍差一些，平均去除率仅达到 69.48%。

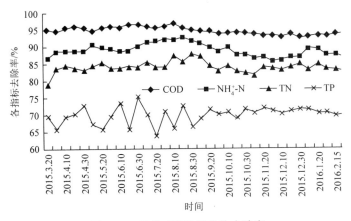

图 5-15　示范工程各污染物去除率

5.1.2.5 示范工程经济性指标

该示范工程建设成本为每吨水 4000 元，运行成本为每天每吨水 0.4 元。

5.1.2.6 结 论

（1）地埋式高效微曝气生物膜 AO 工艺技术示范工程对农村生活污水中有机物 COD、NH_4^+-N、TN 的去除效果都较好，出水能达到《城镇污水处理厂污染物排放标准》一级标准的 A 标准。

（2）地埋式高效微曝气生物膜 AO 工艺技术示范工程对农村生活污水中有机物 TP 的去除效果稍差，出水能达到《城镇污水处理厂污染物排放标准》一级标准的 B 标准。

（3）该示范工程采用微曝气，能节约曝气成本。

5.2　北方寒冷缺水型村镇固体废物处理和资源化利用技术示范

5.2.1　低温产沼气技术示范

近年来，我国沼气产业规模不断壮大，截止到 2014 年年底，全国户用沼气池总数已达 4000 万户。山东省近几年也非常重视农村废物处理及农村能源的发展，截至 2014 年底，共建设特大型沼气工程 3 处，大中型沼气工程 620 处，小型沼气工程 6190 处，户用沼气池 248.60 万户，总池容 2000 多万方。但因山东省冬季气温较低，据统计，约有 60%的沼气池冬季无法正常使用，有的甚至被冻坏，严重影响农户建沼气池用沼气的积极性。

为了解决这一问题，本研究在章丘市普集镇乐家村进行了生态工程越冬技术工程示范。

5.2.1.1 示范工程设计

本示范工程在章丘市普集镇乐家村进行,选择已经建成的 $10m^3$ 水压式户用沼气池,如图 5-16 所示,2013 年入冬前和 2014 年入冬前,对 80 个户用沼气池都采取沼气池覆盖保温、投加沼气微生物菌剂等保温增温措施,测定沼气日产气量。测定时间为 2013 年和 2014 年,每年的 11 月 15 日至次年的 2 月 15 日。

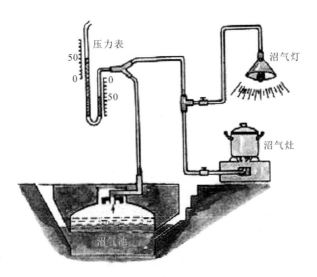

图 5-16 10m³ 水压式户用沼气池

5.2.1.2 示范工程建设

根据研究团队研发的"秸秆保温+功能菌剂强化低温产沼气技术",10 月下旬,在沼气池池体上覆盖 50cm 厚干秸秆,加盖塑料布进行保温,该保温方法可使沼气池内料液在冬季达到 13℃,于 11 月上旬添加低温沼气微生物菌剂,添加量为 1kg/10m³ 沼气池。示范工程建设过程如图 5-17 所示。

图 5-17 示范工程建设过程

5.2.1.3 示范工程运行效果

1. 材料

沼气池原料:牛粪便,取自章丘市一养牛场新鲜牛粪便。

沼气池用接种物：正常产气沼气池中的底物（取自章丘市户用沼气池，原料为牛粪便）。

示范工程组成：沼气池、沼气压力表、煤气表和沼气灶 4 部分。

发酵物料参数如表 5-5 所示。

表 5-5　沼气发酵物料参数

项目	总固体（TS）含量/%	挥发性固体（VS）含量/%	总有机碳（TOC）含量/%	总氮（TN）含量/%	碳氮比
牛粪	18.31	15.22	48.84	1.78	27∶1
接种物（沼液）	1.91	0.12	0.99	0.06	16∶1

2. 测定项目与方法

户用沼气池实验用 1.6m³ 煤气表测定沼气产量，农户每天通过沼气灶将沼气用完以保证产气量数据准确。发酵料液温度用探针式测温仪（HYH69-00）测定。

3. 结果与讨论

1）采取“秸秆保温+菌剂”措施沼气池内料液温度变化情况

在山东，气候四季分明，最冷的时间一般在每年的 11 月中旬至次年的 2 月中旬，持续 3 个月。如图 5-18 所示，实验期间日平均气温变化幅度比较大，采取“秸秆保温+菌剂”的沼气池内料液温度随着气温的变化而变化，但变化幅度较小，2013 年和 2014 年实验期间日平均气温分别为 -0.5℃和 -0.9℃，而采取“秸秆保温+菌剂”的沼气池内料液日均温度分别为 13.5℃和 12.9℃，未采取任何措施的沼气池 CK 料液日均温度分别为 9.3℃和 9.4℃。可以看出，2013 年冬季，采取“秸秆保温+菌剂”的沼气池内料液日均温度比对照池高 4.2℃，2014 年冬季，采取“秸秆保温+菌剂”的沼气池内料液日均温度比对照池高 3.5℃。可见在北方，采用秸秆保温对沼气池有一定的保温作用，而沼气微生物菌剂能提高低温下沼气微生物活性。

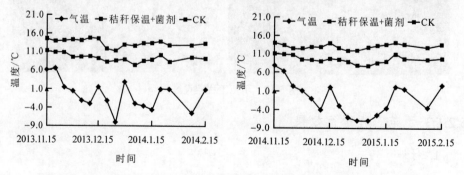

图 5-18　2013 年与 2014 年冬季采取不同措施沼气池内料液温度变化情况

2）采取不同措施沼气池产气量变化情况

如图 5-19 所示，2013 年，实验的 92 天未采取任何措施的沼气池产气量都非常低，日均产气量仅为 0.11m³，采取"秸秆保温+菌剂"的沼气池产气量比对照池有明显提高，日均产气量为 0.39m³，比对照池提高 2.55 倍。2014 年，未采取任何措施的沼气池 CK 日均产气量为 0.10m³，而采取"秸秆保温+菌剂"的沼气池日均产气量达到 0.40m³，比对照池高 4 倍。可见在冬季，沼气池若不采取一定的保温升温措施，基本不产气，甚至有的沼气池会被冻坏，而采取一定的保温升温措施后，沼气池内料液温度升高，同时产气量也大幅度提高。

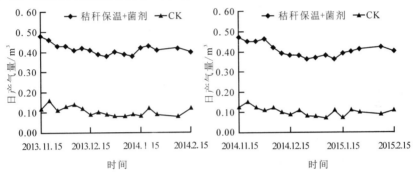

图 5-19　2013 年和 2014 年冬季采取不同措施沼气池产气量变化情况

5.2.1.4 结论

（1）北方冬季气温低，户用沼气池等生态工程不能正常使用。

（2）本研究的"秸秆保温+菌剂"技术对沼气池有一定的保温、增温效果，改用该技术的沼气池内料液日均温度比对照池高 3.5℃以上，日均产气量比对照池提高 2.5 倍以上。

（3）采用该技术的沼气池，冬季能满足沼气池用户一日三餐用气需求。

5.2.2　餐厨垃圾-牛粪-秸秆混合物料高效厌氧干发酵产沼技术示范

近几年随着农村经济的发展，农村生活垃圾产生量也与日俱增，据统计，全国农村每年生活垃圾产生量约 3 亿 t，约占城市垃圾产生量的 75%。但仅有很少的生活垃圾得到处理，处理的方式也仅限于转运、填埋，这样不能实现有机垃圾的资源化利用，造成了有机垃圾的浪费。同时农村居民生活用能源消费结构中，秸秆占 51.46%，薪柴占 28.02%，煤占 12.83%，电力占 4.68%，沼气占 1.47%，液化石油气占 1.43%，可见农村优质能源比例低，能源消费结构极不合理。

针对这些问题，研究团队进行了有机生活垃圾混合物料厌氧干发酵产沼气技术研究，该技术可以实现有机生活垃圾的资源化利用，改善农村能源结构。

5.2.2.1 示范工程设计

设计了容积为 5m³ 的有机生活垃圾厌氧干发酵产沼气示范工程，在乐家村进行有机垃圾源头分类示范，有机垃圾经收集粉碎后投入新型沼气工程，与牛粪、玉米秸秆混合厌氧干发酵，其他垃圾由市里统一收集转运，产生的沼气用于乐家村农户做饭，沼渣和沼液作为绿化肥料。

该厌氧干发酵反应器以立式发酵罐为主，包括粉碎设施、预处理区、螺旋进料装置、沼液回流装置等。该示范工程设置了垃圾粉碎阶段，便于物料的后续进出，同时保证了物料的均匀，有利于厌氧干发酵过程。粉碎区后设置了预处理区，并将沼液回流，起到预接种的作用。并可根据需要添加微生物菌剂或调节 pH 等进行预处理。预处理区内安装搅拌装置，保证物料与接种物的充分接触，通过一定时间的堆沤，可对物料进行有效的预处理，便于物料厌氧发酵的充分进行。本装置采用的螺旋输送装置可用于输送较高浓度的固体物料，确保干发酵装置顺利进出料，进料的同时将发酵好的物料自动出料，无需另设出料器械，操作方便，如图 5-20 所示。

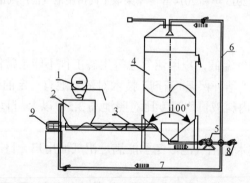

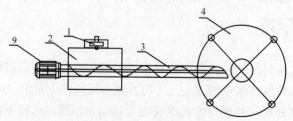

图 5-20 有机生活垃圾干发酵图

1. 粉碎机；2. 预处理池；3. 螺旋输送装置；4. 厌氧干发酵罐；5. 回流泵；

6. 沼液喷淋回流管；7. 预处理池回流管；8. 排水管；9. 电机

5.2.2.2 示范工程建设

示范工程中建设的厌氧罐高度为 3.3m，其中发酵区高度为 2.43m、直径为 1.6m、总容积为 5m³。厌氧罐采用不锈钢制作，外包彩钢板。示范工程建设过程如图 5-21 所示。

图 5-21　有机生活垃圾干发酵工程建设图

5.2.2.3 示范工程运行效果

1. 示范效果设计

实验室小试实验结果表明，单一的垃圾物料易水解酸化，而混合物料可有效缓解酸化现象，因此厌氧罐发酵物料采用混合物料，以农村有机生活垃圾为主，牛粪为辅，以沼气池内充分发酵的沼渣为接种物。启动时各种物料原料性质如表 5-6 所示，其中有机垃圾主要成分为分拣后的蔬果废物、厨余、干草落叶等。有机垃圾进料量为 1.5t，牛粪进料量为 1t，沼渣进料量为 1t。经混合后，总物料固体浓度 15.6%，pH7.43。正常运行后基本按有机垃圾与牛粪比例 1∶1 或 2∶1 进料，夏季有机垃圾产生量大可根据情况降低牛粪添加比例。

表 5-6　启动时各种物料原料性质

项目	TS 含量/%	VS 含量/%	总氮含量/%	有机质含量/%	纤维素含量/%	半纤维素含量/%
有机垃圾	11.43	8.45	1.74	69.58	10.34	14.21
牛粪	22.16	18.22	2.01	73.61	23.22	26.34
沼渣	15.28	7.06	1.35	48.92	16.78	2.03

2. 启动及进料方式

在章丘市普集镇乐家村选择已建成的有机生活垃圾处理示范工程，于 2015 年 5 月 6 日开始启动，以乐家村有机生活垃圾为主，牛粪为辅，以沼气池内充分发酵的沼渣为接种物。其中有机垃圾主要成分为分拣后的蔬果废物、厨余、干草落叶等。有机垃圾进料量为 1.5t，牛粪进料量为 1t，沼渣进料量为 1t。

厌氧罐总容积 5m³，初次进料将发酵原料和接种物按重量比 2.5∶1 的比例充分混合后，一起进入发酵罐，初次进料总量 3.5t。每天 4 次将发酵罐底部的渗滤液回流至发酵罐顶部进行喷淋。启动时间为 20 天，20 天正常运行后每隔 15 天进料一次，每次进料 1t，每天两次将发酵罐底部的渗滤液回流至发酵罐顶部进行喷淋。

3. 测定项目与方法

每日产气量由气体流量计实时计量，启动时间 20 天内每天计量一次，20 天后每 10 天计量一次，取日平均值进行统计。并根据情况用集气袋收集沼气带回实验室测定其甲烷含量（气相色谱法），取气样时避开进出料日期。每次进料的同时出料，取发酵剩余物测定 TS、VS、有机质、总氮、总磷等指标。

4. 结果与讨论

1）示范工程产气情况

如图 5-22 所示，由于接种充分，气温适宜，以垃圾和牛粪为原料的厌氧罐产气效果良好。进料的第 3 天发酵罐开始产气，随后产气量逐渐增加。发酵第 7～12 天，产气量维持在 2.5～3.5m³，未出现明显的酸化迟滞现象，说明混合物料对抑制酸化有一定的作用。发酵第 16 天，日产气量达 5.27m³，即池容产气率超过 1.0m³/m³，达到工程设计目标。正常运行后池容产气率基本稳定在 1.1～1.4m³/m³，最高日产气量可达 7.67m³。发酵盛期从 6 月初至 9 月下旬，共维持四个月。从 9 月 25 日起，产气量逐渐下降，至 10 月 25 日日产气量降至 3.87m³，产气效率仍可达夏季的 70%左右。至 1 月 20 日，平均日产气量降至 2.65 m³，为运行期间最低值。工程发酵启动时气温较高，因此维持了较长时间的产气高峰。进入 9 月后，由于昼夜温差大，导致发酵系统微生物活性降低，本工程发酵罐外层包裹了 10cm 的发泡聚氨酯，在发酵罐保温方面起到了良好的作用，可以维持发酵罐较高的产气效率。气温降低时，可以提高牛粪等热性原料的比重，有助于在偏低温时提高产气率。

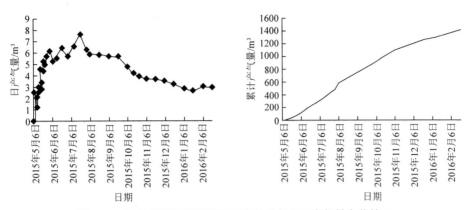

图 5-22　垃圾干发酵示范工程日产气量与累计产气量变化情况

2）示范工程沼气中甲烷含量

如图 5-23 所示，启动初期沼气成分中甲烷含量较低，前期甲烷含量低是由于厌氧罐上部空间留存的空气较多，同时发酵前期主要为产酸阶段，产甲烷菌作用较弱。随着沼气产量的增加，沼气中甲烷含量也逐渐增加，发酵第 7 天甲烷含量达到 52.1%，说明发酵基本正常，也说明本工程启动过程较快，有机酸没有过量积累，很快进入产甲烷阶段。工程正常运行期间沼气中甲烷含量一般维持在 55%～60%，成分稳定，作为民用燃气是一种比较好的燃料，可以接入村庄集中供气系统。

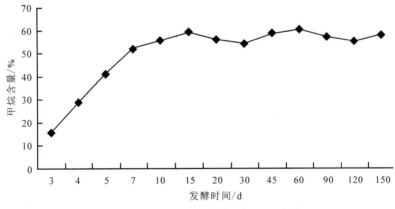

图 5-23　启动及运行过程沼气甲烷含量

3）发酵剩余物分析

每次出料时取发酵剩余物进行指标测定，如表 5-7 所示。可以看出，5 月 26 日启动第 20 天初次出料时沼渣 pH 为 6.12，说明发酵仍处于前期，随着发酵过程的继续，有机酸逐渐被分解利用，pH 开始增高，7 月 10 日 pH 达 6.92，发酵液指标基本正常，后期 pH 一直保持在 7.0 以上。从有机物指标看，前期 TS 含量、VS 含量数值偏大，说明前期物料的降解率稍低。6～8 月期间，TS 含量、VS 含量数值最低，说明降解率最高，这是由于夏季发酵活性强，同时夏季发酵物料中有机垃圾的比例高，降解速率快。后期原料中垃圾成分减少，同时气温降低，降解速度变慢，有机物降解率有所降低。可以根据气温及原料变化情况调整进出料比例及进出料量。从有机质含量、TS 含量、VS 含量等指标来看，工程正常运行时有机物降解率一般可达 50%～60%。从营养指标看，发酵剩余物的总氮含量、总磷含量等指标均较高，可以作为优质有机肥回用于农田，在处理废物的同时促进有机农业和循环经济的发展。

表 5-7　发酵剩余物指标

时间	pH	TS 含量/%	VS 含量/%	有机质含量/%	总氮含量/%	总磷含量/%
5 月 26 日	6.12	13.11	6.09	45.21	1.87	0.76
6 月 10 日	6.66	12.42	6.87	42.13	1.82	0.81
6 月 25 日	6.15	12.63	5.62	40.82	1.79	0.77
7 月 10 日	6.92	11.29	5.78	41.29	1.84	0.82
7 月 25 日	7.21	12.08	5.32	39.25	1.76	0.78
8 月 10 日	6.94	12.38	5.91	38.69	1.81	0.83
8 月 25 日	7.05	14.01	6.12	37.47	1.80	0.80
9 月 10 日	7.32	13.56	6.07	40.17	1.72	0.66
9 月 25 日	7.48	14.27	6.72	39.36	1.69	0.81
10 月 10 日	7.45	13.72	6.27	38.26	1.73	0.76
10 月 25 日	7.23	14.21	6.51	40.23	1.86	0.84

5.2.2.4 结论

（1）本示范工程产气量较稳定，发酵罐外层包裹了 10cm 的发泡聚氨酯，在发酵罐保温方面起到了良好的作用，可以维持发酵罐较高的产气效率。气温降低时，可以提高牛粪等热性原料的比重，有助于在偏低温时提高产气率。

（2）从营养指标看，发酵剩余物的总氮含量、总磷含量等指标均较高，可以作为优质有机肥回用于农田，在处理废物的同时促进有机农业和循环经济的发展。

第6章　北方寒冷缺水型村镇环境综合整治技术模式与产业化推广机制

6.1　北方寒冷缺水型村镇环境综合整治技术模式

针对北方寒冷缺水型村镇特征，基于缺水型村镇环境问题诊断、识别、评估技术和村镇环境综合整治关键技术与设备、北方寒旱区、平原村落集聚区缺水型村镇环境综合整治技术等专题研究成果，提出北方寒冷缺水型村镇环境综合整治"三低一易"型技术模式，以及主要技术模式的适用条件、技术流程、工艺参数、最佳运行管理方式等。

6.1.1　环境综合整治技术需求分析

开展北方地区村镇环境综合整治技术现状调查研究，以人口聚居区生活污水处理、生活垃圾分类-收集-处理（资源化利用）、畜禽养殖密集区粪便和污水综合利用技术为重点，进行技术空缺分析，明确北方寒冷缺水型村镇环境综合整治技术需求。

6.1.2　环境综合整治"三低一易"型技术模式构建

提出北方寒冷缺水型村镇环境综合整治"三低一易"型技术模式，以及主要技术模式的适用条件、技术流程、工艺参数、最佳运行管理方式等，重点构建北方寒冷缺水型村镇农村生活污染整治技术模式和畜禽养殖污染防治技术模式，如表 6-1～表 6-3。

表 6-1　北方寒冷缺水型村镇生活污水处理技术模式汇总表

村庄类型		推荐技术
城镇化水平较高地区的村庄	市政污水处理系统半径以内村庄	建设污水收集管网，纳入市政污水处理系统统一处理
	市政污水处理系统半径以外村庄	地埋式一体化污水处理+砂滤-植物耦合污水处理

续表

村庄类型		推荐技术
城镇化水平较高地区的村庄	市政污水处理系统半径以外，且位于流域周边村庄	水解酸化池+潜流人工湿地+河道达标排放
以农耕为主的村庄	污水收集能力较低村庄	无（微）动力庭院式小型污水净化槽
	污水收集能力中等村庄	改良式化粪池+地下渗滤
	污水收集能力较强村庄	地埋式高效微曝气生物膜 AO 污水净化+土壤渗滤系统+还田等综合利用措施
以乡村旅游为主的村庄	近郊型村庄	建设污水收集管网，纳入市政污水处理系统统一处理
	民俗体验型村庄	氧化塘+中型人工湿地
	观光旅游型村庄	氧化沟+生物接触氧化池+水平潜流湿地

表 6-2 北方寒冷缺水型村镇生活垃圾处理技术汇总表

村庄类型		推荐技术
城镇化水平较高地区的村庄	经济较发达村庄	垃圾源头分类+有价垃圾回收+镇转运县处理
	城郊分布带村庄	户分类、村收集、镇转运、县处理
以农耕为主的村庄	农业生产条件优越村庄	垃圾源头分类+垃圾小票制度+高效厌氧产沼技术
	耕地资源丰富村庄	垃圾源头分类+高温堆肥+生产有机农用肥
以乡村旅游为主的村庄	特色产业发展村庄	垃圾源头分类+考核奖励机制+堆放处理+产业园区集中收集处理技术
	田园风光式村庄	垃圾源头分类+发酵产沼气（单独、与粪便秸秆结合）+沼气利用+沼液大棚蔬菜

表 6-3 北方寒冷缺水型村镇畜禽养殖污染治理技术汇总表

村庄类型		推荐技术
城镇化水平较高地区的村庄	畜禽养殖密集村庄	干粪厌氧处理+废水氧化塘（人工湿地）+还田
	规模化、散户养殖并存村庄	干清粪+集中转运处置+生产有机肥技术
以农耕为主的村庄	农牧结合发展村庄	生物发酵床+有机肥资源化利用技术
	土地消纳能力充足村庄	"种养结合+四位一体"生态模式
以乡村旅游为主的村庄	养殖户相对分散村庄	沼气池厌氧发酵+沼液/沼渣资源化利用技术
	交通分布偏远村庄	堆肥+废水处理

6.2　北方寒冷缺水型村镇环境综合整治技术运行监管体系

开展国内外环境监管能力建设研究、农村环境标准体系建设、技术产业经济框架研究分析等，归纳总结我国农村环境监管的经验；指出北方寒冷缺水型村镇环境污染治理设施运行管理特点、存在的主要问题及应对措施，提出北方寒冷缺水型村镇环境整治技术设施运行监管体系建设。

6.2.1　国内外农村环境监管能力建设研究

系统分析美国、德国和日本农村环境监管建设情况，分别从环境监管能力、环保机构职能、奖励激励措施等方面，分析国外发达国家农村环境监管经验，同时结合我国农村环境标准体系建设、技术产业经济政策等现状，构建北方农村环境综合整治技术产业长效运行管理"县-镇（乡）-村"三级联动的行政审批服务新模式。

构建北方农村环境综合整治技术产业长效运行管理"县-镇（乡）-村"三级联动新模式，县级环保管理部门是龙头，镇（乡）环保管理机构处于承上启下的关键地位，而村级环保管理机构则是基础，同时要明确各自职能，发挥各自优势，从而形成三位一体、上下联动的运行机制。实现技术产业化推广机制城乡一体化，是贯彻以人为本、执政为民理念的必然要求，也是新形势下加强和创新村镇环境污染治理技术推广实施的具体措施。

6.2.2　构建北方村镇环境综合整治设施运营监管模式

从北方村镇环境综合治理设施运营管理特点、存在的主要问题和对策措施等方面，构建北方村镇环境综合整治设施运营监管体系。

北方村镇环境综合整治设施运营管理特点分析。村镇生活污染治理设施主要包括农村生活污水、生活垃圾和畜禽养殖污染治理设施，其市场化运营是通过服务方提供给委托方有偿的和良好的环保技术及市场化运营管理方式，达到有效控制污染，降低治理成本，使双方均获得相应收益的目的。村镇地区生活污染治理设施运营管理的商业模式包括投资-建设-运营-移交（BOT）、投资-运营-移交（TOT）、公私合营模式（PPP）、托管运营、委托运营和技术指导与设备维护等多种形式，并以 BOT（投资-建设-运营-移交）、TOT（投资-运营-移交）和委托运营为主。

北方村镇环境综合整治设施运营管理存在问题。北方村镇生活污水、生活垃圾和畜禽养殖污染治理设施运营管理服务业的最大问题是市场发展严重不足，因此必须重视该行业环保产业化的发展。由于北方村镇环境污染整治设施运营尚处于发展阶段，几乎所有环保运营企业的注意力都放在扩展市场和开拓运营项目方面，但这些从事运营的企业中有相当比例的企业实际上并不具备专业化运营管理的能力，运营技术水平较低、设施运转率不高、设施治理操作员工技术素质偏低等问题普遍存在。同时需加强村镇环境污染治理设施运营管理相关政策的制定与研究。

北方村镇环境综合整治设施运营管理存在问题有相应的应对措施。针对北方村镇生活污水、生活垃圾和畜禽养殖污染治理设施运营管理方面的问题，采取的应对措施主要有：完善农村环保工作制度；建立健全技术选择、认定、淘汰机制；加强排污点的测试手段；完善农村环保相关规划；制定相关技术规范文件，从而引导适宜技术的应用、保证处理设施的长效运行管理。

6.2.3 环境综合整治设施运营监管建设保障制度建设

北方村镇生活污水、垃圾、畜禽养殖粪便无序排放，农村环境污染严重。一方面是因为乡镇在环保决策和环境规划上没有形成很好的制度，另一方面是因为乡镇普遍缺乏环境保护监管机构，难以全方位、规范化监管。农村环境监管体制不全，监管不到位，直接影响农村环境质量改善。

充分发挥政府职能。政府部门应从宏观上进行管理和调控，积极为农村生活污水、生活垃圾、畜禽养殖污染治理技术成果产业化做好协调、引导和服务工作，还应健全各种保障机制，用环保法规、政策来保障环保科技投入的不断增长、机构队伍的稳定和职能的正常运行，在财税政策方面，为了更好地发挥政府投入资金的引导作用，建议设立环境科技成果产业化专项资金（技术转化转移专项资金），以加快村镇环境污染治理技术成果产业化及转移平台建设。

建立健全相关政策制度。建立健全高校及科研院所、环保企业及行业协会、环保中介服务机构的组织协调能力，落实国家对改善农村生态环境的相关政策，奖励并激励环保科技与专业人才，逐步形成多元化的资金筹措及保障机制，不断完善产学研一体化进程，建立村镇环境整治技术信息管理平台和项目考评监督机制，形成切实有效的村镇环境污染整治技术推广实施的保障体系，确保农村生活污水处理后达标排放、生活垃圾无害化处理、畜禽养殖废物资源化处理及利用。

加大技术推广资金投入。适当增加财政科技投入支持村镇环保科技成果的推广。财政投入资金的使用，主要是对北方村镇环境污染较重的区域的技术成果推广项目给予引导性和补助性的支持，或者在技术成果推广的初始阶段给予启动资金，以便吸引更多的配套资金和社会投入。实行村镇环境综合整治技术推广的投资主体多元化、分散投资风险政策，对村镇环保实用技术推广项目实行优惠的金融政策。同时应加大税收政策对村镇环境污染治理科技成果转化活动的优惠力度。

落实专业人才激励机制。科技人才是村镇环境综合整治技术研发、推广的强有力保障，环保科技人员队伍建设滞后严重制约环保科技成果推广实施。因此，应积极改善环保专业人才的工作、学习和生活条件，对有突出贡献的人才给予重奖，形成规范化的奖励制度，允许村镇环境综合治理技术成果作为无形资产参与转化项目投资。

广泛建立公众参与机制。村镇生活污水、垃圾、畜禽养殖污染治理技术产业化推广机制的建立，强调公众参与的重要性，建立公众参与机制保障村镇环境污染治理技术设施运营维护，同时增强公众对农村环境保护的思想意识，从而促使公众自发自愿地投入到环保技术产业化发展活动中，对村镇环境综合整治技术推广实施具有重要推动作用。

6.2.4　小结

一是明确了国内外农村环境监管能力建设研究。从环境监管能力、环保机构职能、奖励激励措施等方面，分析国外发达国家农村环境监管经验，提出构建北方农村环境综合整治技术产业长效运行管理"县-镇（乡）-村"三级联动的行政审批服务新模式。

二是构建了北方村镇环境综合整治设施运营监管模式。北方寒冷缺水型村镇环境综合整治设施运营监管体系建立，需综合考虑村镇环境综合整治设施运营管理特点、存在的主要问题和应对措施这三方面，初步形成北方村镇环境综合整治设施运营监管模式。

三是形成了北方村镇环境综合整治设施运营监管保障制度。综合考虑村镇环境综合整治设施运营管理需充分发挥政府职能；建立健全相关政策制度；加大技术推广资金投入；落实专业人才激励机制；广泛建立公众参与机制等，初步形成北方村镇环境综合整治设施运营监管保障制度。

6.3　北方寒冷缺水型村镇环境综合整治技术规范

系统分析北方寒冷缺水型村镇环境综合整治和生态治理的技术优缺点、应用的支撑条件；以技术可行、经济合理、运行管理简单、生态适宜为原则，建立规范性技术指导文件体系，形成北方村镇环境综合整治技术规范文件和技术应用目标考核机制，对"以奖促治"重点支持的连片村庄集中分布区域开展系统研究，对北方寒冷缺水型村镇环境综合整治形成长效技术支撑，确保"三低一易"型技术模式应用效果。

6.3.1　环境综合整治技术指导文件评估与空缺分析

开展广泛调研，收集整理已有技术指导类文件，建立技术文件清单；采用列表对比法，明确技术文件体系空缺，明确针对北方寒冷缺水型村镇的环境综合整治技术文件体系设计和管理需求。

6.3.2　研究制定北方村镇环境综合整治技术规范

以技术可行、经济合理、运行管理简单、生态适宜为原则，建立规范性技术指导文件体系；制定涵盖农村生活污水处理、生活垃圾收集处理、畜禽养殖污染防治内容的规范性技术文件。

6.3.3　小结

一是明确了现有村镇环境综合整治技术文件存在的问题，如北方寒冷缺水地区村镇环境综合整治技术指导文件欠缺、相关标准陈旧且不规范、缺乏统一规范、环境与健康领域的不确定性、技术适宜性不强等。

二是制定了《北方村镇环境综合整治技术指导文件》，制定并颁布了《农村环境连片整治技术指南》。

三是提出北方寒冷缺水型村镇环境综合整治技术规范，丰富和补充农村环境综合整治技术指导文件体系。

6.4　北方寒冷缺水型村镇环境综合整治技术产业化推广机制

开展北方寒冷缺水型村镇环境整治技术产业化推广平台、运行管理现状评估与需求分析，提出技术产业化推广平台构建和运行管理模式需求；研究北方寒冷缺水型村镇环境整治技术产业化推广平台构建技术，研究并提出"三低一易"型技术产业化推广平台构建的技术路线，如图 6-1 所示。

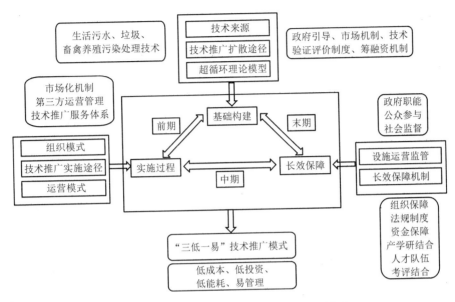

图 6-1　北方村镇环境综合整治技术推广模型

6.4.1　产业化推广现状评估与需求分析

结合国家"以奖促治"连片整治项目实施和其他北方地区开展的农村环境综合整治，通过项目调查和资料收集，明确村镇环境综合整治产业化推广机制存在的主要问题、关键节点和技术瓶颈，提出产业化推广平台构建和运营管理模式需求。

6.4.2　产业化推广机制总体设计和技术路线图研究

构建北方村镇环境综合整治技术产业化机制总体框架；研究北方寒冷缺水型村镇环境整治技术产业化推广平台构建方法，提出"三低一易"型技术产业化推广平台构建的技术路线。

6.4.3 小结

一是明确了北方寒冷缺水型村镇环境综合整治存在的主要问题，如农村环保意识淡薄，环境治理技术匮乏，管理机构欠缺，技术处理模式单一，农村环保资金短缺，环境处理设施缺乏运营维护，缺乏长效管理机制，农村环保法律和监督机制不健全，环保意识薄弱等。

二是构建了北方村镇环境综合整治技术产业化推广机制总体设计和技术路线。北方寒冷缺水型村镇技术推广产业化机制建立，需综合考虑技术推广基础构建、实施过程、长效保障这三方面，初步形成"三低一易"型技术推广模式，以弥补目前北方地区缺少符合当地村镇特点的环境综合整治技术模式的空缺。

三是构建北方村镇环境综合整治技术产业化运营监管模式。构建北方农村环境综合整治技术产业长效运行管理"县、镇乡、村"三级联动新模式，县级环保管理部门是龙头，镇乡环保管理机构处于承上启下的关键地位，而村级环保管理机构则是基础。同时，要明确各自职能，发挥各自优势，从而形成三位一体、上下联动的运行机制。实现技术产业化推广机制城乡一体化，是贯彻以人为本、执政为民理念的必然要求，也是新形势下加强和创新村镇环境污染治理技术推广实施的具体措施。完整的设施运营管理的商业模式有利于农村生活污水、垃圾和畜禽养殖污染治理技术的推广应用，村镇地区生活污染治理设施运营管理的商业模式包括：投资-建设-运营-移交（BOT）、投资-运营-移交（TOT）、公私合营模式（PPP）和托管运营及委托运营和技术指导与设备维护等多种形式，并以BOT（投资-建设-运营-移交）、TOT（投资-运营-移交）和委托运营为主。

四是北方村镇环境综合治理设施运营监管建设保障制度建设。建立农村环境综合整治长效资金保障机制，农村环保设施运行维护要坚持"谁污染、谁治理，谁受益、谁付费"的原则，建立多元化运行维护资金投入机制。在农村生活污水、垃圾处理价格、收费等未到位的情况下，地方政府应加大资金投入。坚持因地制宜，设施运营监管经费来源可通过财政补助、社会帮扶、村镇自筹、村民适当交费等方式筹集资金。项目设计时，要落实运行维护保障措施，省级、地市级环保、财政部门要把承诺函作为项目审批的必备条件。乡镇人民政府、村集体经济组织要根据当地实际情况和自身财力，通过设施承包、租赁、转让使用权，村民投工投劳和适当交费等方式，筹措设施运行管理资金。要以适当方式公告资金筹措和使用情况，接受群众监督。通过村民"一事一议"等方式，逐步推行向村民适当收取生活污水、垃圾处理费。向村民收取费用必须坚持自愿原则，切忌强行摊派，防止损害村民利益。要拓宽社会参与途径，鼓励和引导党政机关、人民团体、企事业单位、环保社会组织、社会各界人士及志愿者，通过结对帮扶、捐资捐助和技术支持等多种方式支持设施运行维护。注重发挥村民在农村环境保护中的主体作用，通过宣传环保法律法规和环保知识，逐步提升村民环境保护意识，提高村民保护环境的自觉性，引导村民自觉自愿参与到设施建设和管理中来。

　　五是完善农村环境治理经济政策。从事农村环境综合整治技术、设备研发的企业，经认定符合相关条件的，可享受高新技术企业的税收优惠政策。研究制定扶持有机肥生产、废弃农膜综合利用、农药包装废物回收处理等企业的激励政策。开放农村环境服务性监测市场，鼓励社会环境监测机构参与农村水环境、大气、土壤环境等监测活动。大力推广政府和社会资本合作（PPP）模式在农村环境综合整治领域的应用。积极推广绿色信贷，引导商业银行支持农村生活污水和垃圾治理项目。发挥政策性金融机构和开发性金融机构的引导作用，为农村环境综合整治项目提供信贷支持。积极发展绿色金融，发挥财政资金撬动功能，创新融资方式，带动更多社会资本参与农村环境综合整治。

第 7 章 结论与展望

7.1 结 论

7.1.1 技术经济指标

（1）结合山东地区实际情况，集成北方农村沼气池越冬技术、有机生活垃圾厌氧发酵工程发酵方式改进技术及生活污水处理示范工程保温升温技术，形成北方生态工程冬季正常运行技术。应用该技术后冬季沼气池正常使用率≥95%，每池一次性投入不超过 200 元，池容产气率较普通沼气池提高 30%~50%；生活污水处理示范工程冬季出水效果达到《城镇污水处理厂污染物排放标准》（GB18918—2002）一级标准的 A 标准。

（2）研发出农村生活污水低成本处理技术，技术经济参数如下：在满足出水水质达到《城镇污水处理厂污染物排放标准》（GB18918—2002）一级标准的 A 标准的情况下，运行费用低于 0.2 元/m³污水。

（3）开发出农村有机垃圾小型厌氧发酵装置一套，适宜发酵浓度≥20%，发酵时间≤30 天，每立方米池容产气率≥1m³沼气。

（4）形成沼液高值肥料及大棚蔬菜高效生产技术，对沼液及秸秆的利用使大棚蔬菜增产 15% 以上，品质提高 10% 以上。

（5）在山东省章丘市宁家埠镇、普集镇和刁镇进行技术集成及工程示范。示范区应用越冬技术沼气池 30 个以上，示范蔬菜大棚 10 个以上；示范村、镇生活污水收集处理率 85% 以上，示范工程出水达到《城镇污水处理厂污染物排放标准》（GB18918—2002）一级标准的 A 标准；示范区宁家埠镇向高村生活垃圾收集处理率≥90%，有机生活垃圾资源化利用率≥80%。

7.1.2 成果应用及效益

北方沼气池低成本越冬技术、有机生活垃圾混合物料干发酵技术、农村生活垃圾分类和能源化利用技术以及适用于北方农村的生活污水达标回用处理技术已经在章丘市部分村镇得到了应用。"北方沼气池低成本越冬技术"已经在章丘市示范区的 6000 个户用沼气池中应用，每池每年可提高产气量 40m³，已增加经济效益 72 万元。其他成果正在应用中。

7.2 展　望

　　近几年，随着经济的不断发展和农民收入的不断增加，农民也越来越重视居住环境的改善。本书研究的北方寒冷缺水型村镇环境综合整治与资源化成套技术设备与技术模式、综合示范及相关技术标准和指南、运行保障机制，具有很好的应用前景。将国内外同类技术进行先进性对比，本书的研究成果能够大幅提高资源化利用率和产品品质，冬季增温保温效果显著，使能耗及成本大大降低。

　　《水污染防治行动计划》要求 2020 年完成 13 万个建制村环境综合整治；十八届五中全会提出城乡发展与环境治理并重；住房和城乡建设部、中国农业产业部办公室等国务院十部门出台《全面推进农村垃圾的治理意见》，要求未来 5 年完成 90% 农村垃圾治理，无一不表明国家综合整治村镇环境的决心。本书研究成果应用到北方村镇环境综合整治中，将极大推动北方农村环保产业发展、提升北方村镇环境质量。

　　但是我国北方农村环境综合整治的过程中同样存在一些问题：一是思想认识不够，群众卫生意识还需增强；二是规划建设滞后，环卫基础设施比较薄弱；三是资金投入有限，环境整治成果难以巩固。基于这些存在的问题，应立足长远，高起点规划整治目标；广泛宣传，增强群众环境意识；突破难点，提升综合整治水平；完善制度，建立长效管理机制。必须坚持不懈地做好农村环境综合整治工作，为建设社会主义新农村添砖加瓦，努力走出一条生态环境可持续的中国特色新型农业现代化道路。

参 考 文 献

白洁瑞，李轶冰，郭欧燕，等. 2009. 不同温度条件粪秆结构配比及尿素、纤维素酶对沼气产量的影响. 农业工程
学报，25（2）：188-193.

柴文佳. 2012. 基于灰色模型的华北六省（市）区农业水资源需求量预测研究. 石家庄：河北经贸大学硕士学位
论文.

曹军卫，沈萍. 2004. 嗜极微生物. 武汉：武汉大学出版社.

陈鸣. 2006. 水解-曝气生物滤池处理生活污水脱氮技术研究. 南京：东南大学硕士学位论文.

陈学农. 2008. 村镇污水处理模式的探讨. 福建建筑，（8）：99-115.

陈智远，田硕，谭婧，等. 2010. 接种量对醋渣干发酵的影响. 中国农学通报，26（16）：76-79.

崔育倩. 2013. 农村分散式污水处理模式系统及应用研究. 青岛：青岛大学博士学位论文.

丁仕琼，王东田，黄梦琼，等. 2010. 沸石的改性及其去除水中氨氮的研究. 苏州科技学院学报（自然科学版），
（2）：33-36.

方少辉. 2012. 农村混合物料干式厌氧发酵生物质能源转化的特性研究. 兰州：兰州交通大学.

方少辉，席北斗，杨天学，等. 2012. 农村混合物料干式厌氧发酵物性变化中试研究. 环境科学研究，25（9）：1005-1010.

盖东海. 2012. 河北省水资源可持续利用研究. 保定：河北农业大学硕士学位论文.

管冬兴，彭剑飞，邱诚，等. 2009. 我国农村生活垃圾处理技术探讨. 资源开发与市场，25（1）：19-22.

管伟雄. 2013. 粉煤灰基分子筛的研制与其去除水中 NH_4^+ 的研究. 杭州：浙江工业大学.

郭瑾，马军. 2005. 松花江水中天然有机物的提取分离与特性表征. 环境科学，26（5）：77-84.

何春萌. 2015. 经济利益驱动下的工矿开发对人类生存环境的影响. 呼和浩特：内蒙古大学硕士学位论文.

贺欣欣. 2012. 近百年温带大陆性和海洋性季风气候区的极端温度变化对比研究. 长春：东北师范大学硕士学位
论文.

胡学智. 2001. 国内外酶制剂工业及其应用. 工业微生物，31（3）：41-46.

姜睿哲. 2012. 新农村建设中农村生态环境治理问题研究. 青岛：中国海洋大学硕士学位论文.

金杰，俞志敏，吴克，等. 2008. 城市生物废弃物干式厌氧消化温度实验研究. 生物学杂志，25（6）：31-33.

兰虹，郭运功，谢冰，等. 2008. 上海新农村建设中生活污水污染现状及处理对策. 环境科学与管理，33（4）：5-12.

李国学，张福锁. 2000. 固体废弃物堆肥化与有机复混肥生产. 北京：化学工业出版社.

李剑超，褚君达，丰华，等. 2002. 我国稳定塘处理的研究与实践. 工业用水与废水，（1）：1-3.

李建华. 2004. 畜禽养殖业的清洁生产与污染防治对策研究. 杭州：浙江大学硕士学位论文.

李杰，李文哲，许洪伟，等. 2007. 牛粪湿法厌氧消化规律及载体影响的研究. 农业工程学报，23（3）：186-191.

李俊岭. 2009. 东北农业功能分区与发展战略研究. 北京：中国农业科学院博士学位论文.

李礼, 徐龙君, 陈魏. 2011. 料液浓度对鸭粪中温厌氧消化的影响. 环境工程学报, 5 (3): 667-670.

李曦. 2003. 中国西北地区农业水资源可持续利用对策研究. 武汉: 华中农业大学博士学位论文.

李艳宾, 张琴, 李为, 等. 2011. 接种量及物料配比对棉秆沼气发酵的影响. 西北农业学报, 20 (1): 194-199.

李颖, 徐少华. 2007. 我国农村生活垃圾现状及对策. 建设科技, (7): 62-63.

李志军. 2011. 中国农村基础设施配置调控研究. 长春: 东北师范大学博士学位论文.

李智佩. 2006. 中国北方荒漠化形成发展的地质环境研究. 西安: 西北大学博士学位论文.

梁越敢, 郑正, 汪龙眠, 等. 2011. 干发酵对稻草结构及产沼气的影响. 中国环境科学, 31 (3): 417-422.

刘波. 2010. 农田径流人工湿地处理中磷的去除研究. 重庆: 西南大学硕士学位论文.

刘德军. 2008. 我国农村城镇化进程中的环境问题研究. 长春: 东北师范大学硕士学位论文.

刘俊新. 2010. 排水设施与污水处理. 北京: 中国建筑工业出版社.

刘利年. 2008. 黄土高原小流域水土流失综合治理研究. 西安: 长安大学博士学位论文.

卢其福. 2008. 西安市水资源及污水资源合理配置研究. 西安: 西安理工大学硕士学位论文.

宁桂兴, 申欢, 文一波, 等. 2009. 农作物秸秆干式厌氧发酵实验研究. 环境工程学报, 3 (6): 1131-1134.

秦伟. 2013. 地下渗滤系统处理农村分散生活污水去除效果研究. 保定: 河北农业大学硕士学位论文.

邱才娣. 2008. 农村生活垃圾资源化技术及管理模式探讨. 杭州: 浙江大学硕士学位论文.

Rittmann B E, McCarty P L. 2004. 环境生物技术: 原理与应用. 文湘华, 王建龙, 等译. 北京: 清华大学出版社.

邵媛媛. 2014. 高效脱氮菌强化人工湿地处理村镇生活污水工艺研究. 济南: 山东大学博士学位论文.

苏嫚丽. 2009. 西安市水资源及污水资源合理配置研究. 西安: 西安理工大学硕士学位论文.

苏有勇. 2011. 沼气发酵检测技术. 北京: 冶金工业出版社.

孙瑞敏. 2010. 我国农村生活污水排水现状分析. 能源与环境, (5): 33-42.

孙铮. 2014. 严寒地区村镇居住庭院节地及环境提升策略研究. 哈尔滨: 哈尔滨工业大学硕士学位论文.

陶澍, 崔军, 张朝生. 1990. 水生腐殖酸的可见-紫外光谱特征. 地理学报, 45 (4): 484-489.

汪荣鑫. 2010. 数理统计. 西安: 西安交通大学出版社.

王彬. 2004. 对中国水短缺问题的经济学分析. 上海: 复旦大学博士学位论文.

王春燕. 2014. 我国农村水环境污染及其防治法律对策. 保定市: 河北大学硕士学位论文.

王风文. 2009. 农村环境保护问题及对策研究. 济南: 山东大学硕士学位论文.

王建青. 2002. 对中国水资源可持续发展的若干思考. 南京: 南京农业大学硕士学位论文.

王杰青. 2012. 中国水资源利用强度的时空差异分析. 武汉: 华中师范大学硕士学位论文.

王金霞, 李玉敏, 白军飞, 等. 2011. 农村生活固体垃圾的排放特征、处理现状与管理. 农业环境与发展, 6 (2): 1-6.

王君丽, 刘春光, 靳东林, 等. 2008. 我国农村污水处理与资源化存在问题及对策. 农村污水处理及资源化利用学术研讨会论文集, 10: 123-128.

王俊起, 王友斌, 李筱翠, 等. 2004. 乡镇生活垃圾与生活污水排放及处理现状. 中国卫生工程学, 3 (4).

王润元. 2010. 中国西北主要农作物对气候变化的响应. 兰州: 兰州大学博士学位论文.

王文东, 张小妮, 王晓昌, 等. 2010. 人工湿地处理农村分散式污水的应用. 净水技术, (5): 17-21, 41.

王延昌, 袁巧霞, 谢景欢. 2009. 餐厨垃圾厌氧发酵特性的研究. 环境工程学报, 3 (9): 1677-1682.

魏欣. 2014. 中国农业面源污染管控研究. 杨凌：西北农林科技大学博士学位论文.

魏自民, 席北斗, 赵越, 等. 2007. 生活垃圾微生物堆肥水溶性有机物光谱特性研究. 光谱学与光谱分析, 27（4）：735-738.

温宇. 2008. 遏制我国乡镇企业工业污染对策研究. 北京：中国石油大学硕士学位论文.

吴虹, 郑惠平. 2001. 低温微生物适应低温的分子机制. 生命的化学, （21）：163-165.

吴满昌, 孙可伟, 李如燕, 等. 2005. 温度对城市生活垃圾厌氧消化的影响. 生态环境, 5（14）：683-685.

武淑霞. 2005. 我国农村畜禽养殖业氮磷排放变化特征及其对农业面源污染的影响. 北京：中国农业科学院博士学位论文.

席北斗, 魏自民, 赵越, 等. 2008. 垃圾渗滤液水溶性有机物荧光谱特性研究. 光谱学与光谱分析, 28（11）：2605-2608.

夏权. 2014. 黄河上中游降水多时间尺度特征及其盛夏旱涝流异常分析. 兰州：兰州大学硕士学位论文.

杨天学, 席北斗, 魏自民, 等. 2009. 生活垃圾与畜禽粪便联合好氧堆肥. 环境科学研究, 22（10）：1187-1192.

姚步慧. 2010. 我国农村生活垃圾处理机制研究. 天津：天津商业大学硕士学位论文.

姚铁锋, 程永玲, 赵树冬. 2009. 农村生活污水处理工艺应用现状和发展前景. 资源与环境, （11）：105-106.

原野, 杨雪, 夏雪, 等. 2010. 人工湿地在我国北方寒冷地区的应用. 实用技术, （5）：41-44.

袁英兰. 2011. 北方村镇水污染现状及处理技术探讨. 环境保护与循环经济, 31（6）：49-51, 56.

詹怀宇. 2005. 纤维化学与物理. 北京：科学出版社.

张翠丽. 2008. 温度对厌氧消化产气特性影响研究. 西安：西北农林科技大学.

张光明. 1998. 城市垃圾厌氧消化产酸阶段研究. 重庆环境科学, 1（20）：35-37.

张甲, 曹军, 陶澍. 2003. 土壤水溶性有机物的紫外光谱特征及地域分异. 土壤学报, 40（1）：118-122.

张军政, 杨谦, 席北斗, 等. 2008. 垃圾填埋渗滤液溶解性有机物组分的光谱学特性研究. 光谱学与光谱分析, 28（11）：2583-2587.

张鸣, 高天鹏, 常国华, 等. 2010. 猪粪和羊粪与麦秆不同配比中温厌氧发酵研究. 环境工程学报, 4（9）：2131-2134.

张望, 李秀金, 庞云芝, 等. 2008. 稻草中温干式厌氧发酵产甲烷的中试研究. 农业环境科学学报, 27（5）：2075-2079.

张旭光. 2007. 气候变化对东北粮食作物生产潜力的影响. 长沙：湖南农业大学硕士学位论文.

赵洪, 邓功成, 高礼安, 等. 2009. 接种物数量对沼气产气量的影响. 安徽农业科学, 37（13）：6278-6280.

周美岑. 2010. 新农村公共服务体系的构建研究. 重庆：西南大学硕士学位论文.

Ahmad S R, Reynolds D M. 1995. Synchronous fluorescence spectroscopy of wastewater and some potential constituents. Water Research, 29（6）：1599-1602.

Chen W, Westerhoff P, Leenheer J A, et al. 2003. Fluorescence excitation-emission matrix regional integration to quantify spectra for dissolved organic matter. Environmental Science and Technology, 37（24）：5701-5710.

Chin Y P, Aiken G, O'Loughlin E. 1994. Molecular weight, polydispersity, and spectroscopic properties of aquatic humic substances. Environmental Science and Technology, 28（11）：1853-1858.

Feller G, Payan F, Theys F, et al. 1994. Stability and structural analysis of salpha-amylase from the Antarctic psychrophile Alterononas haloplanctis A23. EUR J Biochem, 222：441-447.

Hur J，Kim G. 2009. Comparisons of the heterogeneity within bulk sediment humic substances from a stream and reservoir via selected operational descriptors . Chemosphere，75（4）：483-490.

Kimura T，Horikoshi K. 1990. Purification and characterization of α-amylases of an alkalipsychrophilic micrococcussp. Starch/Starke，42：403-407.

Krishnakumar N，Manoharan S，Palaniappan P R，et al. 2009. Chemopreventive efficacy of piperine in 7，12-dimethyl benz（a）anthracene（DMBA）-induced hamster buccal pouch carcinogenesis：an FT-IR study. Food and Chemical Toxicology，47（11）：2813-2820.

Lammers K，Arbuckle-Keil G，Dighton J. 2009. FT-IR study of the changes in carbohydrate chemistry of three New Jersey Pine Barrens leaf litters during simulated control burning. Soil Biology and Biochemistry，41（2）：340-347.

Langmuir I. 1918. The adsorption of gases on plane surfaces of glass，mica and platinum. Journal of the American Chemical Society，40（9）：1361-1403.

Lay J J，Li Y Y. 1997. Analysis of environmental factors affecting methane production from high-solid organic waste. Water Science and Technology，36（6）：493-500.

Lombardi A T，Jardim W F. 1999. Fluorescence spectroscopy of high performance liquid chromatography fractionated marine and terrestrial organic materials . Water Research，33（2）：512-520.

Tseng D Y，Vir R，Traina S J，et al. 1996. A fourier-transform infrared spectroscopic analysis of organic matter degradation in a bench-scale solid substrate fermentation（composting）system. Biotechnology and Bioengineering，52（6）：661-671.

Zhang M，Zhang H，Xu D，et al. 2011. Removal of ammonium from aqueous solutions using zeolite synthesized from fly ash by fusion method. Desalination，271（1）：111-121.